B

2

이 도서의 국립중앙도서관 출판시도서목록(CIP)은 e-CIP 홈페이지(http://www.nl.go.kr/ecip)에서
이용하실 수 있습니다.(CIP제어번호: CIP2010003662)

Modern Beijing

모던 북경

건축☆예술○문화◇코드로

즐기는

북경 기행

1 모던 건축 Modern Architecture 건축, 베이징의 삶을 변화시키다

2 모던 아트 Modern Art 예술의 '아우라'를 휘감은 베이징

3 모던 라이프 Modern Life 베이징, 차이나 모던 라이프의 심장부

//

접속 올드 & 뉴! 세월의 품격과 젊음의 활력이 만난 베이징 핫 스트리트

식객(食客)을 부르는 맛있는 베이징

베이징에서 즐기는 문화 체험

베이징 특색 쇼핑구

Prologue

미리 알았다면 시작할 수 있었을까요? 책 쓰는 일 말입니다. 기획부터 책이 나오기까지 4년이 흐를 만큼 쉽지 않은 작업에 뛰어들 당시의 생각은 아주 단순했습니다. 베이징의 모습을 있는 그대로 전하자는 것이었죠. 베이징 안내서가 많이 나와 있지만 책 속에 있는 베이징은 10년 전이나 요즘이나 별로 변한 것이 없어 보였습니다. 실제로 살아보니 1분 1초를 다투며 달라지고 있는데도 말입니다. 그건 깊이의 문제가 아니라 선택의 문제였습니다. 무엇을 보느냐에 따라 골동품 같은 이미지의 '옛날' 베이징을 만나기도 하고 새로운 패러다임으로 움직이는 '모던'한 베이징을 만나게도 됩니다. 지인들이 베이징으로 여행 올 때마다 새로운 곳으로 안내했고, 반응은 뜨거웠습니다. 베이징이 변했다고 아무리 말해도 듣지 않던 사람들은 두 눈으로 보고서야 고정관념을 깼습니다. 그만큼 베이징은 각인돼 있는 이미지와 현실의 간극이 큰 곳입니다.

1995년에 처음 베이징을 밟았고 2005년에 홀연히 정착했습니다. 무슨 인연이 있었는지 10년이 흐르는 동안 저의 여권은 중국 비자로 가득 채워졌습니다. 대부분이 방송 프로그램 제작을 위한 방문이었지요. 덕분에 북쪽 하얼빈부터 남쪽의 홍콩까지, 가장 동쪽 끝 상하이부터 실크로드에 세워진 서쪽 국경도시 커스(카슈카르)까지 구석구석 돌아다녔고 참 많은 사람들을 만났습니다. 방대한 중국은 자연 생태부터 도시, 건축, 삶과 사람들까지 절대적인 것이란 없었습니다. 모든 것이 혼재돼 있었고 그게 중국이었습니다. 그때의 경험은 제게 크나큰 행운이었습니다. 베이징에서 살아갈 수 있었던 힘의 원천도 거기에 있었을 겁니다. 총총히 다녀가는 여행자가 아니라 일을 하며 생활인으로 살았기에 좀 더 '다른' 베이징을 탐색할 수 있었습니다. 게다가 그 일이란 것이 저를 적극적인 탐험가로 만드는 것들이었죠.

베이징과 상하이에는 〈좋은아침〉이라는 한국인 교민 잡지가 있습니다. 중국 국무원에서 관리하는 이 잡지에는 중국 기자가 쓰는 문화 탐방기부터 여행지, 공연이나 전시회 정보, 중국 예술가와 맛집 소개 등 알찬 정보가 가득합니다. 매달 잡지 한 권씩 만들 때마다 베이징을 보는 눈도 넓어졌습니다. 중국인들의 소비 패턴이나 여가 생활의 변화 양상 같은 것도 자연스럽게 알게 되었고요. 물론 사람도 많이 만났습니다.

베이징올림픽을 1년 앞둔 시기에는 올림픽 준비 상황을 비롯한 중국 소식을 매주 한 차례씩 우리나라 TV에서 소개했습니다. 베이징에서 제작하고 한국에서 방송하는 일을 8개월가량, 그것도 매주 반복해서 하기란 쉽지 않았습니다. 소수 정예가 투입됐기에 아이템 관리나 원고 작업은 물론이고 촬영에도 종종 참여해야 했답니다.

잡지든 방송이든 매체의 특성상 '따끈따끈한' 아이템 발굴이 필수입니다. 독특한 뭔가가 생겼다는 정보를 입수하면 그 즉시 달려갑니다. 그렇게 돌아다니며 발품도 많이 팔았고 음식도 다양하게 맛보았습니다. 지면 관계상 다 소개하지는 못했지만 새로운 베이징의 흥미진진한 아이템들을 보면서 '왜 우리는 이런 베이징을 여태 모르고 살았을까' 생각하곤 했습니다. 매체가 가진 또 하나의 특성은 취재원과 만나 인터뷰라는 형식을 통해 그들의 생각을 직접 들을 수 있다는 것입니다. 취재 과정에서 만난 다양한 사람들의 이야기는 베이징의 변화를 저의 주관적인 판단이 아니라 '그들'의 입과 눈을 통해 다시 한 번 검증할 수 있는 리트머스 시험지가 되어주었습니다.

돌이켜 보면 서울에 있을 때보다 베이징에서 더 바빴고 더 많은 일을 했던 것 같습니다. 잡지나 방송 일 외에도 제주와 서울의 라디오 통신원으로 활동했고 중국의 방송 관련 소식을 정기적으로 기고하는 일도 했습니다. 그리고 베이징 소식을 알리는 전달자로서 해온 일의 완결판이 바로 이 책이 아닐까 생각합니다. 건축, 예술 그리고 문화라는 큰 주제로 나누어 베이징을 바라보았습니다. 특히 건축은 말 그대로 '뜨거운 감자'입니다. 올림픽 준비로 도시를 완전히 개조하면서 세계 건축가들의 각축장이 된 베이징은 누구에게라도 흥미로운 볼거리를 제공합니다. 거기에다 예술도 베이징의 문화 지형도를 바꾸는 데 적지 않게 공헌한 분야입니다. 불과 몇 년 만에 세계적인 화랑과 컬렉터들의 집중 탐구 대상이 된 중국 미술계의 위상이 절대로 거품이 아님을 화랑 몇 군데만 돌아다녀 보면 알 수 있습니다. 예술과 문화의 잣대로 바라보는 베이징은 정치나 경제 논리로 바라보는 중국과는 참 다릅니다. 세월의 기품을 품은 이들의 문화 파워가 앞으로의 중국을 이끌어 갈 새로운 동력이 되리라 짐작하는 건 어렵지 않습니다. 정착한 시기가 베이징올림픽을 코앞에 둔 때였기에 '눈을 뜨면 변한다'는 말이 딱 들어맞았습니다. 때론 다 써놓은 원고를 버리고 새로 써야 할 만큼 어느 곳이나, 어느 분야나 드라마틱한 변화를 겪었죠. 쫓아가기 버거울 때도 있었지만 또한 그 덕에 흥미로웠습니다. 올림픽 특수로 들끓던 베이징은 곧장 닥쳐온 글로벌 금융 위기로 길고 긴 숨 고르기에 들어갔습니다. 특히 화랑계와 예술특구의 분위기가 눈에 띄게 냉랭해졌습니다. 하지만 그리 실망할 일은 아닌 듯합니다. 옥석을 가리는 데는 지금이 적기일지도 모르니까요. 차분한 일상이 흐르는 베이징은 한 꺼풀 더 단단해졌습니다.

건축이나 예술 분야의 전문가가 아니기에 저 역시 개척자의 입장에서 공부를 했고 관련 자료나 전문가의 도움을 받아가며 글을 썼습니다. 전문서만큼 깊이 있게 다루지는 못했지만 색다른 베이징 여행을 하는 데 조금이나마 도움이 되길 바랍니다. 삶도 사회도 도시도 디자인의 대상이 되는 세상입니다. 베이징 여행도 새롭게 디자인해보시길 권합니다.

안지위

중국의 심장,
베이징에
한걸음 더 가까이

우스갯소리로 들릴지 모르겠지만 역사상 '메이드 인 차이나'가 요즘처럼 대접받지 못한 적은 없었다. 적어도 동아시아에서 중국은 최강국이었고, 한국과 일본은 중국을 통해 수많은 문물을 받아들였다. 한데, 산업화 과정에서 우리가 한 발쯤 앞섰다고 중국을 우습게 보고 있다.

하지만 지금, 세계를 움직이는 하나의 축은 중국이다. 중국을 두어 번 이상 다녀온 사람이라면 날이 갈수록 변모해가는 중국의 모습에 매번 놀랄 것이다. 중국인들은 수천 년 동안 세계의 중심이라고 주장해왔는데, 요즘처럼 이 말이 딱 들어맞은 시대는 없다. 좋든 싫든, 인정을 하든 안 하든, 중국인들이 목소리 높여 주장해온 중화(中華)의 시대가 성큼 다가오고 있다. 역사상 지금의 중국이 가장 넓은 영토를 가지고 있다. 명나라 때는 정화가 세계 곳곳을 탐험하고도 문을 닫아걸었지만 지금은 더 멀리 뻗어가려 하고 있다. 칭기즈칸은 전쟁에선 늘 이겼으나 자신들이 정복한 세계를 다 다스리지는 못했다.

중국이 변화하는 모습을 가장 잘 보여주는 곳은 베이징이다. 과거 중국 하면 쯔진청(紫禁城)이나 톈안먼광장, 완리창청을 떠올리기 십상이지만 요즘 베이징의 상징은 바뀌고 있다. 올림픽 경기장인 냐오차오(鸟草), UFO 모습을 한 궈쟈따쥐위안(国家大劇院) 등은 베이징의 얼굴이 됐다. 건축물이란 한 시대의 부(富)와 함께 시대사상을 보여주기 마련인데, 과거 "우리 문명은 이렇게 화려했다"는 정도에 머물지 않고 미래를 향해 가는 중국의 위상이 건축물 속에 고스란히 드러나 있다. 건축과 함께 문화와 예술을 들여다보면 조금 더 정확한 '수준'을 알 수 있다. 798, 지우창(酒厂), 차오창디(曹场地), 환티에(环铁) 같은 예술구는 중국이 르네상스를 맞고 있다는 것을 확실하게 증명해준다. 초고층 빌딩과 오피스만 마구잡이로 지어댔다가 국가 부도 위기를 맞은 두바이와는 차원이 다르다. 두바이는 돈은 많고, 나라를 바꾸고 싶어 하는 의지도 확고했지만 달러가 떨어지는 순간, 모래 위의 신화도 물거품이 됐다.

앞으로 중국은 또 변할 것이다. 더 강대해질 것이다. 과거와 달리 중국인 스스로가 이제 변화를 두려워하지 않고 즐기고 있기 때문이다.

하지만 안타깝게도 중국의 심장인 베이징의 모습을 제대로 소개한 안내서는 그다지 많지 않았다. 매일 변해가는 중국의 모습을 스쳐 가는 눈으로 담아내기는 어려웠을 것이다. 세상을 기록하는 것은 사진기와는 달라서 순간만으로는 부족하다. 시간의 연속성이 담보돼야 한다. 그동안 나온 베이징 안내서라는 것이 대개, 호텔이나 명승지 정보를 전해주는 수준이었다.

안지위의 책은 그래서 반갑다. 중국이란 거대한 수레바퀴를 움직이고 있는 베이징과 베이징 사람들, 그리고 문화에 대해 조금 더 돋보기를 들이댔다. 안지위가 중국에 머물며 그들의 모습을 수년 동안 지켜봐왔고, 현지에서 잡지를 만들며 그들을 취재했기 때문에 가능했던 것이다. 겉뿐만 아니라 인터뷰를 통해 생각도 들여다봤기 때문이다. 해서 여느 중국 안내서보다 한 발자국 앞서서 중국을 들여다보고 있다. 웅비하고 있는 중국과 베이징이란 도시가 대체 어떤 곳인가 궁금해하는 사람들에겐 더할 나위 없이 좋은 안내서라고 자신 있게 말할 수 있다.

최병준 (경향신문 문화부 여행 담당 기자)

1

Modern Architecture

건축, 베이징
의 삶을 변화
시키다

베이징의 얼굴이 바뀌고 있다. 중후한 노년의 이미지를 벗어 던지고 재기 발랄한 청년의 활기와 에너지가 넘친다. 국제적인 대도시에 어울릴 법한 면모 갖추기에도 가속도가 붙었다. 이미지 변신의 주역은 건축물이다. 고만고만한 높이의 평평한 건물들이 차지했던 공간에 지금껏 보지도 듣지도 못했던 별의별 희한한 건축물이 1만여 채나 새로 들어서면서 도시 전체의 풍경을 바꾸어놓고 있다.

어디 그뿐이랴. 베이징의 대표 건축물을 논할 때는 격세지감마저 느낀다. 2008년 초에 베이징 시민들을 대상으로 '뉴 랜드마크(new landmark)'를 선정하는 인터넷 투표를 실시했는데, 후보는 1990년대 이후에 지은 건축물 72개였다. 새로운 시대에 걸맞은 새로운 상징물, 신선한 이미지가 필요한 것이니 쯔진청(紫禁城, 자금성)이나 이허위안(颐和园, 이화원)처럼 아무리 출중한 유산이라 할지라도 옛것은 후보 자격조차 얻지 못했다. 투표 결과 냐오차오(鸟巢, 새둥지)라 불리는 올림픽주경기장이 1위를 차지했다. 그 밖에도 마치 UFO가 내려앉은 것처럼 보이는 궈쟈따쥐위안(国家大剧院, 국가대극원), 하늘에 구멍이라도 낼 듯이 솟아오르는 국제무역센터 3기, 디자인이 발표됨과 동시에 논란의 중심에 선 CCTV 신사옥, 거대한 빌딩군(群)의 금융가, 클럽과 술집이 모여 있어 젊은이들의 아지트로 떠오르는 허우하이쥬바졔(后海酒吧街, 후해 술집 거리) 등이 네티즌의 선택을 받았다.

베이징의 변화가 의미 있는 것은 단지 새로운 건축물이 들어선 데에만 있지 않다. 이 땅에 사는 사람들의 생각이, 삶의 양식이 변하고 있기 때문이다. 건축과 삶은 별개의 문제가 아니다. 건축의 발달이 인식의 변화를 이끄는 동력이 되기도 하고 거꾸로 인식의 변화가 건축에 영향을 주기도 한다. 이 둘은 뫼비우스의 띠처럼 엮여서 무엇이 먼저이고 나중이랄 것 없이 서로가 서로에게 영향을 주고받으며 공존한다. 그런데 지금 베이징에서는 건축이 사람들의 인식과 삶의 패턴을 변화시키는 데 보다 주도적인 역할을 하고 있다. 여기에는 올림픽이 큰 영향을 미쳤다. 한정된 시간 안에 도시를 급격히 변화시키려다 보니 스포츠 축제는 도시 전체의 하드웨어는 물론이고 소프트웨어까지 송두리째 뒤집어놓은 사회적 대변혁이 되고 말았다.

전통적인 삶과는 상당히 동떨어진 모습으로 급작스럽게 변화된 사회에서 살기를 강요받는, 준비가 덜 된 대다수의 보통 사람들이 느끼는 혼란과 스트레스가 얼마나 클지 조금은 이해할 수 있다. 우리에게도 경험이 있지 않은가. 이 사람들은 결국 새로운 시스템에 자신을 맞추어가며 적응하게 되리라. 건축은 시대를 담는 거울이라고 한다. 21세기 들어 새롭게 등장한 건축물들을 통해 격변하는 오늘의 베이징을 들여다보고자 한다.

뉴 베이징을 대표하는 얼굴

CBD와 SOHO

베이징의 맨해튼 CBD(Central Business District)

베이징 지도를 놓고 한가운데에 남북으로 관통하는 선(线)을 그어보면 쳰먼(前门, 전문), 텐안먼(天安门, 천안문)광장, 쯔진청, 구러우(鼓楼, 고루), 중러우(钟楼, 종루) 같은 핵심 건축물들이 차례로 서 있음을 알게 된다. 고대에서 현대에 이르기까지 베이징의 정치·경제·문화의 중심이 되어온 라인, 바로 중조우셴(中轴线, 중축선: South-north Central Axis Line)이다. 메인 스타디움을 비롯해 2008 베이징올림픽의 핵심 시설이 밀집돼 있는 올림픽공원도 이 선의 북쪽 연장선 위에 위치하고 있다. 선조들이 잡아놓은 터의 영험한 기운을 빌려 올림픽의 성공과 국운 상승을 바라는 선택이었다고 한다.

그런데 베이징에서 변화가 감지되고 있다. 정치를 전면에 내세우던 시대가 지나고 경제 논리로 움직이는 시대가 도래하면서 또 하나의 중심지가 태동한 것이다. 베이징을 동서로 관통하는 중심 도로인 창안제(长安街, 장안가)와 동3환로(东三环路)가 교차하는 곳에 형성된 CBD이다. 뉴욕의 맨해튼, 도쿄의 신주쿠처럼 이곳은 베이징을 비롯해 세계의 물자, 사람, 금융과 비즈니스, 무역, 문화 콘텐츠 등이 결집되면서 새로운 경제 심장으로 떠오르고 있다. 조성 사업은 2010년까지 계속될 예정이지만 이미 미국 나스닥과 뉴욕 증권거래소와 같은 국제 금융 기구들이 들어와 있으며 입주한 다국적 기업의 절반 이상은 세계 500대 기업이다. '말도 많고 탈도 많은'이라는 비유가 꼭 들어맞는 CCTV 신사옥, 209미터 높이의 징광센터(京广中心)와 249.9미터의 인타이센터(银泰中心)를 어깨 높이에 두고 내려다보게 될 무역센터 3기(303미터), 새로운 라이프스타일을 주도해가는 소호(SOHO)

베이징의 맨해튼으로 떠오른
CBD

시리즈 등이 모두 이곳에 밀집해 있으니 건축에 관심이 있는 사람이라면 더욱 눈여겨볼 만하다.

라이프스타일과 동선, 가치의 변화를 모두 압축해서 보여주는 CBD는 지금까지와는 전혀 다른 논리와 속도로 운영될 뉴 베이징의 대표 얼굴로 떠오르고 있다. 변모할 미래의 베이징이자 이미 시작된 현재의 베이징을 만나보자.

토박이들의 삶을 뿌리째 흔들어놓은 SOHO 시리즈

CBD 안에선 소호(SOHO)라는 이름이 붙은 건물이 심심치 않게 보인다. '스몰 오피스 홈 오피스(Small Office Home Office)'의 약자로, 주거의 기능과 업무 공간을 하나로 합한 공간을 말한다. 중국의 대표적인 부동산 개발상인 판스이(潘石屹), 장신(张欣) 부부의 히트작이다. 해외에 살면서 중국 젊은 층의 변화 가능성을 읽은 이들 부부는 1995년에 '소호 차이나(당시 이름은 레드 스톤)'를 설립하고 베이징 사람들의 라이프스타일을 혁명적으로 바꾸어놓는 일에 뛰어든다. 당시만 해도 일은 일이고 집은 집이었던 베이징 사람들에게 소호 시엔다이청(现代城, 현대성)과 젠와이(建外, 건외) 소호를 차례로 선보인 것이다. 일과 생활, 쇼핑을 한곳에서 모두 해결할 수 있는 최초의 공간이었다.

초기의 반응은 어땠을까? 어떻게 일하는 데서 먹고 자느냐며 다들 시큰둥했단다. 사무실과 살림집이 함께 있다는 것을 도무지 받아들이지 못하자 분양 실적도 시원치 않았다. 돌파구로 찾은 것은 광고 콘셉트의 변화였다. 세계화, 도시화를 꿈꾸는 고소득 전문직 종사자들을 겨냥해 일 잘하는 현대인의 새로운 트렌드라고 부추겼다. 어찌 되었을까? 중국인들이 무엇보다 중요하게 여기는 '체면(面子)'을 살려주자 반응은 곧 역전됐다. 그리고 소호는 새로운 베이징에 걸맞은 뉴 라이프스타일의 선도자가 되어 지금까지도 승승장구하고 있다. 가장 북쪽의 차오와이(朝外, 조외) 소호를 비롯해 남쪽으로 내려가면서 소호 상두(尚都, 상도), 광화루(光华路, 광화로) 소호, 젠와이 소호까

승효상이 설계한 차오와이 소호

지 CBD에만도 소호 네 개가 포진해 있다. 판-장 부부는 이들의 건축을 각각 중국, 일본, 오스트레일리아, 한국 국적의 건축가에게 의뢰했다.

차오와이 소호는 한국인 건축가 승효상이 설계했다. 건축물을 보면 대략 언제쯤 지었는지 알 수 있을 정도로 그 시대의 유행이나 흐름이 알게 모르게 반영되기 마련이다. 요즘 베이징에는 건물 내부가 훤히 보이는 외벽이 유행인지 누드 빌딩이 부쩍 많아졌다. 그런데 승효상의 소호는 일률적인 유행과 거리를 두고 있다. 차가운 이미지의 유리 대신 투박한 숨구멍이 그대로 보이는 현무암의 흙벽을 위주로 했다. 또 네모반듯한 사각형의 틀을 깨고 도넛 모양의 원형을 선택했다. 이는 중국 남부 지역의 전통적인 가옥 형태인 투로우(土楼, 토루)에서 얻은 아이디어란다. 투로우는 수십 가구가 함께 살아가는 공동주택이니 이웃과의 소통을 단절시키는 현대의 공간 구조에 반기를 드는 디자인이 아닐까 생각한다. 내부로 들어가면 마당처럼 텅 빈 공간이 나오고 사방으로 뻗은 골목과 연결된다. 전통적인 골목인 후통을 현대적인 건물에 접목한 모습이다. 그가 늘 강조해온 골목, 비어 있는 공간, 마당을

여기서 다 볼 수 있다.

요즘 어느 건축물에서나 쉽게 볼 수 있는 반들반들한 대리석 대신 울퉁불퉁한 돌을 바닥에 깔면서 회색 톤의 쓰허위안(四合院, 사합원)의 느낌도 그대로 살렸다. 현대적이지만 중국다운 요소를 곳곳에 차용함으로써 건축물이 서 있는 곳이 '중국의 베이징'임을 한시도 잊지 않도록 했다. 그래서 차오와이 소호는 무수히 많은 건축물 가운데서도 특별하다. 사실, 서울에서도 볼 수 있는 누드 빌딩을 베이징에서 본들 뭐가 그리 흥미롭겠는가.

차오와이 소호 건너편에 요상한 모양새로 치솟은 빌딩 두 개가 나란히 있다. '소호 상두'다. 건축가 피터 데이비슨(Peter Davidson, 호주 랩 아키텍처 스튜디오)은 자신의 작품이 프랙털 기하학의 영향을 받았으며 크리스털에서 영감을 얻어 다각형 이미지를 추구했다고 설명했다. 더불어 도심의 새로운 아이콘이 되길 희망한다는 바람도 내비쳤다. 이런 건축물을 보고 있자면 중국인들이 참 대담하다는 생각이 든다. 파격적인 디자인을 선보이는 것이야 물론 건축가겠지

만, 그것을 받아들이지 못하면 무슨 소용이 있으랴. 마치 갓 클래식 음악에 심취한 초보 애호가가 어떤 음악가든 혹은 어느 레이블이든 상관없이 닥치는 대로 사 모으듯이 지금 베이징의 건축주들은 세계 각국에 국적을 둔 여러 건축가의 다양한 작품을 (그것도 튀는 것만 골라서) 수집하는 추세다. 그러니 건축 공부를 하는 사람들에게는 더없이 좋은 전시실이자 자료실이다. 소호 상두 역시 결코 뒤지지 않는 텍스트가 될 것이다.

텐안먼광장에서 창안제를 따라 동쪽 방향으로 3~4킬로미터 가다 보면 오른쪽에 똑같은 모양의 빌딩군이 나타난다. CBD 남쪽 구역의 젠와이 소호다. 흰 격자무늬 유리 건물은 별다른 장식 없이 네모반듯하고 지붕은 평평하다. 다른 소호들의 개성이 워낙 뚜렷해선지 심플하고 단조로운 모습이 고풍스럽게 느껴질 정도다. 아니, 실제로 차오와이 소호와 소호 상두가 2007년에 완공되었으니 2003년에 완공된 이곳은 확실히 구식이다. 지은 지 채 10년도 안 돼 구식 취

피터 데이비슨이 설계한
소호 상두

급을 받을 정도로 베이징의 변화는 급격하다.

　　'젠와이 소호'는 베이징 태생 일본인 건축가 리켄 야마모토(Riken Yamamoto)가 설계했다. 총 건축 면적 70만 제곱미터에 고층 건물 20여 채가 서 있으니 빌딩 숲이라는 말이 그대로 들어맞는다. 겉에서 볼 때는 과연 저 안에 어떤 사람들이 있을까 싶지만, 막상 안으로 들어가보면 역시나 일상이 흘러가는 삶의 터전이다. 살림집이 있으니 주거 공간임에 틀림없고 사무 공간과 수백 개의 상점이 밀집해 있으니 비즈니스 지역이기도 하다. 여기에선 전통적인 베이징에서 볼 수 없던 현상이 나타나고 있다. 한곳에서 먹고, 자고, 일하고, 쇼핑하고, 여가 생활에 친교 활동까지 완벽하게 해결된다. 원 스톱 서비스(One Stop Service)가 완벽하게 구현되는 것이다. 이곳에 머물거나 거쳐 가는 인파가 하루에 5만 명이고, 그들 대부분이 소비를 주도하는 젊은 층이다 보니 웨딩 패션쇼나 신상품 론칭 쇼 같은 다양한 이벤트가 펼쳐지곤 한다. 소호 자체가 거대한 마케팅 무대인 셈이다.

　　암흑식당과 같은 이색 테마 식당도 오픈했다. 이곳에서는 눈의 기능을 접어두는 대신 나머지 감각을 모두 동원해 음식을 먹는다. 아무것도 보이지 않으니 들어갈 때부터 서로를 의지해야 하고

리켄 야마모토가 설계한
젠와이 소호

먹는 일도 쉽진 않지만 호기심 많은 젊은 층 사이에선 반응이 좋다. 경제 수준이 월등히 높은 서구에나 있을 법한 어린이 전용 서점도 눈에 띈다. 화사한 무지갯빛 인테리어와 정기적으로 열리는 동화 구연 이벤트 등이 엄마와 아이들의 시선을 끌기에 충분해 보인다. 눈높이가 다른 소비자들이 사는 곳이니 입주하는 상점도 평범해서는 안 되는 모양이다. 스타벅스 커피 값은 서울에서만 비싼 것이 아니다. 베이징의 일반 물가와 비교했을 땐 오히려 훨씬 비싸다. 그런데도 소호의 스타벅스에서는 빈자리를 찾기가 힘들다. 사업 얘기를 나누는 비즈니스맨들도 있긴 하지만 노트북을 펼쳐놓은 채 커피를 마셔가며 작업에 몰두한 '나 홀로 족(族)'이 더 많다. 이른 저녁을 먹고 난 뒤 마을 당구대에 모여 심심풀이 내기 당구를 치던 동네 청년들의 모습은 더 이상 찾아볼 수 없다. 스타벅스와 노트북 그리고 오피스텔. 요즘 베이징 젊은이들이 선망하는 세련된 도시 직장인의 전형적인 이미지다. 그 풍경만 놓고 본다면 이곳이 뉴욕인지 베이징인지 구분이 되지 않는다.

(위) 스타벅스
(아래) 어린이 서짐

도심에서 자전거가 사라지고 그 자리를 자동차가 대신하더니만 이곳에선 그마저도 필요치가 않다. 몇 걸음으로 다 해결되도록 한데 모여 있으니 말이다. 그런데 우리는 이미 알고 있지 않나. 산업의 발달로 문명의 이기(利器)가 늘어나면서 삶이 편리해지고 그만큼 시간도 절약된 것 같지만, 오히려 시간에 쫓기고 더 많은 일을 처리하길 요구받고 있다는 것을. 마찬가지로 새로운 환경에 놓인 베이징 사람들에겐 과거에 누리던 여유나 공동체 생활의 추억이 사라지고 있다. 전통적인 쓰허위안에서는 두 가구, 세 가구, 심지어는 열 가구 이상이 복닥거리며 함께 살았다. 옆집 저녁 밥상에 무엇이 올라갔는지 훤히 알 정도로 이웃을 가르는 경계가 없었다. 하지만 소호에서는 다르다. 철저한 익명의 공간이다. 짧아진 동선은 이웃과 소통할 기회마저도 최소화시키고 있다. 물론 누구나 이런 곳에 살고 있지는 않다. 그러니 아직까지는 일부 직장인이나 고소득 계층에 국한된 얘기겠지만, 그렇다 치더

라도 과거에 비해 베이징 사람들의 생활은 이미 너무나 분주해졌고 시
간은 금보다도 귀해졌다. 그들도 눈치챘을까? 어느 때부터인가 살고
있는 집이, 일하는 공간이 바뀌고 있다는 것을. 건축이 의식을 변화시
키고 삶의 형태까지도 바꾸어놓는다고 할 때, 소호는 베이징 사람들이
지금껏 살아온 삶의 방식을 뿌리부터 흔들어놓는 혁명과도 같은 건축
물이다.

Information

차오와이 소호(朝外 SOHO)
北京朝阳区朝外大街乙6号
010 5869 666
www.chaowaisoho.com

소호 상두(SOHO 尚都)
北京朝阳区东大桥路8号
010 5869 6669/5900-8787
www.soho-shangdu.com

젠와이 소호(建外 SOHO)
北京市朝阳区东三环中路39号
010 5869 6668/5869-8888
www.jw-soho.com

광화루 소호(光华路 SOHO)
北京市朝阳区光华西里1号
010 5900 8888/5878 8888
www.guanghualusoho.com

CBD의 떠오르는 명물

스마오텐제(The Place)

CBD가 지금까지의 베이징과는 완전히 다른 이미지를 보여준다면 스마오텐제(世貿天阶, The Place)는 그런 CBD에서도 또 다른 세상이다. 최근 베이징 시내에서는 상위 몇 퍼센트의 고객을 타깃으로 하는 대형 쇼핑몰이나 세계적인 명품 브랜드로 도배한 최고급 백화점을 많이 볼 수 있다. 이곳 역시 그 흔한 쇼핑몰 중 하나지만 확실히 다르다. 굉장히 멋지고도 색다른 볼거리를 제공하기 때문이다. 라스베이거스에나 가야 볼 수 있는 풍경을 베이징 시내에서 볼 수 있게 해주었으니 눈길 안 주고 배길 수 없으리라.

그늘 하나 찾기도 쉽지 않은 거리를 걷다가 제대로 된 그늘막을 발견하고는 입이 쩍 벌어졌다. 더 플레이스 중앙 광장의 넓이와 맞먹는 면적의 하늘이 전광판에 가려져 있었던 것이다. 바로 스카이 스크린(Sky Screen)이다. 이는 라스베이거스 페어몬트 스트리트의 천장 전광판을 벤치마킹한 것으로, 24미터 높이의 공중에 설치되어 있다. 길이 250미터, 폭 30미터로 아시아에서 가장 크면서 최초이고 세계적으로도 두 번째 규모다. 투자액이 자그마치 2억5000만 위안이나 된다니 대체 광고 효과를 얼마나 자신하기에 그런 거액을 투자했을까. 차양 역할을 하는 낮 시간에는 햇볕이 투과될 수 있도록 설계해 하늘을 가리고 있지만 그다지 어둡지 않다.

스카이 스크린 외에도 더 플레이스에는 인상적인 볼거리가 많다. 우선 건축물을 꼽을 수 있다. 건축 재료와 스타일이 CBD에 들어서고 있는 여타 건축물과 차별화되기 때문이다. 온기라고는 전혀 찾아볼 수 없는 유리 빌딩이 대세인 동네에서 석재로 지은 쇼핑몰은 확실히 눈에 띈다. 제러미(Jeremy)라는 건축가가 스페인풍으로 지은 건축물은 다소 둔탁해 보이긴 하지만 아날로그적인 친근함, 중후한 무게감이 묵직하게 느껴진다. 또 하늘을 찌를 듯 올라가는 고층 빌딩에 비해 땅꼬마처럼 나지막한 스카이라인은 눈은 물론 마음까지도 편안하게 만든다. 다만 세월의 숨결이 차곡차곡 쌓여 발산되는 은근한 기품보다는 급조된 냄새가 폴폴 풍기는 것이 아쉽다. 어차피 세월만이 해결할 수 있는 일이겠지만 말이다.

광장의 한낮 풍경은 여유로웠다. 아직까지 사람들에게 많이 알려지지 않은 탓인지 기본적으로 유동 인구가 적었다. 중국인보다는 외국인이 조금 더 많았는데 유모차, 느린 발걸음, 막 집에서 나온 듯한 옷차림은 그들이 베이징에 터를 잡고 살아가는 사람들임을 얘기해주고 있었다. 호기심 가득한 시선을 쉴 새 없이 움직이는 관광객들과는 확연히 다른 느낌이었다.

곳곳에서 노천카페와 식당이 영업을 하고 있다. 햇살이 내리쬐는 광장의 한가로운 풍경과 잘 어울리는 보사노바에 이끌려 가보니 레스토랑 CJW다. 텅 빈 실내와는 대조적으로 야외에 마련된 테이블은 점심 식사를 하는 사람들로 꽉 차

한낮의 The Place 풍경

24

있다. 그 풍경만 오려내보면 이곳이 중국이라는 사실이 믿기지 않을 정도로 이국적이다. 물론 외국인이 많다고 다 이국적인 것은 아니다. 그런 곳이라면 베이징에 수도 없이 많다. 이곳의 이국적인 느낌은 세계 각국에서 온 붙박이들이 만들어낸 것이다. 잠깐 왔다 떠나가는 관광객들이 풍기는 들뜬 분위기와는 본질적으로 다른 일상의 차분함과 안정감 같은 것들 말이다. CBD의 미래를 내다보고 온 외국인들, 그들의 가족들, 그들과 비즈니스를 논하는 사업 파트너들일 게다.

영어로 된 메뉴판을 건네며 무엇을 주문할지 영어로 묻는 종업원에게 중국어로 대답하다가 문득, 우습게도, 내 자신이 촌스럽게 느껴졌다. 세련된 매너와 유창한

영어 솜씨를 갖춘 종업원들을 바라보자니 문득 중국의 전통극인 '변검'이 떠올랐다. 얼굴에 여러 겹의 가면을 쓴 배우가 관객이 눈치채지 못하도록 순식간에 가면을 바꿔 쓰는데, 그 기술은 아들에게도 알려주지 않을 만큼 철저히 비밀에 부친다. 그런데 내 눈에는 어느 중국인이나 변검 기술을 터득하고 있는 듯 보인다. 말 그대로 변신의 귀재들이다. 상황이 바뀌면 재빨리 적응해 대처한다. 베이징의 글로벌 지수가 서울보다 높은 것도 대세를 따르고 실리를 앞세운 행동 방식 때문이 아닐까 싶다. 아무튼 CBD에선 식당에서조차 삶의 방식이 달라지고 있음을 실감한다. 명품 브랜드의 간판이 걸린 쇼핑몰 아래에서 패스트푸드점의 그것과는 확연히 다른 오리지널 햄버거와 카푸치노를 먹고 마시며 생각해본다. 시간이 흐르면서 더 많은 중국인이 저 앞의 식탁들을 차지하게 되겠지. 지금까지 볼 수 없던 라이프스타일, 소비 형태, 가치관이 호시탐탐 새로움을 추구하는 젊은이들의 것으로 자리를 잡을 터이다.

　　　　　저녁이 되면서 광장의 풍경은 역전됐다. 저녁을 먹고 편안한 복장으로 놀러 나온 동네 어르신들을 비롯해 인라인 스케이트를 탄 아이들과 엄마 아빠, 연신 디지털카메라를 찍어대며 데이트를 즐기는 청춘 남녀들로 활기가 가득했다. 제각각 즐기던 사람들은 공중 스크린에서 쇼가 시작되자 시선을 일제히 하늘로 향했다. 아이, 어른, 아저씨, 아줌마 할 것 없이 고개를 젖힌 채 공중에서 펼쳐지는 영상 쇼

25

에 몰입하는 모습이 재미있다. 스크린 쇼는 정말이지 환상적이었다. 시원하게 펼쳐진 대양을 유영하는 돌고래들, 다채로운 바닷속 세상, 신비로운 우주, 폭풍우가 지나간 뒤에 더욱 맑아진 숲의 정경 등 감탄사가 끊이지 않을 정도로 예쁘고 아름다운 세상이 밤하늘에 펼쳐졌다.

　　　　화려한 조명으로 한껏 치장한 다른 도시들에 비하면 베이징의 야경은 소박한 편이지만 이 황홀경만큼은 어디에 내놔도 밀리지 않을 명물이다. 옥외에 설치된 대형 전광판에서 흘러나오는 것이란 으레 광고이거나 오늘의 주요 뉴스 또는 교통 상황과 같은 무미건조한 정보이겠거니 했는데 예상이 단번에 깨졌다. CBD에는 문화 콘텐츠 사업과 관련된 기업만 해도 1000여 개가 넘게 입주해 있다더니 그 힘을 보여주고 싶었던 것일까? 단순히 홍보용 전광판 기능만이 아니라 미래의 베이징이 지향하는 폭넓은 문화 콘텐츠와 그를 뒷받침하는 기술력을 보여주고 싶은 것인지도 모르겠다. 그런데 올림픽이 끝난 뒤에 오랜만에 갔더니 콘텐츠가 많이 바뀌었다. 중간에는 상업적인 광고도

The Place의 스카이 스크린 쇼

나왔다. 축제가 끝나고 일상으로 돌아온 건가 싶어 아쉽기는 했지만 여전히 광장은 쇼를 보기 위해 모인 사람으로 가득했다.

　　나른한 오후와 하나 되어 온몸에 척척 감기던 보사노바는 한밤이 되자 분위기 있는 재즈에 자리를 내주었다. 영어로 의사소통하는 것이 더 잘 어울리는 CWJ는 상하이에서 진출한 레스토랑이자 클럽이다. 시가 재즈 와인(Cigar Jazz Wine)의 첫 글자를 딴 이름이 말해주듯 실내를 가득 채운 재즈 선율과 전등 아래서 간간이 피어오르는 시가의 연기, 테이블 위에서 오가는 와인 잔이 전반적인 클럽의 이미지와 잘 맞아떨어진다. 시가는 적당한 온도와 습도를 유지해야 제대로 된 맛이 나기 때문에 관리하기가 매우 까다롭고 갖춰야 할 액세서리도 많다고 들었다. 클럽에선 시가에 관련된 것을 전문적으로 취급하는 매장을 별도로 운영하고 있는데, 눈요기 삼아 구경할 만하다. 시가에 비해 대중적으로

즐길 수 있는 것은 매일 저녁 펼쳐지는 라이브 재즈 공연이다. 드럼, 보컬, 베이스, 키보드, 기타를 맡고 있는 다섯 명의 멤버는 재즈의 본고장인 미국에서 온 흑인들이다. 그들이 이끄는 대로 끈적끈적하게, 때론 폭발적으로, 뿜어내는 열기에 맞춰 몸을 까딱이다 보면 공간 이동을 한 것만 같다. 뉴올리언스의 재즈 바 풍경이 이러할까.

　　건너편 계단의 테라스에 자리 잡은 사람들은 와인을 마신다. 와인 바 에노테카(Enoteca)다. 주위의 분위기 때문에 왠지 값비싼 와인만 취급할 것 같아 망설이다가 리스트라도 보자며 들어갔다. 그랬더니 웬걸. 98위안부터 987위안까지 폭넓은 가격대의 와인이 100여 종이나 된다. 100위안대 와인만 해도 30종은 족히 되는 것 같다. 베이징에 와서 와인을 즐기게 된 것도 저렴한 가격과 다양한 종류 덕분인데 와인 바의 상황도 비슷했다. 자리를 잡고 앉으니 하늘에 매달린 스크린이 눈높이와 얼마 차이 나지 않다. 와인 마시고 분위기에 취하게 생겼다. 점점 어두워져가는데 CBD에서는 밤이 실종됐다. 오감의 촉수들이 낮보다도 더 활발하게 꿈틀댄다. 여긴 정말이지 다른 세상이다.

Information

스마오톈제(世贸天阶, The Place)
北京市朝阳区光华路9号世贸天阶文化广场
010 6587 1188

CJW
北京市朝阳区光华路9号世贸天阶 L-37
010 6587 1222
www.cjwchina.com

에노테카(Enoteca)
北京市朝阳区光华路9号世贸天阶
010 6587 1578
www.enoteca.com.cn

와인 바 에노테카

소호 상두

차오와이 소호

Chaoyangmen Waidajie 朝阳门外大街

The Place

CCTV 신사옥

Dongdaqiao Lu 东大桥路

Guanghua Lu 光华路

궈마오 역

국제무역센터 3기

Dongsanhuan Zhonglu 东三环中路

Jianguomen Waidajie 建国门外大街

젠와이 소호

CBD Area Guide

21세기 베이징 관광의 메카

올림픽공원

거대한 새둥지 궈쟈티위창(国家体育场)

　　　　　　현장의 감동이라는 것이 있다. 오케스트라 연주, 발레 공연, 축구 경기를 현장에서 볼 때의 감동은 제아무리 화질 좋은 TV라도 따라갈 수가 없다. 전 세계인의 이목을 집중시켰던 베이징올림픽 주경기장의 모습을 직접 봤을 때의 느낌이 그랬다. 물론 직접 본 횟수를 꼽자면 한이 없다. 첫 삽을 뜰 때부터 완공될 때까지 아침저녁으로 그 옆을 지나다니며 전 과정을 고스란히 지켜봤을 정도다. 하지만 그런 식의 감상은 TV로 보는 것과 크게 다르지 않았다는 걸 알게 됐다.

얼기설기 엮어놓은 철근 바로 아래 서니 지금까지 봐온 것과는 전혀 다른 경기장이 거기에 있었다. 마치 거대한 파도가 나를 향해 세차게 몰려오는 느낌처럼 거대한 건축물이 전해주는 감동은 예상외로 컸다.

　　　　　　올림픽 주경기장의 정식 명칭은 궈쟈티위창(国家体育场, 국가체육장)이다. 하지만 중국인들 사이에서는 냐오차오(鸟草), 즉 '새둥지'로 더 많이 불린다. 그 모양새가 새둥지를 꼭 닮았기 때문이다. 지난 2002년에 중국 국가체육국이 실시한 국가체육관 국제현상설계공모에서 채택된 스위스의 건축가 헤르조그(Herzog)와 드 뫼롱(De Meuron)의 작품인데, 엿가락 가지고 놀 듯 자유자재로 철강을 엮은 모양새가 신기에 가깝다. 원래 새집이 겉에서 보기에는 빈틈도 많고 어설퍼 보이지만 실제로는 무척 단단하다는데, 나뭇가지도 아니고 철강으로 새집을 만들어내려니 얼마나 힘들었을까. 2004년 3월에 착공한 냐오차오는 2007년 완공 시점을 넘겨 2008년 3월에야 완공됐다. 한때는 철강이 부족해서 공사가 잠시 중단됐다는 말이 들리기도 했고 중국의 올림픽 준비로 전 세계 철강 값이 폭등했다는 말도 들렸다. 보통 사

'냐오차오'라 불리는
베이징올림픽 주경기장

람의 눈에도 어마어마한 양의 철강을 잡아먹게 생겼는데도 그런 디자인을 채택했으니 보통 배포가 아니다(실제로도 이 경기장 하나에 들어간 철강이 4만 2000톤이나 된단다). 그런데 달리 생각해보면 중국이기에 들이밀 수 있는 디자인이 아닐까 싶다. 세계 경제의 블랙홀이라 불리며 승승장구하는 나라가 돈 때문에 쩔쩔매겠나. 예산이 얼마가 들든 남들에게 없는 것을 갖기 위해 돈 쓰는 걸 주저하지 않을 것이다. 공사 기간? 얼마든지 앞당길 수 있는 인해전술이란 게 있지 않은가. 땅 넓은 나라이니 규모는 얼마든지 커져도 오케이! 아닌 게 아니라 건축 전문가들은 완공까지 10년은 족히 걸려야 할 설계안이라고 했지만 완성품은 4년 만에 모습을 드러냈다.

　　　　　화려한 조명을 받는 올림픽 기간에는 선수나 관계자들, 값비싼 티켓을 발 빠르게 손에 쥔 사람들이나 즐길 수 있는 그들만의 영역이었지만 이젠 대중에게 개방된 관광지다. 50위안 하는 입장권을 사면 누구나 들어가서 볼 수 있다. 그런데 중국인들의 표정은 흔

입장권 (鸟巢)
lium Beijing
入场券
Ticket

입장시간 TIME:

2009年08月12日 9:00-17:30 18:00退场

票价 PRICE: 50元

20090812 00008903

호수 건너편에서 바라본
나오차오 야경
올림픽 주경기장 내부

한 관광지를 대하는 것 같지가 않다. 마치 성지(聖地)를 순례하는 사람의 감격이 엿보인다. 숨길 수 없는 감동과 말로 다할 수 없는 자부심. 그게 중국인들의 올림픽이었다. 관중석이 9만 1000석이나 된다지만 막상 안으로 들어가보니 의외로 아늑한 느낌이 들었다. 물론 적지 않은 규모이긴 하지만 철근의 둔탁한 느낌이 강했던 바깥의 이미지와는 참 달랐다. 전체적으로 따뜻한 색감과 포근한 느낌은 예상치 못한 반전의 묘미였다. 경기장을 배경으로 기념 촬영에 여념 없는 사람들을 바라보다가 문득 고개를 젖히니 하늘을 가린 투명막이 보인다. 비가 오면 비를 막고 내부의 소리가 공중으로 흩어지지 않게 모아주는 지붕이다. 원래의 설계안대로라면 전혀 다른 지붕이 저 자리에 있었을 거다. 그걸 아는 사람이 많지 않은 듯했다. 지붕을 보며 얘기하는 사람이 내 눈에는 보이지 않았으니까.

　　　　베이징은 탕산(唐山)이라는 지역과 불과 130킬로미터 떨어져 있다. 지난 1976년에 무려 24만 2000여 명이 사망한 것으로 기록된 '탕산대지진'의 진원지이다. 그러니 올림픽 시설물을 설계하

면서 가장 많은 신경을 쓴 것도 지진이라고 한다. 올림픽 경기장을 여덟 개의 구획으로 나누어서 마치 여덟 개의 건물을 짓는 것같이 작업했단다. 지진이 나더라도 한꺼번에 무너지지 않고 각기 따로 움직이게끔 말이다. 그런데 이 공사를 막 시작하던 2004년 5월에 프랑스 드골 공항에서 천장이 무너지는 사고가 났다. 당시 사망한 네 명 가운데 두 명이 중국인이라 더 큰 이슈가 됐고 결국 불똥은 여기까지 튀었다. 안전성 문제와 막대한 건축비에 대한 논쟁이 일면서 개폐식으로 설계했던 지붕은 결국 지금의 가벼운 투명 막으로 대체됐다. 그렇지 않아도 육중한 몸통인데 거기에 무거운 지붕까지 더했다면 우린 지금쯤 어떤 경기장과 마주하고 있을까?

거품이 보글보글한 국가수영센터 수이리팡

온통 금속의 차가움으로 휘감은 냐오차오 건너편에는 보글보글한 거품의 풍성한 부드러움이 그대로 느껴지는 국가수영센터가 있다. 수이리팡(水立方, 워터큐브)이란 이름의 수영장과 냐오차오가 지척에 있다 보니 한 번 걸음에 두 가지를 모두 볼 수 있어 일석이조다. 한편으로는, 그때문에, 어느 것이 더 멋진가를 두고 구경꾼들 사이에 의견이 분분하기도 한데 어느 외국인 관광객의 재치 있는 대답이 인상적이다.

"낮에는 냐오차오가 멋있고, 밤에는 워터큐브가 멋져요." 그녀의 말대로 밤에 조명을 밝힌 워터큐브는 더욱 푸르고 멋지다. 수영장 건설 부문에서 권위를 인정받는 호주의 설계팀 PTW가 설계를 했고 중국 전역에 굵직굵직한 체육 시설을 건축한 중국 건축 회사 CCDI가 실시 설계를 비롯한 이후의 공정을 도맡아 진행했다. 베이징에서 볼만한 건축물이 무엇이냐는 질문에 한 치의 주저함도 없이 수이리팡을 꼽을 만큼 이 회사 직원들의 자부심은 대단했다. 이 작품의 최초 영감은 산호, 해면, 비누 거품의 형태에서 얻었다고 한다. 문제는 그걸 구체적인 아이디어로 만들어내는 과정이었는데, 2만 2000개의 철재를 컴퓨터 시뮬레이션해 분석하고 또 분석했다. 서로 견고하게 엮여 구조 하나만 바뀌면 전체가 엉망이 되는, 아주 고난도의 작업이었다고 한다. 게다가 천장 넓이 때문에 잘못하면 무너져 내릴 수도 있으니 천장 프레임은 최대한 가볍게 했다. 물론 그러면서도 전체 하중을 견딜 수 있을 만큼 단단해야 했다. 그렇게 해서 완성된 수영경기장은 통째로 옆으로 세워놓아도 될 만큼 강하고 완전하다고 한다. 그간의 고단함과 완성된 건축물에 대한 자부심을 설명하느라 여념이 없던 이 회사의 건축설계사는 "복잡한 화학원소 기호를 이용해 만든 비누 거품들은 컴퓨터가 아니면 결코 만들어낼 수 없었다는 점에서 21세기의 산물"이라는 말로 마무리를 했다.

비누 거품의 총 면적은 10만 제곱미터이고 634개의 올록볼록한 엠보싱 중 모양이 같은 것은 단 하나도 없단다. 거품들이 어찌나 폭신폭신해 보이는지 그 위로 올라가 통통 뛰거나 만져보고 싶은 생각이 든다. 그런데 사람들 마음이 다 똑같은가 보다. 수영장 내에 전시해놓은 거품 조각 앞을 그냥 지나가는 사람이 없다. 한 번씩 툭툭 쳐보거나 만져보는데 보기보다 훨씬 단단했다. 거품의 느낌을 최대한 살리기 위해 사용한 소재는 에틸렌-테트라플루오로에틸렌(ETFE)인데 유리보다 가볍고 강하면서도 반투명이라 태양광을 잘 흡수하는 게 특징이다. 건물 전체를 이것으로 뒤덮었으니 수영장은 그 자체로 온실과도 같아서 에너지 사용률을 30퍼센트 정도 낮추었다고 한다. 문제는 적절한 균형인데 내부에 금속 장치를 이용해 해결했다. 무더운 여름에는 내부의 금속 장치가 열을 차단하고 겨울에는 흡수하도록 해 들고 나는 열의 균형을 맞춘 것이다. 거기에 하나 더, 냐오차오와 워터큐브는 빗물을 모아두었다가 이용한다. 건축물 그 자체만 볼거리가 아니라 친환경, 에너지 절약 차원에서도 의미 있는 건축물이라고 하겠다.

30위안 하는 입장권을 사서 들어가니 오른쪽 코너에서 시원한 물줄기가 내려온다. 외부는 거품을 형상화했다면 실내는 시원한 물과 얼음 세상이다. 화장실 앞에 설치한 가림막은 얼음 모양인데 시원해 보일 뿐 아니라 또각또각 쪼개 먹고 싶은 욕망이 생길 정도로 실감 나게 만들었다. 수영경기장이라는 특성상 어디에서든 '물'이라는 주제를 놓치지 않으려 한 고민의 흔적이 보인다. 박태환 선수가 금메달을 목에 건 역사적인 현장에 앉아 있으려니 당시의 긴장감이 슬금슬금 되살아났다. 그 자체로 아름답고 건축 공학적으로도 의미 있는 건축물이긴 하지만 사람들이 만들어내는 드라마틱한 경쟁과 숨죽이며 지켜보는 눈, 함성이 있었기에 더욱 돋보이는 것이리라. 건축물을 건축물답게 만드는 마지막 요소는 역시 사람의 숨결이 아닐까.

올림픽만큼이나 빛나는 올림픽공원

아오린피커공위안(奧林匹克公园, 올림픽공원)에 갈 때 국가체육장과 국가수영센터만 구경할 생각으로 시간 계산을 했다가는 아쉬움에 발걸음이 떨어지지 않을지도 모른다. 두루두루 구경

하려면 하루는 족히 투자해야 한다. 그만큼 볼거리가 많다. 올림픽의
현장을 생생하게 보여주었던 올림픽 다기능 방송탑, 쥘 부채 모양을 본
뜬 국가체육관, 북쪽에 있는 삼림공원까지 돌아다니다 보면 올림픽에
대한 중국인의 기대와 배포가 얼마나 컸는지 훤히 보인다.

　　　　진시황의 완리창청, 수양제의 징항따윈허(京杭大
运河, 경항대운하), 서태후의 이허위안이 과거 중국을 대표해온 토목
공사였다면 현대에는 후진타오의 아오린피커공위안이 그 뒤를 잇지 않
을까 싶다. 베이징 지도의 북쪽 부분을 완전히 바꾸어놓은 대규모 공사
였으니 말이다. 이곳에는 각종 올림픽 시설이 들어섰음은 물론이고 중
국의 전통문화와 유산을 공공디자인 소재로 활용해 전시하고 있다. 지
하철 역사에 쓰허위안(사합원)이 들어서는가 하면 전통 악기를 거대한
인테리어 소품으로 쓰고, 심지어는 시안(西安)에 있는 진시황릉도 이
곳으로 이사를 왔다. 봉건적인 잔재라면서 그동안 국가적으로 배격한
전통문화나 유산을 기계적으로 결합해 어색한 감이 없진 않지만, 그것

국가체육관
올림픽 중계를 했던
올림픽 다기능 방송탑

중축선 위를 걷는 관광객들
자연과 통하는 직행선,
삼림공원

조차도 이 나라의 오늘을 들여다볼 수 있는 요소이다. 가방 속에 가지런히 담겨 있는 골프채 모양의 가로등을 보면 여전히 거대한 규모로 기억되고 싶은 중국의 욕망이 느껴진다. 그런데 여기에선 가로등 그 자체보다 그들이 진정으로 '가운데'에 모시고 있는 것을 더 눈여겨봐야 한다. 쳰먼, 톈안먼광장, 쯔진청, 구러우, 중러우를 하나로 잇는 중축선은 올림픽공원까지 이어진다. 그리고 북4환로(北四环路) 밖에서 시작된 올림픽공원은 5환로(伍环路)를 넘어 6환로(六环路)까지 뻗은 삼림공원에서 끝난다.

　　아오린피커선린공위안(奥林匹克森林公园, 올림픽삼림공원)을 둘러보는데 걷다 쉬다를 반복해야만 했다. 면적이 680제곱킬로미터이니 여의도의 100배 넓이다. 그렇게 넓은 곳에서 본 것이라곤 산, 나무, 물, 풀, 습지 그리고 간간이 오가는 자전거와 관람용 차량 정도였다. 베이징의 북쪽 지형이 완전히 바뀌었다는 말을 실감할 수 있겠는가. 먼지만 폴폴 날리던 밋밋한 땅에 산이 솟아나고, 강물이 흐르게 됐다. 그것만으로는 아쉬워 습지도 조성했다. 올림픽공원의 후원(后园) 역할을 한 삼림공원은 '자연과 통하는 직행선(录色通道)'이라고도 불린다. 맑은 공기를 공급하는 공기청정기이자 생명을 순환시키는 길이라는 것이다. 텅 빈 듯하지만 무한한 생명으로 가득한 삼림공원은 올림픽을 위해 만든 여느 건축물들에 결코 뒤지지 않는 가치를 지니고 있다. 아니, 그 정도로도 부족하다. 오염물질을 마구 배출하며 개발과 성장의 터널을 과속 질주하던 중국이 그 넓은 땅을 고스란히 녹색의 생명체로 채워 넣는 결단을 내린 것이다. 이건 스스로의 역사와 운명을 바꾸어놓은 역사적인 사건이다.

Information

올림픽공원관리위원회(奥林匹克公园管委会)
朝阳区北辰东路凯迪克酒店南側(原08工程展示中心)
010 8499 2008(24시간)
http://www.bopac.gov.cn

개방 시간	궈쟈티위창(国家体育场)	09:00~18:00(17:30 매표 정지)
	수이리팡(水立方)	월~목요일 09:00~16:30(16:15 매표 정지)
		금~일요일 09:00~18:30(18:15 매표 정지, 1일 입장객 한정, 입장권 매진 이후 입장 불가)
	선린공위안(森林公园)	09:00~17:00

40

만리장성에 숨겨진 건축 박물관

코뮌 바이 더 그레이트 월

음식은 먹어봐야 맛을 알고 그림은 눈앞에 두고 감상해야 진가를 알아볼 수 있다. 물론 음악은 들어야 느낌이 온다. 그렇다면 호텔은? 하룻밤 정도는 묵어봐야 할 말이 생기지 않을까? 그러나 호사스러운 은둔자가 되기엔 아쉽게도 내 주머니 사정이 허락하지 않으니 그저 눈으로 감상할 수밖에. 호텔이 거기서 거기지 웬 감상이냐고 하겠지만 직접 본다면 아마 감상의 의미가 여느 작품을 대할 때와 같은 안목과 진지함까지 겸비해야 하는 수준임을 알게 될 것이다. 호텔이자 그 자체로 야외 건축 박물관을 방불케 하는 코뮌 바이 더 그레이트 월(Commune by the Great Wall, 長城脚下的公社)을 직접 본다면 말이

다. 사실 이곳의 존재를 처음 안 것은 수년 전이었다. 우연히 일본어 잡지에서 도심을 벗어나 쉴 만한 휴가촌 특집을 보았다. 산속에 드문드문 떨어져 있는 건축물의 외경과 함께 실린 세련된 실내 사진을 보며 감탄하긴 했지만, 그걸로 끝이었다. 그러다 얼마 전 중국의 최신 건축물을 소개한 전문 서적에서 같은 곳을 다시 보게 됐다. 단순한 휴양지를 넘어서 꽤 의미 있는 건축물이란 것도 새로이 알았다.

이곳은 건축 서적에 실릴 만큼 여러모로 특별나다. 우선 완리창청(万里长城, 만리장성)이라는 장소부터 판타지로 작용한다. 일반인의 고정관념 속에 있는 이곳은 얼른 보고 떠나야 하는 관광지이지 며칠 머물며 즐길 수 있는 영역이 아니었다. 그런데 아침에 일어나 커튼을 젖히면 눈앞에 창청 한 자락이 펼쳐진다니 이 얼마나 멋진가. 도심의 번잡함을 싫어하는 여행객들에게는 두세 배의 만족감을 주는 특별한 잠자리다. 게다가 호텔인데도 건축물의 모양새가 서로 다르다. 이는 아시아 각국을 대표하는 건축가 12명이 각자 영역을 배분받아 자유롭게 설계해 지었기 때문이다. 이제까지 중국에서 볼 수 없었

승효상이 설계한 클럽하우스 외경

던, 예술과 건축을 결합한 최초의 시도라고 하는 이유도 여기에 있다. 2000년의 비바람과 온갖 환난 속에서도 굳건히 버텨온 완리창청과 개성 넘치는 건축 작품의 만남이다. 이런 곳이 세인들의 시선을 받지 못한다면 그게 외려 이상할 판이다.

그렇다면 실제로 중국에선 얼마나 유명할까, 혹시 나만 모르고 있었던 건 아닐까. 마침 이 프로젝트에 대해 조사하면서 만난 중국인 건축가에게 물으니 "한국인 건축가가 설계한 그곳? 정말 멋진 곳이지"라는 대답이 먼저 나왔다. 아시아의 건축가들을 단체로 초빙해 작업하면서 광고 효과를 톡톡히 보긴 했는데 워낙 고급스럽고 비싸 자기는 묵을 엄두를 못 낸단다. 그러곤 건축 전문가들이나 돈 많은 부호 사이에선 꽤 유명하다는 말을 덧붙였다. 프로젝트에 참여한 한국인이란 바로 건축가 승효상이다. 한국의 대표적인 건축가가 참여했다니, 단순했던 호기심은 그 이름 석 자 때문에 무엇이라도 알아내야만 하는 사명감으로 바뀌었다. 그가 조심스레 활동했던 건지 나의 관심이 부족했던 건지 중국에서 활약하는 그 많은 한국인 중 건축과 관련된 이름을 발견한 건 처음이었다. 더군다나 현재 베이징에서 건축은 그야말로 뜨거운 감자 아니던가.

완리창청 중에서도 한국인이 가장 많이 찾는 구간은 빠다링창청(八达岭长城, 팔달령장성)이다. 이곳으로 향하는 고속도로를 타고 한 시간쯤 가다 보면 수이관(水关)

43

(위) 클럽하우스 내부
(아래) 클럽하우스 테라스

톨게이트가 먼저 나오는데 여기에서 빠져나가
야 한다. 창청의 한 구간이지만 많이 알려지지
않아선지 내국인을 태운 관광버스만 드문드문
다닌다. 호텔의 위치를 알려주는 화살표가 가
리키는 대로 가고 있는데도 이 길이 맞나 싶어
연신 사방을 두리번거렸다. 부호들의 호텔로
가는 길치고는 너무나 좁고 초라했기 때문이다.
초소처럼 생긴 관문 하나를 맞닥뜨리기까지
걸린 시간은 불과 10분 정도나 될까? 그리 멀
진 않지만 끊임없이 의심의 눈길을 흘리며 가
는 바람에 시간이 배는 더 걸린 듯했다. 호텔
손님이라면 당연히 투숙을 목적으로 할 테지
만 '야외 건축 박물관'이라 불리는 통에 참관
을 위해 방문한 사람도 적지 않다. 그날도 카
메라를 둘러메고 구경 다니는 이들과 종종 마

주쳤다. 그렇게 다녀간 사람이 10만 명이나 된

단다. 예약을 하고 일정한 비용을 내면 주요 건축물에 대해 소개해주는
프로그램도 있다고 홈페이지에 안내해놓았다.

대나무 집_
쿠마 켄고(일본)

　　　　　　먼저 호텔의 로비에 해당하는 클럽하우스에 도착
했다. 바로 승효상의 작품이다. 안내해줄 직원과 인사를 나누는데 대번
에 "너희 나라 건축가의 작품"이라는 말부터 꺼낸다. 슬쩍 어깨가 올라
갔다. 클럽하우스는 승효상 작품의 상징과도 같은 내후성 강판을 사용
했다. 거칠고 우툴두툴한 촉감, 시간이 지날수록 조금씩 부식되면서 색
깔이 변하고 자연스럽게 녹이 슬지만, 어느 정도 시간이 흐르면 더 이
상 변하지 않고 그 상태를 유지하는 건축 재료다. 이런 특성상 바닷가
에서 작업할 때 주로 사용해오던 것을 승효상이 일반적인 건축물에 즐
겨 사용했다. 세월의 촉촉함이 스며든 클럽하우스는 이미 오래전부터
그곳에 있던 창청 자락과 자연스레 어우러졌다. 햇살이 한가득 들이치
는 유리창을 통해서든, 곳곳에 마련해놓은 발코니나 마당을 통해서든
완리창청이 보이도록 설계되어 있다. 특히 클럽하우스 2층에 있는 식

당이 마음에 들었다. 한쪽 벽면이 모두 유리라 바깥의 풍경이 고스란히 보인다. 그림 장식이 따로 필요치 않을 만큼 창을 내놓은 곳마다 그대로 작품이다.

산을 오르듯 천천히 위로 올라가며 건축물을 하나씩 감상했다. 숨은 보물찾기라도 하는 것처럼 울창한 숲 속에 파묻혀 있는 건물을 찾아다니는 즐거움이 컸다. 건물 전체를 대나무로 둘러서 선선하고 푸른 기운이 도는 '대나무 집(竹屋)'은 일본 건축가 쿠마 켄고(隈研吾)의 작품이다. 싱가포르 건축가 탄 케이 니(Kay Ngee Tan)는 '쌍둥이 형제(双兄弟)'를 지었고, 중국 건축가 안둥(安东, 안동)은 붉은 기운이 초록빛 산세와 잘 어울리는 '붉은 방(红房子)'을 만들었다. 넓은 발코니에 놓인 의자에 기대어 잠시 앉아 있자니 세상의 평화가 모두 이곳에 내려앉은 것만 같았다. 중국의 대표적인 건축가로 알려진 장용허(张永和, 장영화)는 흙을 일일이 빻아서 짓느라 작업이 더뎌졌지만 전통 가옥을 현대적인 감각으로 재탄생시킨 '흙집(土宅)'을 내놓았

다. 일본 건축가 후루야 노부아키(古谷誠章)는 서늘한 기운이 느껴지
는 '숲 속의 작은 방(森林小屋)'을 만들었다. 대만의 건축가 치엔 수에
이(Chien Hsueh-Yi)가 '공항(飞机场)'이라고 이름 붙인 건물은 보기
만 해도 설레었다. 금방이라도 비행기가 스르르 다가와서 끄트머리에
문을 대놓고 어서 떠나자고 할 것만 같다. 이 건축가도 꽤나 돌아다니
는 사람인가 보다. 여행 떠나와 잠시 머무는 곳에서 또 다른 여행을 꿈
꾸게 하다니. '공동주택(大通铺)'은 참여 작가 12명 중 유일한 여성인
카니카 르쿨(Kanika R'kul)의 작품이다. 작품의 이름에서도 알 수 있
듯이 '소통하고 함께 향유하는 것'에 중점을 둔 것이 특징이다. 침실도
공동으로 사용할 수 있게 했고 심지어는 모든 욕실마다 대형 욕조를 두
개씩 놓아 목욕하면서 수다도 떨 수 있도록 했단다. 어린이 고객을 위
한 공간도 별도로 마련돼 있는데 특히 책을 읽을 수 있는 곳과 더불어
아기자기한 수영장이 큰 사랑을 받고 있다. 이렇듯 중국 대륙과 홍콩을
비롯해 태국, 싱가포르, 대만, 일본, 한국 등 국적과 경험치가 서로 다

공항_치엔 수에 이(대만)
공동주택 카니카 르쿨(태국)
어린이 고객을 위한 수영장

른 건축가들은 완리창청이라는 공통의 무대에 저마다 개성 넘치는 작품을 남겨놓았다.

숲 속 여기저기에 점점이 박혀 완전히 독립돼 있는 건물들은 여러 개의 침실과 거실, 주방까지 완벽하게 갖추고 있는데, 주로 부호들의 파티나 기업 연수 등에 임대된다고 한다. 사용료가 하룻밤에 1만 5000~2만 5000위안이라니 그림의 떡이란 바로 이런 걸 두고 하는 말일 게다. 웬만한 사람은 완리창청에서 잠도 못 자보겠다고 말했더니 안내하던 직원이 혼자나 둘이 묵을 수 있는 일반 객실도 있다며 안심시킨다. 물론 방 값이 2000위안 정도라는 정보도 잊지 않았다. 코뮌 바이 더 그레이트 월은 2002년에 12채를 짓고 2006년 말에 30채를 더 지으면서 빌라 42채, 룸 236개의 규모를 갖추었다. 현재는 독일의 호텔 전문 매니지먼트사인 켐핀스키(Kempinski)가 부티크 리조트(boutique resort) 호텔로 운영하고 있다. 그런데 건축가들은 자신이 지은 집에서 묵을 기회가 얼마나 될까? 완리창청 호텔에 묵은 소감을

묻자 승효상은 '파라다이스'라고 했다. 공기가 맑고 깨끗한 데다 완벽하게 단절돼 철저히 혼자일 수 있으니 이런 낙원도 없단다. 무릉도원을 창조해내는 데 동참한 즐거움이 적지 않은 듯했다.

　　'승효상'이라는 이름 석 자에서 시작된 나의 추적은 결국 그와 마주 앉아 프로젝트에 대해 직접 이야기를 듣는 것으로 마무리됐다. 중국 굴지의 부동산 개발 회사인 '소호 차이나'의 판스이·장신 부부는 중국의 신흥 부자들에게 팔 목적으로 약 9.9제곱킬로미터(300만 평) 규모의 빌라촌을 짓기로 하고는 아시아 각국의 대표 건축가 12명을 초대했다. 승효상은 평소 친분이 있던 중국인 건축가 장용허가 소개하면서 참여하게 됐단다. 그때가 2000년이다. 시작할 때는 빌라 11채와 클럽하우스 한 채를 지어놓고 구매자들이 마음에 드는 것을 고르면 그것과 똑같이 카피해 짓기로 했단다. 그런데 프로젝트를 진행하는 중에 건축 관련 세미나와 각종 전시회를 열었는데 그것이 세계적으로 소문이 난 거다. 당시만 해도 중국의 변화가 막 시작되는 시점이라 세계 건축계에서 관심을 갖고 있는 데다가 아시아 건축가들이 집단으로 작업한다는 것도 화제가 됐다. 전 세계적인 스포트라이트를 받자 팔려고 했던 애초의 계획을 수정해 호텔로 바꾸었고, 건축주 장신은 2002년 베니스비엔날레에서 아시아 건축 최초로 특별상을 받았다. 건축가가 아닌 사람이 수상한 것은 처음이었다고 한다. 또 같은 해에 파리 퐁피두센터는 이 프로젝트의 건축 모형을 매입해 영구 수장했다. 2005년에는 올림픽 주경기장, CCTV 신사옥과 함께 〈비즈니스 위크〉가 선정한 '중국의 10대 놀라운 건축물'에 선정되었고, 〈콘데 나스트 트래블러〉가 선정한 세계 100대 호텔(Conde Nast Traveler's 100 Hot Hotels in the World)에 중국 본토의 호텔로는 유일하게 뽑히기도 했다.

프로젝트에 대한 흥미로운 일화도 들을 수 있었다. 설계를 위해 현장에 간 승효상은 부지를 다 둘러보고 난 뒤 일행에게 산에 올라갔다 오겠다며 잠시 기다려달라고 했단다. 그는 건축할 때면 높은 곳에 올라가 땅을 내려다보는 습관이 있는데, 도시에서야 옆에 있는 높은 빌딩에 올라가면 되지만 거긴 산밖에 없으니 거기로 올라갈 수밖에. 그런데 장신이 따라 나서면서 다른 일행도 다 함께 올라가게 됐다. 자기 땅이지만 꼭대기에 처음 올라간 장신은 아래를 내려다보며 아주 흡족해했고, 승효상은 거기서 설계를 위한 모든 정보를 얻었다. 건축주가 그의 접근 방식에 깊은 인상을 받았으리라는 것은 쉽게 짐작할 수 있다. 이후 소호 차이나의 프로젝트마다 승효상의 이름이 함께하는 것도 우연은 아닐 터다.

건축물 자체에는 생명이 없다. 하지만 사람과 환경, 역사와 서로 영향을 주고받으며 변해가기에 건축물은 생명체이기도 하다. 시대에 따라서는 본래의 기능을 내려놓고 새로운 역할을 담당하기도 한다. 북방 이민족의 침입을 막기 위해 쌓은 완리창청이 최근 몇십 년 동안 관광지라는 타이틀을 부여받았다면 앞으론 '은밀한 은둔자의 호사스러운 잠자리'라 불릴지도 모르겠다. 그게 아니라면 '2000년 세월의 간극을 잇는 건축 박물관'이라고 해야 할까. 어쨌든 중국 건축사에 길이 남을 걸작 완리창청에 또 하나의 걸작이 보태졌다.

Information

北京八达岭高速路水关长城出口
010 8118 1888
www.communebythegreatwall.com

"혁명의 현장에서 스릴을 느끼고 있죠."

중국 건축 속의 한국인,
승효상(承孝相)을 만나다

세계적인 건축가들의 각축장이 되고 있는 베이징에서 묵묵히 자신의 영역을 넓혀가며 굵직굵직한 프로젝트를 진행하고 있는 건축가 승효상은 이미 지난 2000년부터 완리창청 아래에 숨어 있는 '코뮌 바이 더 그레이트 월' 프로젝트에 참여했으며 베이징 내의 신흥 경제 특구라 불리는 CBD 지역의 차오와이 소호를 설계했다. 또 전면적으로 보전 재개발을 한 '첸먼' 프로젝트에도 참여했다. 베이징올림픽이 개최되기 직전, 서울 동숭동에 있는 건축사무소 '이로재'에서 그를 만났다.

Q 베이징을 처음 방문한 것은 언제인가요?
A 2000년입니다.

Q 그때로부터 시간이 많이 흘렀는데 그동안 베이징 사람들의 삶이나 환경의 변화를 보며 어떤 것을 느꼈나요?
A 요즘 한 달에 한 번씩 베이징에 가는데 갈 때마다 정신없이 바뀌고 있어요. 없던 도로가 생기고, 새로운 건물이 생기고. 그야말로 천지개벽인 셈입니다. 2000년에 처음 갔을 때는 자전거가 엄청나게 많았는데 지금은

보기 힘든 정도가 됐으니까요. 심지어는 길거리에 우마차가 다녔는데 지금은 볼 수 없고. 이런 변화가 불과 10년도 안 된 세월에 다 이루어졌다는 거죠. 그러니까 이 짧은 세월 동안 베이징에서는 서방세계가 근대화 과정에서 겪은 모든 사건이 한꺼번에 일어난 셈입니다. 베이징의 변화를 설명할 때 근대화 과정에 일어난 여러 가지 일을 순서대로 설명하는 것은 우매한 짓이고, 불가능한 일입니다. '베이징 현상'은 다른 형태의 논리로 설명해야지 일반적인 방법으로는 논할 수 없다고 봅니다.

Q 베이징에 CCTV 신청사나 국가대극원 등 '뉴 랜드마크'로 떠오르는 건물이 많습니다. 이 건축물들의 공통적인 흐름은 무엇이라고 보십니까?
A 원래 랜드마크라고 하는 것은 평지에 세우는 도시의 정체성을 인식시키기 위해서 설치하는 인공 구조물인데, 베이징 하면 쯔진청과 톈안먼광장이 본래 중요한 랜드마크이기 때문에 다른 나머지가 랜드마크의 역할을 담당할 수 없겠지요.
그 건물들은 건축가들이 자기 아이콘을 심은 거거든요. 그런 건축이 베이징이 가지고 있는 역사와 전통, 그리고 그 장소의 맥락을 고려한다면 걸작이 되겠지만, 장소와는 아무런 관계도 맺지 못하고, 유럽에 있어도 되고 호주에 있어도 되는 건물을 하나 옮긴 것이라면 그것은 진정한 의미에서 건축이 되

기 힘듭니다. 건축이란 것은 역사와 땅에 대한 기록인데, 그것들은(뉴 랜드마크로 떠오르는 것들) 자기 자신에 대한 기록이어서 장소에 대해선 책임을 지지 않습니다. 조각 같은 것을 하나 갖다 놓는 거니까요. 그 건물이 서는 장소로 보면 어쩌면 비극적이죠.

예컨대 참 좋지 못한 건축 중 하나가 오페라극장(궈쟈따쥐위안)이에요. 그 건물이 서기 전에 그 땅에는 오랜 역사를 거치면서 사합원 등 수 없이 많은 전통적 건물들이 있었거든요. 그런 삶에 대한 기억을 깡그리 다 지우고 그 장소와는 전혀 상관없는, 화성이나 달 표면처럼 하나 만들어놓은 것은 그 장소의 역사에 대한 의식이 없다는 뜻이죠. 이는 어떻게 보면, 건축가로서 가져야 할 지식인적 책무를 져버린 겁니다. 자기의 예술적 성취를 위해서 그렇게 희생하게 한다는 것은 전근대적 발상이지요.

Q 이런 식의 건축물이 베이징에 한두 개가 아닌 것은 이미 그 자체가 이 시대의 흐름이고, 유행이 돼버렸기 때문이라는 생각이 드네요.

A 생각해보십시오. 그런 식으로 일어난 곳들이 대개 아시아 지역입니다. 유럽에서는 꿈도 못 꾸는 일을 서방에서 변방으로 여기는 아시아에서 무례히 행하고 있다고 생각합니다. 이건 문제지요.

Q 그런데 중국에선 결정권자들이 모두 받아들였다는 거죠.

A 중국은 낙후된 국가 이미지를 개선하기 위해 필요하기도 하고, 또 그런 개발을 해야 인민들을 먹여 살릴 수 있기도 하고 여러 가지 복선이 있겠지요. 또 한편으로 중국은, 제가 항상 주장하는 얘기지만, 형이상학적인 나라라서 중원을 누가 차지하든지 차지하면 또 다른 중국이 되었고 그 역시도 중국이었죠. 모든 것을 포용하는 용광로 같은 나라입니다. 작금의 현상이 중국에서 앞으로 어떻게 포용돼서 또 새롭게 나타날까, 저도 굉장히 궁금해요.

Q 건축은 결국 그 시대의 거울인데 이런 건축들이 담고 있는 시대정신이 나중에 어떻게 평가받을까요.

A 서양 건축가들이 중국에서 한 작업을 가지고 자기 일생에서 가장 중요한 건축 작업이었다고 얘기하진 않을 겁니다.

Q 그런데 세계적인 건축 잡지에선 '세계 10대 건축물' 같은 미사여구를 붙여 추켜세우고 있지 않나요.

A 그건 이벤트일 뿐입니다. 건축이라는 것은 결국 그 건축에 거주하는 사람의 안녕, 안정, 질서, 행복, 사랑, 선하고 진실하고 아름다움 등을 지속시키는 건데, 과연 그런 문제를 제쳐놓고 이미지만 세워놓은 것이 건축의 본질이 아닙니다. 유명한 건축과 좋은 건축은 다른 문제입니다.

Q 언젠가 중국인 건축가에게 최신 베이징의 유행 건축에 대해 물으니 나름대로의 장점이 있다고 하더라고요. 이게 중국 건축가들의 일반적인 생각인가요?

A 꼭 그런것만은 아닌 듯해요. 몇 년 전에 중국의 젊은 건축평론가가 쓴 글을 봤는데 "서양 자본주의 광기가 베이징의 하늘을 덮다"라고 썼더군요. 드디어 젊은 중국인 가운데서 비판적인 시각을 가진 사람이 나타났다는 뜻입니다.

Q 예전에는 베이징에 음식 기행을 왔다면 이제는 다양한 건축물을 보는 건축 기행이 유행하겠다는 생각이 듭니다. 세계적인 건축가들의 각축장이 되고 있는데 어떻게 보십니까.

A 아이콘화된 세계 건축물들의 종합 선물 세트 같은 거죠. 그런데 상하이보다는 덜한 것 같아요. 상하이는 다소 무분별한데 베이징은 도시 계획하에서 많은 부분이 통제당하는 것 같아요. 상하이보다는 좀 더 정리가 됐어요. 그런데 사실 건축이라는 것은 결국 언젠가는 무너지게 돼 있거든요. 건축이라는 것은 본래 반생태적이고 반환경적인 겁니다. 친환경적이라고 하는 건축은 '우아한 살인'이라는 말과 비슷해요. 건축이라고 하는 것은 서는 순간부터 환경 파괴의 시작인데 거기에 건축이 영원히 서 있으리라고 믿는 것은 부질없는 생각입니다. 건축이 언젠가는 무너진다고 믿으면 건축하는 방법이 달라집니다. 그것을 아는 사람이 매우 드물지만.

Q 항상 그렇게 마음을 비우시나요.

A 마음을 비운다기보다도 숙명을 의식하고 있다는 말이 맞겠지요.

Q 그렇지만 욕심을 버리지 않으면 그것을 받아들이기가 쉽지 않을 것 같은데요.

A 자기 이름이나 자기 건축을 기억하게 만드는 건 대단히 우둔한 것이지만, 그 건축 속에서의 삶을 기억하게 한다는 욕심은 가져야 한다고 봐요.

Q 그럼 베이징에서 '이건 참 좋은 건축이다'라고 생각하셨던 게 있나요?

A 건축은 아주 나쁜 건축도 시간이 가면 선해져요. 시간이 흘러가면서 선하게 바뀌어나갑니다.

(역사의 때가 묻기 때문인가요?) 네, 그래서 무너질 때가 되면 제일 선해지지요. 그러니까 옛날에 있었던 건물을 보면 다 배울 게 있어요. 그만큼 서 있으면서 사람들의 삶을 담았으니까, 거기에서 어떻게 삶을 영위시켰는지를 보면 굉장히 배울 게 많죠. 후통(골목) 같은 곳은 특히 건축의 보고라고 할 정도로 굉장히 아름다운 공간이 많아요. 베이징에 가서 후통을 다니면서 굉장히 많이 배우죠. 현대에 선 건물 중에서는 딱히 배운 게 없는 것 같아요.

Q 베이징에서 후통 이외에 즐겨 찾는 곳이 더 있나요?

사진 제공_이로재(Asakawa Satoshi)

A 제게는 제일 인상 깊은 장소가 천안문광장입니다.

Q 하지만 그곳 역시 전체적으로 다 밀어버리고 만든 것이잖아요. 그 이전의 역사를 묻어버리고.

A 그렇죠. 그런데 시간이 흘러 이제는 선해졌죠.

Q 시간이 지나면 모두 선해집니까?

A 시간이 지나면서 많은 사람들이 모이고 이야기도 하고 사건도 만들면서 많은 삶의 흔적들이 축적이 됐겠죠. 그 숱한 애환이 쌓여 있는 겁니다. 제가 2000년에 맨 처음 베이징에 갔을 때 그다음 날 새벽 4시인가 5시에 인적 없는 천안문광장으로 혼자 걸어갔어요. 그

침묵과 비움의 실체로 대단한 감동을 받았어요. 그 크기를 처음 본 데다가, 그곳에서 있었던 역사를 떠올리면서 중국의 깊이와 크기에 대해 대단한 감정을 느꼈죠. 그걸 보고 쓴 글도 있어요. '천안문광장, 그 아침의 아름다운 침묵'이라는 제목의 글이었습니다.

Q 한국 건축가들에게 중국은 어떤 매력이 있다고 생각하세요?

A 우리나라 건축가들이 중국에서 일을 많이 하려고 하는데 잘 안 되는 것 같아요. 사업적인 측면에서 접근하면 중국 사람들은 마음 문을 열지 않는 것 같거든요. 저 같은 경우에는 정중한 초대를 받아 문화적 관계에서 출발해서 관계를 맺은 후, 일들이 계속 이루어지고 있고요. 유홍준 청장이 그러더라고요. 단군 이래 중국 땅에 설계를 한 조선인은 승효상이 처음일 거라고. 그게 무슨 뜻이냐 하면, 다른 땅에 건축물을 설계해서 짓는다는 건 설계하는 사람이 문화적으로나 지식적으로 완전히 성숙되어 있다는 것이에요. 제가 그렇다는 게 아니라 일반적으로 그렇다는 얘기고, 두 문화의 차이를 아주 정확히 인식하고 있다는 거죠. 그리고 이루어진 결과물에 사람들이 거주하게 되고 심지어 좋아하게 한다는 것은 대단한 성취일 수밖에 없습니다. 이건 어떻게 보면 중요한 문화적 사건이라고 얘기할 수 있죠.

이식(移植)은 맞지 않는 말이고, 중국 땅에 대한 이해와 중국인의 삶에 대한 존경과 애

정에서 지어야 해요. 다른 현대 건축가들이 자기가 쓰다 남은 껍데기를 중국에 갖고 와서 얹어놓는 것에 대해 제가 비난하는 이유지요. 건축가에게 국경이라는 것은 문제가 되지 않습니다. 정작 문제는 자기가 갖고 있는 지식의 국경, 인식의 국경, 마음의 국경 이런 것들을 어떻게 허무느냐는 거죠.

Q 중국에서 작업하면서 정서상으로 우리와 크게 다르다고 느낀 점이 있다면요?

A 역시 대륙적 기질 같은 게 있어요. 디테일에 대해서는 대범해요. 그런데 문화는 어디까지나 디테일이거든요. 문화는 절대 대범한 것만으로는 이루어질 수 없습니다. 중국이 전에는 세계 문화의 큰 줄기였지 않습니까. 그때는 서로 정보 교류가 안 될 때였고 지금은 세계 어디에서 무슨 일이 일어나는지 훤히 다 아는 때가 됐으니까 다른 세계 문화와 교류하려면 조금 더 디테일화하는 것이 필요하지 않을까 하는 생각이 들어요.

Q 중국 언론들은 국가대극원을 개관하면서 경제 성장에 걸맞은 문화 대국이 되어간다고 자평 했는데, 중국의 문화지수는 어느 정도라고 보십니까?

A 서양의 가치 판단을 기준으로 보면 오페라극장 하나를 가지고도 중국의 문화지수를 얘기할 수 있겠죠. 하지만 문화지수라고 하는 것은 예술의전당 같은 건물을 짓는다고 올라가는 것은 결단코 아닙니다. 필요할지는 모르

지만 충분한 조건은 아니라는 생각이 들어요. 오히려 후통에서 사람들이 문학에 대해 얘기한다거나 조그만 갤러리가 도시 곳곳에 있어서 모든 사람들이 지나가면서 문화적 향취를 느끼게 된다거나 하는 게 문화 풍경이죠. 그게(국가대극원) 문화 현상을 자극해 이끌어 나간다는 점에서도 그렇게 많이 기여하진 못할 거예요. 그것은 국가적 이벤트처럼 다른 차원의 문제이고 정작 거기에 가지 못하는 서민들은 계속 가지 못하거든요. 중요한 점은 작은 문화 시설이 곳곳에 퍼져 있어야 문화가 된다는 것이죠.

Q 마지막으로 베이징 건축을 바라보는 소감을 말씀해주시기 바랍니다.

A 베이징의 건축은 완전히 장르가 다릅니다. 전혀 다른 요리를 준비하고 있는 것 같아요. 중국 요리가 수없이 많지 않습니까. 아마도 좋은 건축 요리가 세계 건축에서 등장할 수밖에 없을 겁니다. 이때까지 제가 굉장히 불안해하기도 하고, 낙관적인 견해만 갖고 있지도 않지만, 그것은 제가 당했던 것에 대한 반응이고 베이징은 자기 나름대로의 돌파구를 이미 만들고 있는지도 몰라요. 베이징, 중국의 역사가 이때까지 그래왔고 항상 새로운 돌파구를 찾아 또 다른 중국이 되었으니까. 그것이 무엇이 될지 저도 굉장히 궁금해요. 호기심을 갖고 있죠. 한편으로는 그렇게 만들어가는 것에 대해서, 작지만 동참하고 있다는 것에 대해서 아주, 굉장히, 스릴을 느끼

사진 제공_이로재(Asakawa Satoshi)

건축가 승효상은 1952년생으로 서울대학교와 동 대학원을 졸업하고 비엔나 공과대학에서 수학했다. 15년간 김수근 문하에 있었던 그는 1989년 이로재(履露齋)를 개설했으며 20세기를 주도한 서구 문명에 대한 비판에서 출발한 '빈자의 미학'을 바탕으로 건축 작업을 해오고 있다.

파주출판도시의 코디네이터로 새로운 도시 건설을 지휘한 그에게 미국건축가협회는 2002년 명예펠로우(Honorary Fellow of the American Institute of Architects)의 자격을 부여했고, 같은 해 건축가로는 최초로 국립현대미술관의 '올해의 작가'로 선정되어 〈건축가 승효상 전〉을 가졌다.

1998년 북런던대학의 객원교수를 역임한 후 서울대학교 등에 출강했으며 현재 한국예술종합학교에 출강한다.

저서로는 《빈자의 미학》(1996)과 《지혜의 도시/지혜의 건축》(1999), 《Works : 10x2》(2004), 《건축, 사유의 기호》(2004), 《비움의 구축》(2005) 등이 있다. 그 중 《건축, 사유의 기호 – 승효상이 만난 20세기 불멸의 건축들》은 2008년에 중국에서 번역·출간됐다.

고 있어요.

Q 격동의 현장에 있다는 것이 느껴지나요?
A 격동의 현장이 아니라 혁명의 현장이죠. 건축사적으로도 혁명이고, 모든 것이 너무나 많이 변했습니다. 이건 혁명입니다. 혁명.

건축 기행 요지로 급부상한

베이징

베이징을 처음 다녀가는 사람들의 뇌리에 인상적으로 남는 건 어떤 것들일까? 쯔진청? 톈안먼광장? 아니면 798? 워낙 볼거리가 넘쳐나다 보니 대답도 천차만별이긴 하지만 특정 장소보다는 베이징의 건축물 자체를 꼽는 사람도 적지 않다. "뭐든 큰 중국이지만 건축물의 규모는 상상을 초월한다. 특히 거리에서 헤비급 건축물을 볼 때는 완전히 압도당하는 느낌이다"라고 말한 이도 있었다. 그의 말대로 베이징 건축물의 덩치는 정말 크다. '크다'는 것의 기준을 어떻게 정해야 할지 모르겠으나 단일 건물의 길이가 수백 미터에 이르는 것도 있다. 길이가 그 정도이니 폭이며 높이는 또 어쩌겠는가? 심지어는 건물 한 채가 그대로 도심의 한 블록이 되기도 한다.

이제 막 포장지를 벗겨낸 듯 번쩍번쩍한 통신 회사, 여행사, 국가 기관, 대기업의 신사옥들이 동2환로(東二環路)를 따라 웅장하게 도열해 있는데, 그 위풍당당함에 기가 죽을 정도다. 비슷한 분위기의 새 건물들이 밀집된 지역은 또 있다. 쯔진청을 기준으로 왼쪽인 서2환로(西二環路)에 조성된 '진롱따졔(金融大街, 금융 거리)'가 그렇다. 중국은행(中國銀行)부터 중국인민은행총행(中國人民銀行總行)에 이르는 1.7킬로미터 거리에는 100개가 넘는 은행, 보험 회사, 증권사가 몰려 있다. 이 거리의 역사는 명·청조 시대까지 거슬러 올라가는데 당시엔 이 거리를 '금성방(金城坊)'이라 불렀고 금방(金坊, 오늘날의 은행)이나 은호(銀號, 규모가 비교적 큰 개인 경영 금융 기관)처럼 현대 금융업의 싹이 되는 곳도 성행했다.

청조 말기에 여러 은행과 그 총행(總行)이 들어서면서 은행거리가 본격적으로 형성되었고, 현재는 중국증권감독위원회나 보험감독위원회 같은 금융기관까지 합세하면서 명실상부한 금융의

서2환로에 조성된 금융 거리

중심지로 자리 잡았다. 거리에 세워둔 표지석의 '금융가(金融街)'라는 글자도 금색이 아니라 진짜 금을 입힌 것이라니 돈이 넘쳐나는 거리임에 틀림없어 보인다.

마치 상대를 위협하기 위해 공기를 잔뜩 넣어 몸을 빵빵하게 부풀린 복어처럼 커다란 덩치로 상대를 압도하는 건물들은 비단 진룡따제만의 특징이 아니라 베이징 건축물의 특징이다. 어느 중국인 건축가는 이를 몇 가지로 분석했다. 먼저, 인구다. 워낙 인구가 많다 보니 무얼 짓든 수용인원의 규모 자체가 다른 나라와는 다르다고. 또 공산당 1당이 지배하는 중앙집권 국가이다 보니 집중된 권력으로 국가의 자원을 일괄적으로 활용하면서 규모가 커졌단다. 거기에 남에게 보여주기 좋아하는 정부 공직자들의 심리 상태도 한몫했다. 일정한 수준에 도달한 사람은 외부적인 것에 의존하지 않는다. 미국이 거대한 규모의 건축물을 지어놓고 그들의 경제규모가 세계 1위라고 하지 않는 것처럼 말이다. 하지만 거기에 도달할 때까지는 보이는 것들로 스스로

를 증명하려 들게 마련이고 지금의 베이징 건축물에서 보이는 영웅주
의도 그 때문이라는 것이다.

　　　　단일 건축물을 한 눈에 넣는 것도 쉽지 않은 베이
징에서 도시 전체의 모습을 조망할 수 있는 방법이 있다. 톈안먼광장
남쪽 건너편에 있는 베이징스구이화잔란관(北京市规划展览馆, 베이징
시도시계획전시관)은 3000년 베이징 건축사와 더불어 800년의 수도
건설의 역사를 보여주는 전시관이다. 특히 750:1 비율로 축소해서 만
든 '거대한' 미니어처가 관람객의 발길을 붙든다. 200여 명의 기술자들
이 6개월 동안 제작했다는데 어찌나 실감 나는지 시간 가는 줄 모르고
들여다보았다. 중조우셴(中轴线, 중축선)도 선명하게 보이고 세계적인
건축가들이 야심만만하게 만들어놓은 작품들도 어렵지 않게 찾을 수
있다.

　　　　철골로 얼기설기 엮은 모양을 그대로 살린 냐오차
오를 비롯해 경제 중심지로 떠오르는 CBD의 초고층 빌딩 숲도 보이고
거대한 알 모양의 귀쟈따쥐위안도 보인다. 도시 전체를 보고 나면 톈안

먼광장 옆이자 쯔진청 앞에 자리 잡은 귀쟈따쥐위안이 왜 그리도 비난
의 화살을 맞아야 했는지 쉽게 이해할 수 있다.

　　　　분명, 베이징은 달라졌다. 미니어처 속의 베이징은
나지막하고 단조로웠던 과거의 도시가 아니다. 불과 10여 년 사이에 스
카이라인이 몰라보게 바뀌었다. 이미지 변화의 주역은 역시 건축물이다.
'베이징은 공사 중'이라는 꼬리표를 십수 년째 붙인 채 부수고 짓기를
반복해온 결과라 하겠다. 특히 올림픽 개최가 결정되던 2001년 이후로
는 더욱 광범위하고 전폭적으로 진행돼 올림픽 때까지 도시 건설에 쏟
아부은 돈이 무려 2800억 위안이나 된다. 관련 시설 외에도 기본적인
도시 인프라 구축, 환경 정비 등에 들어간 돈이다. 순환도로도 6환로까
지 완공됐으니 불과 50여 년 사이에 도시의 외형이 얼마나 많이 팽창했
는지 알 수 있다.

　　　　그 과정에서 적지 않은 부작용이 나타났다. 우리나
라도 1988년 서울올림픽을 준비하면서 옥석을 가리지 못한 채 무분별
하게 철거하고 뒤늦게 후회한 경험을 갖고 있다. 타산지석으로 삼을 나

CBD의 스카이라인

라가 바로 옆에 있건만 베이징 역시 밀어붙이는 식의 철거를 과감하게
단행하면서 고유의 모습을 많이 잃었다는 평가를 받고 있다. 특히 도시
미관을 해친다며 마구 철거했던 쓰허위안이 사라질 위기에 처하자 베
이징 시는 뒤늦게나마 유서 깊은 몇몇 지역을 보호 구역으로 지정했고
지금은 1만 6000채 정도가 남아 있다.

　　　　　쓰허위안은 가운데 마당을 중심으로 사각형 형태
로 지은 전통 주택이다. 그런데 수백 년 된 후통과 함께 나이를 먹은 쓰
허위안은 요즘 같은 시대에 살기엔 환경이나 시설이 너무나 열악하다.
가구마다 별도의 화장실이 없어서 공중 화장실을 이용해야 하니 아무
리 역사가 유구할지라도 거주민들은 떠나고 싶어 했다. 게다가 정부는
올림픽 준비를 하면서 2환 이내에 있는 낡은 주택을 철거하기 위해 제
곱미터당 2만 위안을 보상해주었다. 이탈 러시가 일어난 것은 당연하
다. 베이징 토박이들은 그때 많이 떠나갔다. 대신 남아 있는 쓰허위안
중 좀 괜찮다 싶은 것은 돈 많은 외국인이나 사업가, 연예인들이 사들
여 현대식으로 개조한 후 사교의 공간이나 식당, 호텔 등으로 이용하고
있다. 여기에 열광하는 건 외국인들이다.

　　　　　베이징의 전통문화를 향유할 수 있는 소비의 공간
으로 떠오르자 부동산 거래가 활기를 띠었고 가격은 천정부지로 치솟
았다. 지인 한 명도 700만 위안을 주고 한 채를 샀는데 앞으로 개조하
고 인테리어까지 하려면 비용이 얼마나 더 들지 모르겠다고 한다. 하지
만 이 정도는 저렴한 편에 속한다. 쓰허위안을 전문적으로 취급하는 부
동산의 매매 정보란에는 허우하이(后海) 지역의 790제곱미터 쓰허위
안 가격이 8000만 위안이라고 적혀 있었다. 거래 사상 최고액으로 기
록된 9350만 위안에 조금 못 미치는 액수다.

　　　　　도시화 바람이 불면서 새롭게 짓는 건축물의 스타
일은 전통적인 것과 완전히 다르다. 베이징기차역이라든가 중궈메이
슈관(중국미술관), 전국농업전람관처럼 신중국이 건설된 직후에 지은
것과도 다르다. 이 시기에는 아무리 큼직한 빌딩이라도 꼭대기에는 기
와지붕을 얹었다. 처음엔 동양과 서양의 어정쩡한 결합이 어색해 보였
지만 돌이켜보면 그나마 베이징다운 방식이었다는 생각이 든다. 21세

기로 접어들면서는 건축에서 동양적인 요소를 찾아보기 힘들어졌다. 대신 서구에서도 쉽게 할 수 없었던 과감한 시도를 하기 시작했다. 세계적인 유행이나 해외 유학파들의 회귀도 어느 정도 영향을 주었겠지만 국가의 굵직굵직한 프로젝트마다 적극적으로 외국의 유명 건축가를 유치해 온 정부의 역할이 크지 않았나 싶다. 그 결과 궈쟈따쥐위안이나 CCTV 신사옥, 냐오차오와 같은 건축물의 '튀는' 디자인이 한쪽에서는 찬사를, 다른 한쪽에서는 비난을 받고 있다. 새로운 시도에 대한 환영이며 중국만의 정체성이 상실된 것에 대한 우려일 테다. 시시비비를 따지기는 쉽지 않다. 보는 사람마다 생각이 다르고 그걸 사용하는 사람들의 입장도 다를 테니까. 그러나 한 가지 분명한 것은 현재 베이징은 세계적인 건축가들의 경쟁 무대이자 각축장이 되었다는 점이다.

"어떻게 보면 무질서한 디자인들이 섞여 있는 것 같지만 세계적으로 우수하고 유명한 건축가들의 작품을 한꺼번에 볼 수 있다는 점에서 좋은 학습 기회라고 생각합니다. 세계적인 건축가들의 건축물을 보기 위해 그 나라까지 답사를 가듯이 미래엔 이 건축물들을 보기 위해 베이징으로 오는 사람들이 늘어나지 않을까요."

칭화대(清华大, 청화대) 건축학과 박사 과정에 재학 중인 어느 유학생은 건축에 관한 온갖 샘플이 넘쳐나는 이 도시를 매력 넘치는 학습의 장이라고 했다. '공간(空間)'의 베이징 대표처 박병욱 수석대표는 "요즘 베이징에서 이슈가 되는 건축물들의 특징을 굳이 집어낸다면 '무절제한 다양성'이라 할 수 있을 겁니다. 세계의 어느 곳에서도 찾을 수 없는 '극에 달한 자본주의(self-portrait)'라고도 할 수 있을 테고요"라고 정리한다. 세계적인 건축가들이 자신의 스타일로 정형화된 디자인을 여과 없이 이 도시에 이식하면서 고유한 역사, 문화의 색채를 잃어가는 현상을 꼬집은 것이라 하겠다. 승효상은 "그래도 베이징은 상하이보다 낫다"고 했다. 그렇다면 중국 건축가의 생각은 어떨까?

활발하게 활동하는 여성 건축설계사 류후이(刘慧)의 생각은 이렇다.

"외래 문물이 들어왔다고 무조건 경계하고 걱정만

하고 있다면 그것을 뛰어넘지 못하죠. 받아들여서 우리의 것으로 만드는 것이 중요하기 때문에 오늘날과 같은 현상을 꼭 부정적으로 보진 않아요. 관건은 이러한 현상을 어떻게 바라보는가, 어떻게 활용할 것인가에 있습니다. 물론 보수적인 건축가들은 외래 문물의 유입에 대해 부정적이에요. 그들은 중국의 건축시장이 세계 건축가들의 실험장이 되었다고 말합니다. 사실, 아주 많은 외국 건축가들이 그들의 나라에서는 할 수 없는 것을 중국에서 실현하기도 하죠. 하지만 이것 역시도 우리가 감당해야 할 과정이라고 생각합니다."

　　　　　2005년에 처음 다녀가고 올림픽에 맞춰 다시 베이징을 찾은 친구는 "여기가 정말 베이징 맞아?"를 연발했다. 차를 타고 시내를 돌아다니면서 건축물 구경하는 걸 재미있어했다. 지난번에 왔을 때는 먹는 재미에 빠져 3박 4일 일정 동안 식당만 순례했던 친구다. 그는 쓰허위안을 개조한 식당에서 밥을 먹었다. 또 직선거리로 20~30분은 족히 걸어야 하는 대형 쇼핑몰에서 물건을 샀다. 저녁엔 더 플레이스(The Place)에 있는 재즈 바에서 음악을 듣고 천장에서 시시각각 변하는 스카이 스크린을 감상했다. 베이징스구이화잔란관에 데려갔더니 미니어처 속에서 가보고 싶은 곳을 더 찾아냈다. 그러면서, 다양한 스타일의 건축물 위주로 일정을 짜면 베이징 여행이 더욱 새롭게 느껴질 것 같다고 했다. 음식으로 세계인의 미각을 사로잡았던 미식(美食) 여행의 성지인 베이징이 앞으로는 건축 기행 요지로 변모하겠다는 예감이 든다.

베이징구다이젠주보우관

현대적인 베이징의 모습을 한눈에 볼 수 있는
곳이 베이징스구이화잔란관이라면 중국의 고
대 건설에 관한 것은 '베이징구다이젠주보우관
(北京古代建筑博物馆, 고대건설박물관)'에서
볼 수 있다. 베이징 남쪽의 선농단(先农坛) 내
에 있는데 유명 관광지들에 비해 덜 알려져서
인지 한층 쾌적하고 여유롭게 구경할 수 있다.
특히 깔끔한 조경과 수령이 수백 년은 된 듯한
나무의 울창한 그늘이 인상적이다. 1949년 베
이징 모형은 모래로 만들었는데 단조롭고 나지
막한 모습이 격세지감을 느끼게 한다.

롱푸쓰(隆福寺, 용복사) 전각전의 조정(藻井)
모형이 볼만하다. 중국에서 아치형 천장은 존
귀함과 높은 지위, 숭고함을 상징한다고 한다.
바티칸 시스티나 성당의 천장에 그려진 프레스
코화 '최후의 심판'을 볼 때처럼 고개를 한껏 젖
히고 들여다봤는데, 섬세한 조각 솜씨에 감탄
사가 절로 나왔다. 쯔진청처럼 규모가 큰 목조
건축물의 제작 방법인 두공(斗拱)의 원리를 설
명하고 견본품도 전시해놓았다. 못을 쓰지 않
고도 견고한 이유가 한눈에 보인다. 북방과 남
방의 건축이 어떻게 다른지 가보지 않아도 알
수 있다. 박물관은 고대 건축에 대해 두루 이해
할 수 있도록 전시 내용을 '원시 사회의 건설',
'도시 출현', '단묘 건축', '종교 건축', '민가', '무
덤' 등의 분야로 나눠 사진이나 모형과 함께 소
개하고 있다. 특히 한국어 오디오 가이드기를
대여할 수 있어 도움이 된다.

Information

베이징스구이화잔란관(北京市规划展览馆)
北京市崇文区前门东大街20号
010 6701 7074/ 6702 4559
www.bjghzl.com.cn
개방 시간   09:00~17:00
　　　　　　(16:00 매표 정지, 월요일 휴관)
입장료　　　30위안

베이징구다이젠주보우관(北京古代建筑博物馆)
北京市宣武区东经路21号(老北京火车站东側)
010 6304 5608/6317 2150
www.beijingmuseum.gov.cn/bjgjg/index.htm
개방 시간   09:00~16:00
입장료　　　15위안
　　　　　　(오디오 가이드 대여료 20위안, 보증금
　　　　　　100위안)

모래로 만든 1949년의 베이징.
단조롭고 나지막한 모습이 격세
지감을 느끼게 한다.

톈안먼광장에 내려앉은 UFO

궈쟈따쥐위안

"오페라를 보는 것은 특별한 일이다."

폴 앙드뢰(Paul Andreu)의 말이다. 이 건축가는 평소 자신이 갖고 있던 생각을 궈쟈따쥐위안(国家大剧院, 국가대극원)에서 고스란히 보여주었다. 지상에서는 보이지 않는 입구, 물 위에 뜬 공연장, 기둥이 하나도 없는 거대한 돔, 수중 터널과 같은 통로 등 어느 하나 특별하지 않은 것이 없다. 파리의 샤를드골공항과 상하이 푸둥공항을 설계하면서 공항 설계자로 명성을 떨친 프랑스 출신 건축가가 중국의 심장부에 어마어마한 흔적을 남겨놓았다.

동서 지름 213미터, 남북 지름 144미터, 둘레 600

미터의 궈쟈따쥐위안은 그 모양새 때문에 일명 '거대한 새알'이라고도 불린다. 1999년 국제 입찰을 통해 채택된 이 독특한 설계안은 곧바로 거센 반발과 논쟁을 불러일으켰다. 거대한 무덤 같다느니, 중난하이(中南海, 중남해) 앞에 내려앉은 UFO, 심지어는 완벽한 인분 덩어리라는 독설까지 나돌았다. 올림픽주경기장 건설이 시작되자 대중들은 '새둥지'는 올림픽경기장에 있는데 '새알'은 왜 거기다 낳아놓았냐고 비아냥거렸다.

이토록 공격을 받은 것은 그동안 베이징이 지녀온 이미지나 보유하고 있는 건축 유산과의 괴리 때문이리라. 게다가 어디를 기준으로 삼더라도 민감한 곳임에 틀림없는 자리를 차지하게 생겼으니 여론의 집중 포화를 피해 갈 방법이 없었다. 여섯 개 왕조의 중심지였던 쯔진청과 현대 정치의 심장부인 중난하이의 맞은편이자 중국의 상징과도 같은 톈안먼광장의 서쪽 자리를 탐냈던 거다. 정치든 역사적인 측면에서든 전통과 권위의 상징이면서 중국의 자존심이라 불릴 만한 자리를 UFO가, 인분 덩어리가, 반 토막짜리 새알이 침범하게 생겼

런민따후이탕과 같은 높이의
궈쟈따쥐위안

다. 그것도 너무나 크고 널찍하게. 하지만 당시 국가주석이었던 장쩌민
(江澤民, 강택민)은 거센 여론에도 눈 하나 꿈쩍하지 않았다. 결국 완
공된 궈쟈따쥐위안 입구에는 그의 이름 석 자가 당당히 박혀 있다.

　　　　　베이징 심장부의 이미지를 뒤바꿀 수 있는 건축물
을 없애지 못하게 되자 차선으로 선택한 것이 높이 제한이었다. 바로
옆에 있는 런민따후이탕(人民大会堂, 인민대회당)의 높이인 46.68미터
를 넘지 못하도록 규제한 것이다. 이 결정은 전체 공사 기간을 2년이나
늦춰야 할 만큼 어렵고 힘든 작업 과정에서 부딪힌 첫 번째 난관이었다.
높이를 맞추기 위해 지반을 32미터나 파고 들어가야 하는데 자칫 잘못
하면 매장된 지하수를 건드려 도시 전체가 위험에 빠질 수도 있는 아슬
아슬한 상황이었다. 조심스레 물을 빼내고 마르기를 기다리는 식으로
모두 378만 리터의 물을 빼내고서야 그다음 작업을 이어갈 수 있었다
고 한다.

　　　　　새알을 반으로 잘라 옆으로 뉘어놓은 것 같은 돔은

전체를 감싸고 있는 인공 호수에 비친 그림자와 함께 있을 때 완전한 하나의 구(球) 형태가 된다. 자질구레한 장식을 생략한 채 티타늄 패널 2만 개를 붙여놓아 초현대적이고도 중성적인 느낌이 강하다. 다 완성된 모습이야 군더더기 하나 없이 매끈하고 깔끔한 몸체이지만 작업 과정은 과연 저것이 21세기에 이루어진 것이 맞나 싶었다. 2만여 개의 패널을 일일이 수작업으로 붙였기 때문이다. 맨 아래부터 꼭대기까지 패널을 끼울 레일을 먼저 설치한 다음 그 위에 인부들이 올라서서는 아래서 올려 보내는 패널을 받아 다시 위로 전달하는 방식으로 제자리를 찾아갔다.

반구 형태의 돔에 부착된 패널 2만 개는 다시 말해 1만 개의 쌍이다. 정반대편에 붙이는 것만이 똑같은 모양의 짝일 뿐 곡선으로 굽은 건축물의 패널은 모양이 조금씩 다르다. 그러니 하나만 자리를 잘 못 잡아도 작업을 다시 해야 했다. 거대한 건축물에 개미처럼 다닥다닥 붙어 패널을 나르는 인부들의 모습은 보기만 해도 손에 땀이 날 만큼 아슬아슬해 보였다. 또 천장까지 50미터가 넘는 실내 공간에 기둥을 세우지 않으려고 건축물의 뼈대가 되는 아치를 148개나 만들었다. 이를 기중기로 끌어 올려 세우는 방식으로 작업했는데 아치가 너무 커서 작업 시간이 굉장히 많이 걸렸다는 후문이다. 작업 과정은 매번 이런 식이었다고 한다. 다음 공정으로 넘어갈 때마다 새로운 난관이 나타났고 결국 건축 예정 시간을 2년이나 넘겨 완성되었다.

궈쟈따쥐위안이 자랑하는 공연장은 모두 세 개다. 그중 2398석을 갖춘 오페라하우스의 규모가 가장 큰데 실내 정중앙에 위치하며 발레나 오페라를 전문적으로 올린다. 오른쪽에는 클래식 연주를 위한 콘서트홀이 2019석 규모로 마련돼 있고, 왼쪽에는 1035석을 갖춘 희극원이 있어 연극이나 중국의 전통극을 주로 올린다. 공연장이 있는 구역으로 가려면 우선 지하로 내려가야 한다. 지상에는 입구가 없기 때문이다. 지하 매표소에서 표를 사고, 검색대를 통과한 후 카메라를 맡기고 나면 수중 터널이 기다리고 있다. 머리 위에서 물이 찰랑찰랑거리고 바닥에선 물그림자가 너울댄다. 특별한 곳에 들어가는 느낌을 주려 했다는 폴 앙드뢰의 의도대로 여기까지 오는 과정이 일반적

인 공연장에선 겪어보지 못한 것들이다.

　　　　이제 마지막 방점을 찍는 극적인 반전 하나가 더 남아 있다. 머리 위의 물 때문에 약간은 묵직하게 눌린 듯한 기분으로 수중 터널을 통과했다면 이번엔 정반대로 뻥 뚫린 공간을 만나 공중 부양하는 기분이 든다. 공연장 로비에는 천장을 떠받치는 기둥이 없어 텅 비어 있는 데다가 그 높이가 무려 50미터나 된다. 비록 엘리베이터를 타고 오르는 짧은 비상(飛上)이지만 힘겹게 아치를 세워 만든 공간과의 만남은 매우 극적으로 다가온다. 실내에 서 있으니 밖에서 보았던 것보다 훨씬 더 웅장하고 거대하게 느껴진다.

　　　　뿐만 아니라 손톱만 하게 보이는 사람들과 휑하게 뚫린 공중, 그것을 덮고 있는 돔의 조합은 우주를 배경으로 한 SF 영화의 한 장면 같기도 하다. 돔으로 감싼 후 숨 쉴 수 있도록 특별히 산소를 공급해주는 우주 속 미래 도시가 이런 모습일까? 색다른 공간 체험에 들뜬 사람들은 너나 할 것 없이 휴대전화기를 꺼내 연신 셔터를 눌

러댄다. 카메라나 동영상 촬영기기는 수중 터널 입구에 있는 검색대에 맡겨야 한다는 규정이 야속해지는 순간이다. 나 역시 휴대전화기에 딸린 카메라를 들이밀어 보지만 코끼리의 다리를 더듬는 꼴이다.

그런데 아이러니한 것은 기둥 없는 건축물이라는 자랑이 전문가들에게는 오히려 불안의 요인으로 작용하고 있다는 점이다. 2008년 5월에 발생한 쓰촨(四川) 대지진으로 시설물 안전에 대한 공포가 부쩍 커진 탓도 있겠지만, 그 보다 훨씬 앞선 2004년의 사건이 사람들의 기억 속에 남아 있기 때문이다. 국가대극원의 공사가 한창 진행 중이던 5월에 파리 샤를드골공항 2E터미널의 천장이 붕괴되면서 사상자를 냈다. 안 그래도 곱지 않은 시선을 보내던 사람들은 이때를 기점으로

머리 위에서 물이 찰랑이는 수중 터널

목소리를 높였다. 문제 공항의 설계자가 바로 폴 앙드뢰였기 때문이다. 공사 관리 당국은 샤를드골공항의 사고와 아무런 관계가 없다고 해명하기에 바빴지만 사람들은 그 말을 곧이곧대로 듣지 않았다. 오히려 수중 터널을 통과해야 하는 출입구가 지진이나 화재, 테러 등에 취약하다는 문제점을 지적하고 나섰다.

전문가들의 비평이 주로 건축물 그 자체에 관한 것이라면, 나로서는 오래전의 기억을 송두리째 잃어버린 아쉬움이 크다. 1995년에 처음 베이징을 밟았을 때 지금의 궈쟈따쥐위안 자리는 전부 서민들이 복닥대며 살아가는 후퉁이었다. 기억이 또렷한 이유는, 그 거리를 걸어봤기 때문이다. 그때나 지금이나 쯔진청 앞의 대로인 창안졔에선 차를 세울 수가 없다. 그러니 서쪽으로 멀찌감치 떨어진 곳에 차를 세워두고는 걸어서 톈안먼광장까지 가서 구경하고 다시 쯔진청으로 들어가야만 한다. 그때 낯선 골목들을 얼마나 뚫어지게 봤는지 모른다. 아무리 한여름이라지만 남들 눈치 볼 것 없이 윗도리를 벗은 채 길거리

에서 당구를 치는 청년들, 앉은뱅이 의자에 앉아 천천히 부채질 해가면서 얘기 나누는 아저씨들 모습이 호기심 레이더에 걸려들었다. 그들 역시 관광객들이 우르르 지나갈 때마다 쳐다보았으니 실상은 누가 누구를 구경하는지 모를 판국이었다.

서울 한복판이 정신없이 바쁘게 돌아가는 데 비해 중국의 수도라는 베이징에선 시계가 참 느리게 가는 것 같았다. 느릿느릿한 시골길을 걷는 듯한 느낌이었다고나 할까. 사람이나 풍경에서 한적함과 여유가 넘쳐났다. 그랬던 동네가 사라졌다. 유리 돔을 만드느라 깡그리 밀어버렸다. 그게 아쉽다. 짓기도 크게 지어 그만큼 많은 골목들이, 집들이, 사람들이 사라져버렸다. 그때 그 시절의 느림까지도 따라잡겠다는 듯이 앞만 보고 달려가는 중국인들이 만든 음악당 하나가 대신 그 자리를 꿰차고 있다.

이제 처음 베이징에 구경 온 사람들은 궈쟈따쥐위안이 원래부터 그 자리에 있었던 것이라고 생각할지도 모르겠다. 거대한 돔 속에 들어가 오페라를 구경하고 음악회를 감상하며 베이징의 문화지수에 대해 논할지도 모르겠다. 건축가 승효상은 거대한 문화 시설 하나 들어선다고 그 도시의 문화지수가 올라가는 건 아니라고 못 박았다. 차라리 일반인들이 언제든지 드나들 수 있는 소극장이 여러 개 있는 것이 도시민들의 문화적 소양을 높이는 데 훨씬 더 크게 일조한다고 했다. 만약 이 자리에 있던 후통을 잘 보존하고 관리

해서 음악이며 연극을 감상할 수 있는 소극장을 여러 개 만들었다면 어떻게 됐을까? 사라진 후통의 규모를 생각하면 100개가 넘는 공연장이 들어설 수 있었을 것 같다. 그렇게 베이징의 새로운 문화 지구를 만들었다면 어땠을까? 역사는 수많은 우연의 씨줄과 필연의 날줄이 엮이면서 만들어간다. 만약, 그 조합이 조금만 다르게 엮였다면 우린 또 다른 작품을 눈앞에 두고 있을지 모른다. 세월이 흐른 뒤 궈쟈따쥐위안을 어떻게 평가할지 궁금해지는 대목이다.

Information

中国北京市西城区西长安街2号
010 6655 0000
www.chncpa.org

궈쟈따쥐위안 로비

명물에서 흉물로 전락한

CCTV 신청사

"바로 제 눈앞에서 불타고 있었어요."

2009년 2월 9일. 위안샤오제(元宵節, 원소절) 축제를 즐기느라 중국 전역이 폭죽으로 가득할 때 베이징 사람들은 그 어떤 것보다 강렬하고 큰 불꽃이 도심 한복판에서 타오르는 것을 목격했다. 세계적인 건축물로 한껏 치켜세워지던 중국 관영 CCTV(China-Central Television) 신청사의 별관이 완공되기 직전에 고철 덩어리로 전락하는 순간이었다. 베이징 시 전역에서 달려온 소방수가 1500명이나 됐지만 큰 도움이 되지 못했다. 발화 지점인 옥상까지의 거리인 100미터를 뻗어나가는 물줄기가 없었기 때문이다. 화마는 두 시간 넘게 타오르다가 1킬로미터 밖까지 눈 같은 재를 흩날리면서 사그라졌다.

중국의 최대 명절은 춘제(春节, 춘절)다. 음력설부터 시작해 음력 정월대보름인 원소절까지 춘절 연휴를 즐기면서 요란하게 폭죽을 터뜨려 악귀를 쫓고 부귀를 기원하는 풍습이 있다(이때 쓸 폭죽을 사기 위해 일 년 동안 돈을 모으는 것이 중국인들이다). 골목이나 공터처럼 조금이라도 공간이 있는 곳이라면 어김없이 폭죽이 터지고 불꽃이 하늘로 솟아오른다. 전국에서 동시다발적으로 벌어지는 소리가 얼마나 요란한지 귀가 먹먹한 것은 물론이요, 이러다가 지축이 흔들리겠다는 공포가 밀려올 정도이다. 사건은 폭죽놀이가 절정에 달하는 원소절에 일어났다.

CCTV 신청사(CCTV新大楼, CCTV Head-quarters)는 베이징국제입찰공사 주관으로 이루어진 국제현상공모전에서 당선된 네덜란드 건축회사 오마(OMA)의 렘 쿨하스(Rem Koolhaas)와 올레 스히렌(Ole Scheeren)의 작품이다. 총 건축 면적 47만 제곱미터에 본관인 방송센터, 별관 TVCC(텔레비전문화센터),

미디어공원까지 갖춘 복합 공간으로 설계했다. 그중 여론에 자주 등장하면서 유명세를 탄 것이 방송센터다. 건물의 중앙 부분을 텅 비워놓은 채 각각 52층(234미터)과 44층(194미터) 건물의 몸통이 피사의 사탑처럼 서로를 향해 6도 기울어진 채 올라가다가 163미터 높이의 공중에서 만나 아주 무거운 머리를 함께 이고 있는 형상을 하고 있다.

렘 쿨하스는 현지 언론과의 인터뷰에서 "베이징에 좋은 건물을 선사하기 위해 열심히 만들었다"고 밝히면서 설계 이념을 두 가지로 설명했다. 먼저 구조적인 측면으로, 마천루가 숲을 이룬 CBD와 그 속에 있는 방송국(역시나 복잡하기로 치면 뒤지지 않을 곳)의 풍부한 기능을 접목했다. 또 하나는 건축 미학적인 측면인데 바라보는 각도마다 서로 다른 효과가 있도록 시각적으로 풍부하게 했다. 에둘러서 점잖게 말한 그에 비하면 회사 관계자의 말은 좀 더 직설적이고 솔직한 답변이다.

"건축을 극한까지 밀어붙인 프로젝트로, 형식적인 면만이 아니라 건축의 사회적 문화적 기술적인 극한 국면을 현실화했다."

중국 정부는 지금껏 어떤 나라에서도 볼 수 없던 디자인을 과감하게 채택했다. 늙고 고루한 이미지의 베이징을 젊고 현대적으로 바꾸면서 첨단 과학 기술로 건설했다는 플러스알파의 이미지까지 덤으로 얻으려는 바람과 맞아떨어졌으리라. 그리하여 CCTV 신청사는 2004년 9월에 기공식을 할 때부터 줄곧 뉴스의 중심에 섰고 CBD의 상징이자 올림픽을 준비하는 뉴 베이징의 대표적인 새 얼굴로 소개가 됐다. 2006년에는 영국 건축 전문지 〈컨스트럭션 뉴스(Construction News)〉가 '세계 10대 건축물'로 뽑았고 2007년에는 〈타임〉지가 '세계 10대 건축 기적'으로 꼽았다. 중국 네티즌들도 베이징의 뉴 랜드마크를 선정하는 온라인 투표에서 이 희대의 걸작품을 빼놓지 않았다.

그러나 한편으로는 역사의 고도(古都)와 어울리느냐, 이런 모양의 건축물이 굳이 베이징에 있어야 할 이유가 무엇이냐 등과 같은 건축과 땅의 조화나 당위성에 대한 논란이 끊이지 않았

다. 공사가 진행될수록 건물이 옆으로 기울자 이를 부실 공사로 오인한 사람들의 제보 전화가 빗발치면서 안전성 논란도 불거졌다. 하지만 가장 큰 불만은 공사비용에서 터져 나왔다. 2008년 올림픽에 맞춰 완공할 거라며 책정한 예산이 50억 위안이었지만 올림픽 때도 공사는 끝나지 않았다. 우선 급한 대로 올림픽 중계를 한 뒤 완공 시기는 2009년으로 미뤘다. 그때까지 들어간 비용이 100억 위안이나 된다는 소문이 공공연하게 떠돌았다.

컴퓨터로 완벽하게 만든 극한의 설계도가 아무리 아름답고 훌륭해도 막상 사람이 들어가 사용할 수 있는 현실의 공간이 되기까지는 시간이나 비용, 기술적인 측면 모두가 쉽지 않았다. 경제관념이 유독 발달한 중국인들이 가만있을 리가 없다. 비판적인 언론들은 국가가 내어준 노른자위 땅에서 막대한 국세를 낭비한다며 질타했다. 짓고 있는 것은 최첨단 현대식 건물인데 봉건적인 의식으로 가득 찬 사람들이 나랏돈을 물 쓰듯 한다는 것이었다.

보통 사람들의 속마음은 택시를 타보면 알 수 있다.

살짝 운을 떼 주기만 해도 기사들은 흥분해서 말을 쏟아냈다.

"그냥 네모반듯하게 지었으면 공사가 끝나도 벌써 끝났을 거 아냐. 나라에 돈이 남아도니까 저런 엉뚱한 짓을 하고 있다니까. 멀쩡한 건물 가운데를 뚫는다고 돈 낭비, 시간 낭비했지. 거기다 공간도 그만큼 못 쓰고 버리는 거 아니야. 가운데 뚫린 구멍을 보면 우리 서민들 가슴이 뻥 뚫리는 거 같다고."

그렇지 않아도 마음에 들지 않던 디자인인데 지도층에 대한 불신까지 더해지자 조롱과 비아냥거림의 수위도 점점 높아졌다. 올림픽을 앞두고 새로 지은 대규모 건축물 1만 여 채 가운데 모양이 유별난 네 채에는 별명이 붙었다. 이른바 '네 개의 괴상망측한 녀석들(4大怪)'이다. 큰 바지(CCTV 신청사), 새 둥지(올림픽 주경기장), 큰 용(수도공항 제3터미널), 거대한 알(궈쟈따쥐위안)이 그것인데 큰 바지는 어느새 '왕 팬티'가 됐다. 앉아서 용변 보는 사람의 두 다리와 엉덩이(가운데 만나는 부분)를 연상시킨다는 것이다.

이번 CCTV 화재는 세계 그 어디에서도 볼 수 없

었던 건축물, 건축의 극한을 보여주겠다던 애초의 의도가 무색해진 상황에서 터진 결정타였다. 완전히 전소된 별관은 앞에 서 있는 큰 바지에서 떨어져 나온 조각처럼 생겼다. 5성급 호텔과 1500석 규모의 극장, 회의장, 연회장 등의 시설이 있었고 한창 마무리 공사 중이었다.

화재 원인은 폭죽의 불똥이었다. 현장 직원들이 허가도 받지 않고 폭죽 발사 업체를 고용해 폭죽을 수백 발 터뜨리다가 불똥이 옥상으로 튀면서 불이 붙었다. 공사 현장에서 불꽃놀이라니 안전 불감증이 도를 넘어도 한참 넘었다고 하겠다. 하지만 의문이 생긴다. 옥상으로 떨어진 불똥만으로 그렇게 큰 건물을 불과 두 시간 만에 통째로 태울 수 있을까. 불길은 마치 목조 건물을 태우듯이 아래를 향해 무섭게 질주해갔다. 훗날의 분석 결과를 보면 불길의 질주를 도운 것은 실내의 중앙을 텅 비운 설계와 건축 재료였다. 사용한 건축 재료는 모두 신기술로 만든 최신식 재료라고 홍보하던 것들이다.

우선, 외벽은 티타늄과 아연을 섞은 합금판인데 타는점이 높아 건축계에서는 방화 재료로 쓰고 있단다. 또 공기 중의 수

분과 반응을 해서 표면에 보호막을 만들기 때문에 수명이 길고 산화가 서서히 진행되면서 독특한 느낌을 준다고 한다. 이번 화재에서 불에 집중적으로 탄 부분은 합금판 아래에 있던 단열재였다. 국가에서 사용을 권장했던 최신형이지만 단시간에 건물을 통째로 태울 만큼 불에 취약한 불량 재료였다. 최근 베이징에 새로 지은 건물 대부분이 이 단열재를 사용했다고 한다. 올림픽 직전에 불이 났던 베이징대학의 탁구장도 마찬가지다. 불에 잘 타지 않은 외벽과 잘 타는 단열재의 만남이었다. 그러니 몇 밀리미터밖에 안 되는 외벽의 상층부를 뚫고 들어간 불꽃이 어디로 갈지는 뻔하지 않은가. 거기에 천장부터 로비까지 텅 비워놓은 중앙 통로는 불에게 길을 내준 굴뚝 역할을 했다.

이번 화재로 중국인들은 거의 공황 상태에 빠졌다. 물론 우리가 잘 알고 있는 '큰 바지'는 무사하지만 CCTV 신청사의 명성에는 금이 갔다. 새로운 베이징의 뉴 랜드마크니 얼굴이니 하며 치켜세우던 중국인들의 자존심에도 큰 생채기가 났다. 더군다나 천문학적인 돈을 쓰고도 부실 공사에 안전 불감증이라니.

다시 택시를 탔다. 화재가 난 곳으로 가자고 하니 기사는 볼 게 뭐 있냐며 불편한 심기를 감추지 않는다. 곱지 않게 보던 애물단지가 아예 흉물로 전락해 도심 한복판에 전시돼 있는 모양새니 그걸 바라보는 마음이 좋을 리 없다. 화재가 난 지 일년이 지나도록 불탄 건물도, 외관이 멀쩡한 본관도 방치돼 있다. 검게 그을린 건물은 화재 당시의 참혹했던 상황을 증언하듯 그 모습 그대로였다. 그간 철거를 하느냐 전면적인 보수 공사로 리모델링을 하느냐에 대해 갑론을박이 있었다. 본관 건물은 큰 피해가 없었지만 불탄 건물과 지하로 연결돼 있기 때문에 함께 철거할지를 두고 논란이 일기도 했다.

결국 국무원에서는 문제의 별관만 대대적으로 보수를 한 후에 사용할 것이라고 발표했다. 리모델링을 해서 사용해도 안전에는 큰 문제가 없기 때문에 건물을 살리기로 했단다. 하지만 그 과정이 녹록지는 않을 듯하다. 건물 전체가 완전히 타버렸으니 어디에서부터 어떻게 손댈 것인가. 차라리 새로 짓는 게 빠르겠다는 말이 이해가 된다. 문제는 비용이다. 어떤 방식을 선택하든 이미 지어놓은 것을 정리해가면서 해야 하니 비용이 얼마나 더 들지 알 수가 없다.

Information

CCTV 신청사(CCTV新大楼,
CCTV Headquarters)
北京东部CBD 내

베이징은 전통적으로 겨울에 바람이 많이 불고 건조해 대형 화재에 취약하다. 하지만 별스러운 디자인과 신기술에 취해 더 높게 더 많이 짓는 것에만 몰두했지 정작 중요한 소방과 안전 문제는 소홀히 해왔다는 자성의 목소리가 들린다. 사고가 난 뒤 소방 관리 시스템의 부재를 성토하는 목소리도 높다. 신축 중인 또 다른 고층 건물에는 아주 강한 경고장을 날리는 효과가 있었지만 소는 이미 외양간을 뛰쳐나가고 난 뒤였다.

밉다 밉다 하다 보면 진짜로 미워지고 부정적인 기운들이 모여 파멸로 이어질 수 있다는 섬뜩한 상상을 해본다. 건축물은 시대, 땅, 사람들이 소통한 결과물로서 탄생하는 건데 특성과 과정을 무시한 채 일방적으로 밀어붙여 짓는다면 결국 그 땅의 사람들에게 환영받지 못하고 올바로 사용되지도 못할 것이다. 건축물이 원하는 게 이런 모양새는 아니지 않을까?

18세기 베이징의 모던 건축 위안밍위안

베이징에는 유명한 관광지가 참 많다. 쯔진청, 톈안먼광장, 이허위안, 톈탄공위안 그리고 조금 더 외곽으로 나가면 완리창청도 있다. 공통점이라면 모두가 '묻지 마' 관광 코스라는 것이다. 가족이나 친구들이 찾아왔을 때 구경을 갈지 말지 물을 필요가 없기 때문이다. 처음 보는 사람들이야 눈에 잔뜩 힘주고 신나게 다니지만 같은 코스를 반복해서 쫓아다니는 것이 보통 일은 아니다. 결국 내게도 꾀가 생겨 입구에서 들여보내고 출구에서 만나는 요령을 터득하고 나서야 그곳들이 주는 권태로운 이미지를 벗어 던질 수 있게 됐다. 그런가 하면 내 발로 뻔질나게 들락거린 곳이 있다. 하늘과 구름이 멋진 날이라면 더더욱 놓칠 수 없는 곳, 바로 위안밍위안(圓明园, 원명원)이다. 사실 여기엔 딱히 볼만한 것이 없다. 이허위안과 함께 청나라의 이궁(離宮)으로 가장 호화로웠다고 하지만 지금 볼 수 있는 것이라곤 폐허 더미뿐이다. 그러니 정확한 명칭도 '위안밍위안 옛 터'라고 해야 마땅하다. 그런데도 이곳이 좋다. 과한 것은 부족함만 못하다고들 한다. 고백하자면 내게는 베이징의 유적지들이 그렇게 느껴진다. 너무나 거대해서 사람의 기를 팍팍 눌러버리는 건축물의 위압적인 기세와 그것에 쏟아부었을 인공(人工)의 흔적들이 종종 아찔한 현기증을 일으킨다. 그에 반해 텅 빈 위안밍위안, 그 담백한 비움이 외려 충만하게 느껴져 마음이 가는 것을 나도 어찌할 수가 없다.

처음 이곳의 존재를 알게 된 것은 한 권의 책에서였다. 《우붕잡억(牛棚雜憶)》은 중국 최고의 명문인 베이징대학교에서 부총장을 지낸 계선림의 회고록이다. 아흔을 넘긴 노지식인은 중국 역사의 암흑기라 불리는 문화대혁명 때 벌어진 만행, 자신을 비롯한 지식인들이 겪었던 고초와 수치심 그리고 후대에 전해야 할 교훈에 대해 적고 있다. 자신이 가르치던 제자들에 의해 흑색분자로 몰려서 온갖 고초를 겪으며 존엄성마저 훼손당하는 처지가 되자 스스로 목숨을 끊으려 결심한다. 그리고 낙점한 장소가 위안밍위안이다. 학교 담장을 넘고 작은 수로와 길 하나만 건너면 닿을 수 있는 곳. 거리가 가까우니 도중에 홍위병의 눈에 띌 가능성이 적을뿐더러 그곳은 폐허였다. 인적이 뜸하고 때마침 초겨울이라 갈대밭은 더욱 무성해져 있었다. 하지만 집을 나서기 직전에 계획은 물거품이 되고 만다. 그는 "홍위병이 30분만 늦게 왔다면 나는 일찌감치 갈대밭에 누워 있었을 것이다"라고 회상한다. 책장을 덮으면서 마음에 남은 것은 문화대혁명이 아니라 위안밍위안에 대한 호기심이었다. 죽음과 어울릴 만큼 폐허인 채 남아 있는 곳이라니.

어느 봄날, 마침내 상상 속의 위안밍위안과 조우했다. 칭화대, 베이징대 등이 모여 있는 대학

가와 중국의 IT 메카로 불리는 중관춘(中关村)이 지척에 있었다. 젊음이 끊임없이 재생산되는 곳, 그들의 역동적인 들숨과 날숨들로 생(生)의 활기가 가득한 곳에 덩그러니 섬처럼 놓여 있었다. 첫발을 들여놓던 순간의 묘한 느낌이 생생하다. 마치 등 뒤의 문이 스르르 닫히면서 완전히 분리된 다른 세계로 들어선 기분이었다. 얼마나 넓고 깊은지 모르는 낯섦이 순식간에 두려움으로 탈바꿈한 것은 순전히 그곳을 가득 채운 침묵 때문일 것이다. 바위에 걸터앉아 쉬는데 갑자기 오싹한 소름이 끼치며 공포가 엄습해왔다. 완전한 묵음의 세계였다. 그토록 절대적인 힘으로 다가오는 적막은 난생처음이었다. 안 되겠다며 가방을 주섬주섬 챙기는데 저 멀리에서 사람들의 소리가 두런두런 들려왔다. 휴, 잔뜩 조여질 대로 조여졌던 긴장의 고삐가 풀리며 깊은 숨이 새어 나왔다.

다시 걸음을 옮기면서부터는 사진 속의 위안밍위안만 생각했다. 터키 에페스에서 본 무너진 신전 더미, 파괴된 고대 건축물의 잔해와 아주 흡사한 풍경이었다. 중국에서 가능한 일일까? 원명, 만춘, 장춘이라는 세 개의 정원으로 이루어진 곳을 통상 위안밍위안이라 부른다. 명나라 때는 고대 정원이었고, 청나라 강희황제 48년(1709)에 본격적으로 창건했으며 그 뒤로 거의 150년간 해마다 확장해왔다. 대단한 규모였을 것 같다. 말이 정원이지 그 안에는 호수와 강이 있고 대리석 다리들이 놓여 있었으며 모양이 서로 다른 정자가 무려 100여 개나 있었다고 한다. 세계 각지에서 온 보물들이 궁마

다 가득했다. 담장 높은 답답한 쯔진청에서 살던 황제는 여름이 되면 무더위를 피해 강과 호수가 있는 위안밍위안으로 이동해 정사를 봤다. 특히 이곳의 중건에 많은 힘을 쏟은 건 건륭제였다. 그는 서양 문물에 대해 호기심이 많았는데 프랑스 국왕이 멋진 정원을 갖고 있다는 말을 듣고는 똑같은 걸 갖겠다고 결심한다. 건륭제의 청을 들은 예수회 사제들은 그때까지 중국에 없었던 서양식 궁전을 짓기 위해 건축 자재를 비롯해 장식용 그림까지 유럽에서 공수했다. 그리하여 1747년, 제2의 베르사유 궁전이 중국 땅에서 탄생했다. 가장 중국다운 양식으로 지은 위안밍위안 한쪽에 바로크 양식의 궁전이 생긴 것이다. 건륭제는 퇴위 후에 그의 아름다운 아내 샹페이(香妃, 향비)와 함께 이곳에서 살았다. 그런데 역사는 참으로 아이러니하다. 유럽 인이 지은 중국 최초의 서양식 궁전은 1860년에 일어난 2차 아편전쟁 와중에 영국과 프랑스 연합군에 의해 파괴되고 말았다. 그들이 세우고 그들이 약탈해 간 자리에 남아 있는 것은 화려한 과거를 짐작하게 하는 기둥과 여기저기에 흩어진 역사의 파편뿐이다. 사진기에 폐허 더미를 담다가 문득 소설 《연인 서태후》의 한 장면이 떠올랐다. 위안밍위안이 약탈되던 상황이었다.

"그들이 가져갈 수 있는 것은 모두 약탈해 갔습니다. 천장에 있는 금으로 된 판금과 제단에 있는 금 조각상은 물론 옥좌에 박혀 있는 보석들까지 떼어 갔습니다. (중략) 그 나머지, 아름다

운 유물과 선대 황제들께서 남기신 유산들은 총 개머리판에 깨지거나 그들이 웃고 떠들며 공중으로 내던지는 가운데 산산조각이 났습니다. 그것도 모자라 그들은 결국 궁에 불까지 질렀습니다. 이틀 내내 하늘은 번쩍이는 불꽃과 검게 피어오르는 연기로 뒤덮였습니다."

치욕스러운 역사의 흔적을 그대로 둘지 없앨지를 두고 의견이 분분한데 위안밍위안은 남아 있다. 뿐만 아니라 아주 잘 활용하고 있다. 자존심을 짓밟아버린 서양 제국주의자들의 행태를 후대에게 보이며 역사 교육의 장으로 삼고 있다. 하여, 폐허는 분명 폐허인데 쓸고 닦고 보수 공사를 한 단정한 폐허가 됐다. 목재로 지은 중국식 건축물들은 완전히 다 타서 흔적조차 남지 않았고, 가장 북쪽에 석재로 지었던 유럽식 궁전은 흔적만 겨우 남아 있다. 장춘위안(长春园, 장춘원) 서쪽에 있는 황화쩐(黄花阵, 황화진)은 일명 미궁(迷宫)이라 불리는데 1미터가 조금 넘는 높이의 벽이 미로처럼 가로막혀 있어 중앙의 정자까지 가려면 머리를 좀 써야 한다. 이곳은 추석 때 황제와 궁녀들이 게임을 벌이던 곳이다. 각양각색의 연등을 손에 들고 달려서 가장 먼저 중앙의 정자에 도착한 궁녀에게 상을 내렸다고 한다. 비록 황제나 궁녀는 아니지만 지금도 많은 사람들이 그와 같은 게임을 한다. 유적물을 눈으로만 보다가 직접 몸으로 체험하고 즐길 수 있는 기회니 그냥 지나치는 사람이 없다.

하이옌탕(海晏堂, 해안당)은 서양 유적지에 있는 각종 건축물 가운데서 가장 큰 궁전이었다. 그 앞에 큰 분수대의 흔적이 남아 있는데 양옆에 '12분수'가 있었다고 한다. 이는 12간지에 해당하는 동물의 머리를 조각해서 만든 물시계인데, 시간 순서대로 각 동물이 하나씩 물을 뿜다가 정오가 되면 모든 동상이 일제히 뿜었다고 한다. 상상만 해도 굉장히 화려했겠다 싶다. 1860년 당시 영-프 연합군이 뜯어 간 조각상은 지난 1980년에 미국 메트로시티박물관에서 모습을 보였다. 미국에서 발견된 소, 원숭이, 호랑이, 돼지 머리는 현재 베이징의 바오리(保利)박물관에 있으며 토끼, 쥐 두 개는 유럽의 개인 소장가가 보유하고 있다. 타이완 사람이 보관하고 있다가 경매에 내놓을 예정이었던 말머리상은 경매가 열리기도 전에 중국 정치협상회의 한 사람이 구입해 국가에 기증했다. 당시 구입가는 청대의 조각상으로는 최고 가격인 6910만 홍콩달러(2007년 9월 당시 한화 약 82억 원)이어서 더욱 화제가 되기도 했다.

기석만 남아 있는 하이옌탕토대(海晏堂台基) 위에는 물을 160톤이나 저장할 수 있는 물탱크가 있었는데, 분수를 가동할 때 사용했다고 한다. 팡와이관(方外观, 방외관) 유적지는 세 칸짜리 서양식 빌딩으로 좌우에 반원형 돌계단이 있었고 건륭제의 아내가 예배를 드린 곳이다. 위안잉관(远瀛观, 원영관) 유적지에서 가장 아름다운 것은 건륭 48년에 지은 17칸짜리 대전이다. 전체를 한백옥으로 지었는데 석질이 뛰어나고 조각이 아주 정교하며 섬세하다. 내부에는 프랑스의 루이 15세가 선물한 벽걸이 양

탄자와 영국 왕 조지 3세가 건륭황제에게 보낸 생일 선물 등 세계 각지로부터 온 진귀한 보물이 있었다고 한다.

따수이파(大水法, 대분수)는 설계 당시에 얼마나 분수에 집착했는지 엿볼 수 있는 곳이다. 물이 폭포식으로 내려오게 만든 7층짜리 탑 모양의 분수가 있는가 하면, 앞쪽 양면의 거대한 분수에서는 꼭대기에서 물이 나올 때 주변에 있는 88개의 동관에서도 동시에 물이 나왔다고 한다.

때때로 번듯하게 다 갖춘 완성품이 주는 1차적인 정보가 더 이상의 호기심을 일으키지 않을 때가 있다. 그에 반해 조그마한 단서밖에 없는 곳에서 더 깊은 인상을 받기도 한다. 보이지 않는 역사의 어느 한 귀퉁이를 더듬어 상상하다 보면 대상을 훨씬 더 풍부하게 느끼게 되는데 그런 여지가 있는 곳이 위안밍위안이다. 무너진 폐허 가운데 우두커니 앉아 있으려니 기나긴 역사가 차례로 지나간다. 12세기의 고대 정원, 18세기 청나라 때 증축된 유럽식 궁전, 19세기 아편전쟁 와중에 외국 군대에 의해 약탈당하고 파괴된 곳, 20세기 문화대혁명 때는 자신의 처지를 비관한 학자가 목숨을 끊으려 했던 곳. 위안밍위안은 하나인데 시간의 흐름과 함께 주인이 바뀌어왔다. 이제는 돌덩어리 몇 개만 남은 황량한 터전으로 변했지만 조각난 역사의 편린들로 퍼즐을 맞추어가는 일은 흥미진진하기만 하다.

Information

北京市海淀区清华西路28号
010 6263 7561/6262 8501
www.yuanmingyuanpark.com
개방 시간   1~3월, 11~12월 07:00~19:30
            (17:30 매표 정지)
            4 · 9 · 10월 07:00~20:30
            (18:30 매표 정지)
            5~8월 07:00~21:00(19:00 매표 정지)
입장료   정문 10위안, 서양루 유적지 15위안,
            전성기 전체 모형 전시 10위안

2

Modern
Art

예술의
'아우라'를
휘감은
베이징

그동안 '베이징'이라는 도시가 발산해온 '아우라'가 조상이 남겨놓은 문화유산에서 기인한 것이었다면 앞으로는 신생 문화 예술지구가 그 역할을 대신할지도 모르겠다. 이미 문화와 감성이 지배하는 시대가 되었고, 베이징에는 798이 있으니 말이다.

자연발생적으로 생겨난 송좡(宋庄)이 현존하는 베이징 예술구의 원조 격이라면 예술구의 대중화에 기여한 것이 798이다(송좡 이전에 위안밍위안 시대가 있긴 했지만 1990년대 중반 정부의 강제 해산 조치로 역사에서 사라졌다).

개인적인 작업에만 몰두하던 송좡 작가들에 비해 798 작가들은 작품을 상품화하는 데보다 적극적이었고, 그 결과 예술과 상업이라는 두 마리 토끼를 잡는 데 성공했다. 그러자 이를 벤치마킹해 '제2의 798'을 표방하는 예술구가 속속 등장했다. 지우창(酒厂), 차오창디(曹场地), 환티에(环铁), 쑤자춘(素家村)과 페이쟈춘(费家村), 허거좡(合格庄) 등이 진즉에 대열에 이름을 올렸고 지금 이 순간에도 798 DNA의 복제는 계속되고 있다.

베이징 시 당국은 2010년까지 베이징 전역에 예술구 서른 개를 만드는 게 목표라고 했다. 지금 있는 것도 다 가보지 못했는데 그 만큼의 예술구가 더 생긴다니, 디자인과 사랑에 빠진 서울처럼 베이징은 예술 열병을 앓고 있는 게 분명하다. 예술구가 넘쳐난다니 나쁠이유야 없다. 다만, 삽시간에 퍼지면서 모두를 비슷비슷하게 만드는 이 유행성 바이러스가 어떤 결과를 불러올지가 걱정이다. 예술 시장도 수요와 공급이 적절하게 맞아야 가치와 품격이 유지될 터이니 말이다.

예술구 서른 개 시대를 꿈꾸는 베이징에는 이미 500개가 넘는 화랑이 있다. 예술구에 가면 적게는 10여 개에서 많게는 수십 개의 화랑을 볼 수 있다. 조금만 더 호기심을 발동해 베이징 시내로 가면 모래 속에 숨어 있는 보석을 찾아내듯 의미 있고 멋진 화랑을 곳곳에서 만날 수 있다.

예술특구 1번지 송좡

　　세상 사람들이 '메이드 인 차이나'를 피해 갈 수 있
는 길은 점점 더 없어지고 있다. 자의든 타의든 그들의 제품을 쓴다. 모
두 돈 때문이다. 조금이라도 더 싸니까. 하지만 미술 시장으로 옮겨 오
면 '메이드 인 차이나'의 격은 완전히 달라진다. 막 분화구를 뚫고 터져
나온 용암이 순식간에 세상을 삼켜버리듯이 중국 미술 작품은 그 가치
가 급상승하며 세계 미술 시장을 뒤흔들고 있다. 세계적인 금융 위기로
다소 주춤해졌다고는 하지만 그조차도 문제 될 게 없어 보인다. 어쩌면
그 틈을 이용해 잠시 숨 고르기를 하고 있는지도 모른다. 더 큰 무대로,
더 양질의, 더 많은 '준비된' 작가들을 배출하기 위해서 말이다. 송좡에
서 그 기운을 감지했다.

　　송좡메이수관(宋庄美术馆, 송좡미술관)에 들어서
자 진행 중인 전시에 대한 안내 글이 대자보처럼 붙어 있었다. 전시 제

목은 'Life in Song Zhuang'인데 내용이 하도 길어서 대충 보고 넘어갈
요량이었다. 그런데 웬걸. 읽을수록 더 파고들게 만든다. 작품들이 모두
지역 주민의 것이라지 않나. '주민들 수준이 그렇게 높아?'라고 생각할
수도 있겠지만 여기선 '작가들이 모두 송좡에 사는군!' 하고 해석해야
한다. 전시회를 준비한 기획자는 사회조사방법론에 따라 필드 조사를
했단다. 작가를 1대 1로 만나 그들이 어디 출신이고, 언제 송좡으로 들
어왔는지, 어떤 분야(회화, 조각, 행위, 설치, 플래시 등)에서 활동하는지,
주요 수입원은 무엇이고 얼마나 버는지 등을 파악했다. 그리고 그들의
작품을 한자리에 모아 전시회를 열었다.

　　전시회는 봄가을에 한 번씩 개최하는데, 2009년 봄
이 네 번째였다. 작품 옆에 조그맣게 붙는 정보란에는 작가의 사진과
함께 출신 지역, 주요 경력을 적어놓아 이해를 도왔다. 참여 작가 70여
명의 작품은 어느 것 하나 비슷한 구석 없이 다양했고, 전시관 규모에
걸맞게 작품도 대작이 대부분이었다. 중국의 당대 미술 작품을 감상하
다 보면 과장되거나 정형화돼 부담스럽고 지루하게 느껴지는 경우가

종종 있는데 이곳 작가들의 상상력은 신선했다. 발랄한 아이디어가 돋보이거나 유머로 똘똘 뭉친 작품, 오싹한 소름이 돋게 만든 설치 작품은 나도 모르게 바짝 다가설 만큼 흡입력이 강했다.

그중에서도 칭하이성(青海省, 청해성)의 어느 소학교 학생 182명의 인물 사진과 그들의 머리카락을 함께 전시한 작품 '10년'은 머리보다 가슴에 먼저 와 닿았다. 10년 뒤에 작가와 다시 만나기로 약속한 아이들은 연락처와 함께 약속을 잊지 않겠다는 맹세의 글을 사진 뒤에 남겼다. 촬영한 것이 2006년 여름이었으니 사진 속 아이들도 많이 자랐을 터이다. 얼마나 많은 아이들이 그날의 약속을 기억할까? 두메산골 외딴곳에 살던 아이들 중 누군가에게는 사진작가라는 낯선 도시인을 만났던 그날이 인생의 방향을 바꾸어놓는 터닝 포인트가 돼 10년 후를 손꼽아 기다리고 있을지도 모를 일이다.

그런데 지역 작가만으로도 이런 규모의 전시를 연속으로 기획하는 게 가능하다니, 대체 작가들이 얼마나 많기에? 얘기

송장미술관의 〈Life in Song Zhuang〉 전시회

를 듣고 두 귀를 의심해야 했다. 작가가 무려 3000명, 스튜디오는 2100개, 미술관 12개에 화랑은 88개란다. 어마어마한 규모다.

송좡은 그저 베이징의 변두리 지역 중 하나가 아니다. 중국 당대 미술에서 이곳이 갖는 역사성, 상징성 앞에서는 예술특구의 대명사가 된 798조차도 고개를 숙여야 할 정도다. 1980년대만 해도 모든 인민은 학교를 졸업하면 국가가 정해준 단위(單位)에서 일하고 같은 단위의 사람들과 공동체 생활을 했다. 하지만 끼를 주체할 수 없었던 젊은 예술가들은 국가에 의해 배치되는 삶을 거부하고 차라리 떠돌이가 되었다. 그들은 베이징의 서북쪽 끝에 있는 위안밍위안에 하나둘 모여들었다.

찬란한 과거의 유적지는

〈러시아 유화 소묘전〉을 소개하는 포스터

폐허로 남은 상태였고 전국 각지에서 모여든 떠돌이 예술가들이 둥지를 틀기에 안성맞춤이었다. 돈벌이도 하지 못하고 밥 한 끼 먹는 것도 힘겨울 정도로 궁핍한 생활이었지만 서로를 경쟁자 삼아 동지 삼아 그림을 그렸단다. 그 수가 최고조일 때는 400여 명이나 됐는데 팡리쥔(方力钧), 웨민쥔(岳敏君), 예용칭(叶永清) 등 중국을 대표하는 당대 미술 작가들이 이곳 생활을 했다. 규모가 방대해지면서 공동체 생활이 어려워지자 때마침 개인 작업 공간이 필요했던 팡리쥔과 웨민쥔 등이 평론가 리시엔팅(栗宪庭)과 함께 송좡으로 터전을 옮겼다. 그때가 1994년, 본격적인 송좡 시대의 막을 여는 대이동이었다.

화가 10여 명으로 시작했던 송좡은 이제 세계 어디에서도 찾을 수 없을 만큼 방대한 규모의 예술촌이 됐다. 사람만 많아진 게 아니다. 감수성 예민한 청소년기를 문화대혁명의 광풍 속에서 보내야 했던 1950년대 출생부터 오늘날 소비문화의 아이콘으로 상징되는 80후(后) 세대까지 작가들의 연령대 스펙트럼도 넓어졌다. 회화 위주였던 예술 분야도 디자인, 설치, 행위, 플래시 애니메이션 등으로 확대됐고 음악가, 문인들까지 모여들면서 종합 예술촌으로 거듭나고 있다.

물론 이런 규모도 놀랍지만 정작 부러움을 느낀 대목은 그 많은 작가들이 마음껏 놀 수 있도록 멍석을 깔아주는 든든한 '빽'의 존재였다. 전시를 기획한 이는 송좡미술관의 초대 관장이자 평론가인 리시엔팅이었다. 미술 관련 잡지사와 신문사에서 일을 하던 1980년대에 일찌감치 떡잎을 발굴했는데 오늘날 세계 미술 시장을 움직이는 블루칩으로 성장한 팡리쥔, 류웨이(刘伟), 왕광이(王广义), 쟝샤오강(张晓刚) 등이 그들이다. '중국 전위예술의 교부(教父)', '중국 당대 예술을 움직이는 손'이라는 수식어가 따라다니는 이유를 알 만하다. 또 예술가들이 당국의 통제에서 벗어나 독립적인 지위를 획득하는 데도 결정적인 공헌을 했단다. 굵직굵직한 업적을 남긴 이 원로는 관장 직위를 명예 삼아 편히 쉴 수도 있건만 젊은 작가들이 설 자리를 마련해주기 위해 직접 전시를 기획하고 필드 조사에도 참여한다(이분에 대해 얘기해주던 상상국제미술관 직원의 목소리에서 묻어나던 존경심은 그대로 내 가슴에도 전해졌다). 오늘보다 내일의 중국 미술이 더 큰 힘을 발휘하게 된다면 그것은 전도유망한 젊은이들이 끼와 꿈을 마음껏 펼치고 실현할 수 있도록 애쓰는 어르신의 존재 덕분이리라. 참으로 소름 끼치는 부러움이었다.

일군의 화가들이 송좡으로 이전한 직후 보수적인 베이징 토박이들과 공안 당국은 위안밍위안 화가촌을 폐쇄했다. 갈 곳 없어진 작가들은 자연스럽게 송좡으로 모여들었고 그 사이 10년의 세월이 흘렀다. 그리고 송좡미술관이 개관하던 2006년 10월 6일, 위안밍위안 화가촌의 마지막 순간들을 기록한 다큐멘터리 〈굿바이, 위안밍위안〉을 개관 기념작으로 대중에게 선보였다. 문화대혁명과 1989년 천안문사태를 겪은 예술가들이 표출해낸 사회 비판적인 시선으로 유명세를 탄 위안밍위안 화가촌은 비록 역사에서 사라졌지만 그곳에서 피어난 자유로운 예술정신과 날카로운 시대정신을 송좡에서 잇겠다는 메시지가 아니었을까.

송좡미술관은 철저히 비상업성을 견지한다. '상업'

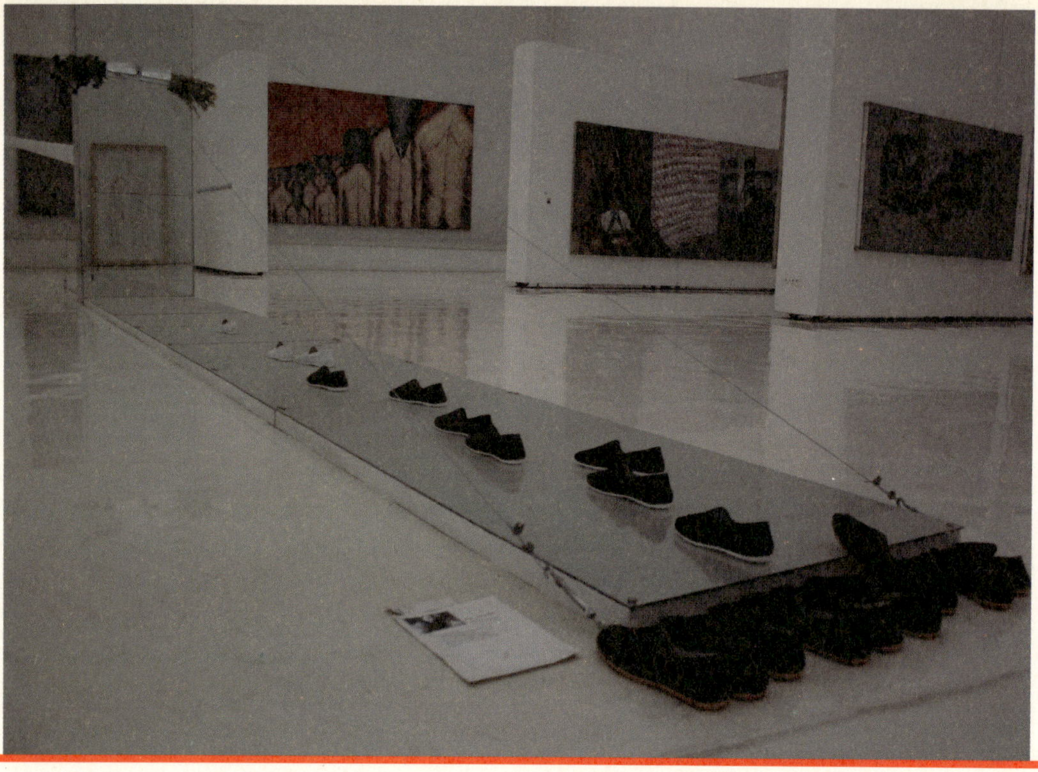

송좡미술관의
〈Life in Song Zhuang〉
전시회

이나 '이윤'이라는 단어를 피해 가는 게 외려 더 어려워진 환경에서 묵묵하게 미술관 본연의 길을 가겠단다. 작가들에게 전시 공간을 제공하고 학술 토론회나 교양 강좌 같은 공익성 교육 활동을 활발하게 벌이고 있다. 지나가던 사람도 부담 없이 들어가 구경할 수 있도록 입장료도 받지 않는다. '사람을 위한 예술'이 초대 관장 직을 맡고 있는 리시엔팅의 신념이다. 그는 무척 명확하고 담백한 사람인 것 같다.

미술관을 지을 때 세운 원칙이 '기능은 명확하게, 공간을 뚜렷하게, 재료는 소박하게, 작업은 간단하게'였다. 미술관이 주변의 환경에 비해 튀지 않도록 신경을 썼고, 소박하게 지었다. 전형적인 북방 농촌 지역인 송좡에서 쉽게 구할 수 있는 빨간 벽돌로 외벽을 쌓고, 회색 보도블록으로 바닥을 깔았다. 이렇게 건축 설비와 재료, 인부들까지도 모두 지역 내에서 조달했다. 그뿐인가. 전시장을 한 바퀴 돌다 보면 다들 눈치챌 수 있을 것이다. 곳곳에 서 있는 안내 요원 역시 동네 아줌마라는 것을. 철저히 동네 주민에 의한, 주민을 위한, 주민의

미술관이다. 그러면서도 전 세계 누구라도 한 번쯤 들러 봄직한 미술관이다.

송쫭미술관은 중국미술관(中國美术馆)처럼 정부가 소유하고 운영하는 관방(官方) 성격이 아니다. 그렇다고 진르(今日, 금일)미술관처럼 민간인 소유도 아니다. 마을의 촌위원회가 2000만 위안을 투자해서 지었다고 한다. 최하위급 행정 단위의 미술관이라는 독특한 정체성은 작품에 고스란히 반영된다. 공산당 1당이 지배하는 중국 사회에서 사상의 틀이나 형식에 얽매지 않고 예술가들의 자유를 상대적으로 잘 보장해준다는 말과 바꾸어도 무방할 것 같다. 전시회를 둘러보며 느꼈던 순수함, 유쾌한 다양함, 그러면서도 따뜻한 시선의 이유를 알 것만 같다. 2009년 여름에는 중국과 북한의 수교 60년을 기념하는 북한 미술전 〈阿里郎(아리랑)〉이 보름간 진행됐다.

북한에서도 국가 소장급 작품으로 꼽히는 150여 점이 전시되었는데, 북한 그림을 실컷 구경할 수 있었다. 혁명을 주제로 한 작품이 빠질 리 없다. 그런 작품들은 어디에

서든 보게 되는 것이라 별다른 흥미를 유발하지 못했지만 북한의 일상생활을 그린 작품들은 꽤 신선했다. 특히 색감이나 붓의 터치가 따뜻하고 부드러웠는데 그게 왜 그리도 생소하게 느껴졌는지. 북한 식당에서 냉면을 먹거나 이런 곳에서 작품을 감상하다 보면 베이징이란 공간이 남북한의 완충지대처럼 느껴진다. 환경이 이러한데도 이놈의 고정관념은 쉽게 바뀔 줄 모른다.

송쫭미술관이 개관한 2006년 12월에 '베이징시문화창의산업집체구역'으로 지정된 송쫭은 2008년 가을에 다시 한 번 스포트라이트를 받았다. 빅 이벤트로 세상을 떠들썩하게 만든 상상궈지미술관(上上国际美术馆, 상상국제미술관)이 개관한 것이다. 50여 개국 작가 300여 명이 참여해 조소, 사진, 멀티미디어 영상, 당대 수

송쫭미술관의 북한 미술 전시회
〈아리랑〉

묵, 전통 수묵, 서예, 조각 작품 등 1000여 점을 선보였다. 세계적인 수준의 미술관을 지향한다며 첫 번째 전시회부터 중국과 세계의 당대 예술 작품을 거국적으로 만나게 했으니 정말 통 큰 중국인들이다.

비영리성 사립미술관인 상상미술관은 입구 오른쪽에 있는 '상상국제미술관'과 왼쪽의 '상상국제예술전시센터'로 나뉜다. '상상국제미술관'은 현재 중국에서 가장 큰 미술관으로 전시 면적이 2만 제곱미터이다. 전시장이 어찌나 크고 웅장한지 저 앞에 먼저 들어간 사람들이 개미처럼 보일 정도다. 그런데 단순히 작다는 느낌을 넘어서 참으로 왜소하게 보였다. 은근하게 즐기고 소박하게 소유하던 예술을 거대한 권력으로 키워놓은 인간이 이제는 거꾸로 권력화된 예술의 무게에 짓눌린 자화상처럼 느껴졌다면 나의 상상력이 지나친 것일까. 어쨌거나 빅 이벤트가 끝난 일상의 미술관은 차분했다. 러시아에서 박사 과정을 밟고 있다는 40대 중국인이 수장한 러시아 회화 300여 점 가운데 100점을 전시한 미술전이 열리고 있었다. 러시아 그림을 한자리에서 그렇게 많이 본 건 처음이었는데 하나같이 힘이 느껴지고 색채도 신선했다. 감상이 그 정도에서 멈춘 것은 작품 그 자체보다 그렇게 많은 작품을 수장할 수 있었던 수집가의 재력에 대한 궁금증이 더 컸기 때문임을 고백한다.

또 하나의 전시장인 '상상국제예술전시센터'는 부스를 만들어 다양한 작가의 작품을 상시 전시, 판매하는 공간이다. 총 3기를 목표로 하고 있다는데 우선 완공된 1기에는 작가 300여 명의 그림이 걸려 있었다. 개인전을 하기 어려운 화가들이 부스를 임대하면(그것도 아주 저렴하게) 그다음은 화랑의 몫이다. 작품을 받아다가 걸고

중국 최대 규모의
상상국제미술관

매매 상담을 하고 판매까지도 책임을 진다. 중국 화가들은 물론 송좡에 기반을 둔 외국 작가들에게도 문은 열려 있단다. 평일 낮 시간이었지만 실내에는 그림을 보러 온 사람들이 적지 않았다. 곳곳에 배치된 직원들은 가격표를 들고 다니며 고객들이 물어볼 때마다 안내해주는데, 매매율이 꽤 높다고 한다. 2007년과 2008년에는 추상화가 많이 팔렸고 2009년엔 사실화가 강세다. 보다 확실한 것을 원하는 우리네 심리가 그대로 투영된 것은 아닌가 싶다.

송좡에서 반가운 갤러리 하나를 발견했다. 한국 갤러리로는 유일하게 양훙 아트스페이스/갤러리(洋

紅 Art Space/Gallery)가 이곳에 터전을 마련했다. 인병국 대표는 한국과 중국의 젊고 우수한 아티스트들이 문화와 예술 분야에서 서로 교류하고 정보를 교환하는 장으로 활용한다고 밝혔다. 특히 매달 우수한 작가들을 선발해서 독특하고 재밌는 전시회를 여는데, 중국 젊은 아티스트들의 독특하고 다양한 사고를 경험할 수 있다고 강조했다.

송좡에는 작가 스튜디오가 많다 보니 언제든 개인 작업실을 오픈하는 작가도 있고 정해진 날짜에 집단으로 오픈 스튜디오를 통해 작업 과정과 작품을 소개하기도 한다. 그러나 보다 많은 작가들의 작품을 감상하고 싶다면 매년 가을에 열리는 송좡문화예술제를 공략하는 것이 좋다. 2005년부터 시작됐는데 이 기간이면 거리가 온통 노천 갤러리와 작업실로 변한다. 이미 세련된 손길로 다듬은 798에 비하면 소박하고 투박하지만 그게 이 변두리 예술촌의 매력이다. 그러니 거창한 준비도 필요치 않다. 느끼고 즐길 마음의 준비만 되어 있다면 오케이. 가을을 기다리게 만드는 예술촌이다.

Information

송좡문화창의발전유한회사

北京市通州区宋庄镇小堡广场A座 北京宋庄文化创意发展有限公司

010 6959 8282

www.chinasongzhuang.cn

송좡미술관

北京市通州区宋庄镇六合桥向东600米路南

010 6959 4127

http://gallery.artxun.com

상상국제미술관

北京市通州区宋庄镇小堡环岛东

010 8957 9853

www.ssmuseum.com

洋红 Art Space/Gallery

北京市通州区宋庄镇小堡村 万盛园入口(완청위안 미술복합단지 입구)

010 8957 8613(인터넷 전화: 070 8265 1894)

redart73@gmail.com

예술을 생산해내는 공장

798

이제 798을 모르는 사람은 없다. 몇 년 사이에 중국 미술이 우리의 신문과 TV에 자주 등장하는가 싶더니 어느 날부터인가 베이징 투어 일정표에 798이 등장하기 시작했다. 그만큼 798은 중국 당대 예술의 상징으로 자리 잡았다. 798이 막 세상에 알려지기 시작하던 때에는 이곳을 뉴욕의 소호에 비유하곤 했다. 뛰어난 창의성을 지녔지만 가난을 멍에처럼 짊어지고 살아가는 예술가들이 하나둘 사망 선고를 받은 공장 지대로 모여들면서 음울했던 폐허가 열정 넘치는 예술 공간으로 부활했다는 유사점 때문일 것이다.

798은 베이징 북동쪽 따산즈(大山子)라는 지역에 위치한다. 1950년대부터 1964년까지 '국영베이징화북무선전기재연합공장(国营北京华北无线电器材联合厂)'으로 불리던 공장 여섯 개 중 하나였다. 1954년에 짓기 시작해 1957년 10월에 완공된 공장 지대는 구소련이 원조하고 동독이 설계와 건축을 맡았는데, 당시 아시아에서 보기 드문 바우하우스 양식으로 지었다. 천장을 높여 작업 공간을 확보하고 채광에 신경을 써서 공장 구석구석에 햇볕이 잘 들어오게 한 것은 대규모 공업 생산과 실용성이라는 두 가지 측면을 모두 만족시키고자 한 바우하우스 건축의 특징이기도 하다.

건축 양식에서만 시대를 앞서간 것이 아니었다. 중국 최초의 원자탄과 인공위성, 군수품의 핵심 부품이 이곳에서 생산됐기에 신(新)중국 전자 공업의 요람이라 불리기도 했다. 요즘 중관춘(中关村)이 IT의 메카라 불리는 것처럼 당시로서는 최첨단 산업지구였던

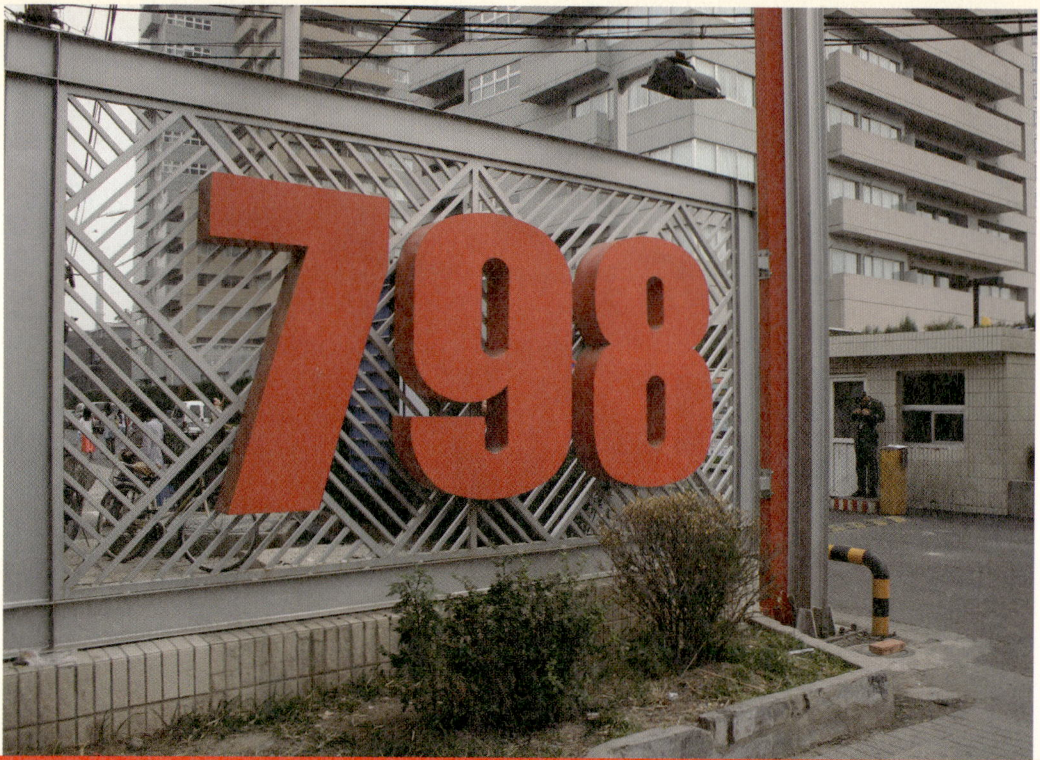
798

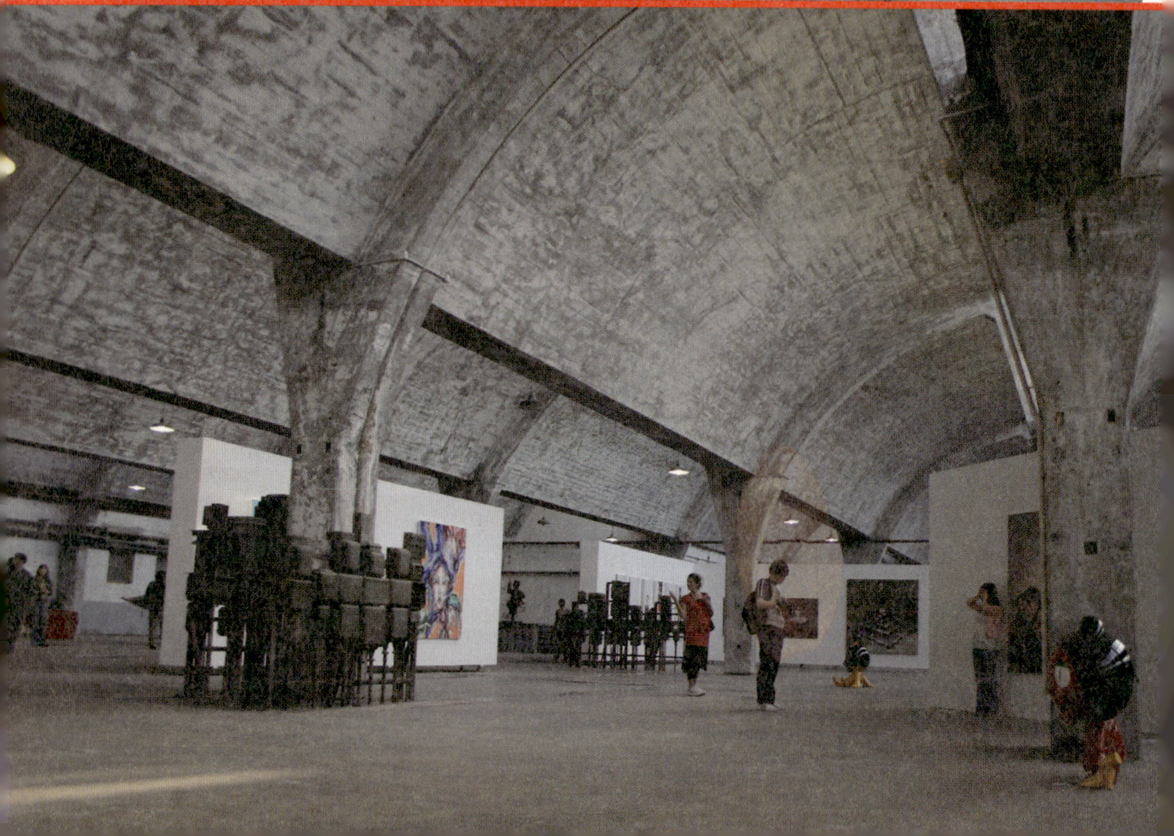

셈이다. 그러나 계획 경제 시대의 산물은 1990년대에 들어서면서 경쟁력을 잃었다. 더구나 도시 개발과 확장으로 외곽 지대였던 이곳이 도심으로 편입되면서 공장들이 문을 닫았다. 한때 2만 명이 넘었던 노동자들은 대부분 떠나가고 합병된 공장들은 지금의 치싱지퇀(七星集团, 칠성그룹)이 되었다.

예술의 공기를 불어넣는 허파

798예술구는 누가 설명해주지 않아도 과거에 공장 지대였음을 한눈에 알아볼 수 있다. 멀리서도 하늘 높이 치솟은 굴뚝이 보이고 건물 밖에 노출된 굵직한 공업용 파이프도 쉽게 찾을 수 있다. 마치 다 죽어가는 생명체에서 희미하게 뛰고 있는 심장 박동처럼 몇몇 공장에서는 뜨문뜨문 기계음을 내거나 하얀 김을 내뿜기도 한다. 그 내부의 모습을 확인시켜주고 싶었던 건지 어떤 사진작가는 기계가 돌아가는 공장 안에서 사진전을 열어 관람객을 유인하기도 했었다.

798에서는 또한 역사를 느낄 수가 있다. 올림픽을 준비하면서 옛것을 밀어버리고 새것으로 단장하느라 열을 올렸던 베이징에서 이 독특하고 오래된 건축물은 그 존재만으로도 역사다. 여기저기 공장 벽면에 쓰여 있는 '모 주석 만세', '중국 공산당 만세' 라는 문구도 이제는 바랠 대로 바래 희미한 흔적만 남았는데, 그 모습이 담벼락마다 알록달록하게 칠해놓은 그라피티와 묘한 대조를 이룬다. 20세기인 1950년대부터 21세기 초까지 지나온 세월의 변화, 세대의 변화가 벽 안에 압축돼 있다.

이곳에 대한 정보가 지금처럼 많지 않았던 2005년, 처음 찾아가던 날의 풍경을 선명하게 기억한다. 마치 쯔진청이나 완리창청 앞처럼 대형 관광버스들이 정차하더니 한 무리의 유럽 인을 내려놓았다. 여행 안내서에 소개 글이 있는지 몇몇 사람은 책을 보며 다니기도 했다. 지금은 그다지 새로울 것도 없는 모습이 됐지만 그때 느낀 문화적 충격이란…. 조성된 지 얼마 되지도 않은 798을 어찌 알았으며 관광지가 차고 넘치는 베이징에서 이런 곳까지 찾아오게 만드는 힘이 무엇일까 궁금했다. 그리고 나중에야 알았다. 이미 2003년에 미국의 시사 주간지 〈타임〉에서 전 세계 22개 도시 가운데 문화적인 상징성이 뛰어난 예술구로 798을 꼽았다는 것을.

그 사이에 798예술구는 베이징을 대표하는 문화예술지구로 확실히 자리매김했다. 노쇠한 병자처럼 우중충했던 무채색 공장 지대는 이제 젊음의 열정과 거침없는 예술혼으로 생명력이 넘친다. 작가들의 붓끝에서, 조각칼에서, 또 프레임 속에서 세상은 새롭게 태어나고 있다. 수도 베이징을 지그시 누르고 있는 묵직한 권위에 신선하고 발칙한 문제 제기를 하기도 한다. 작품의 소재와 내용, 표현 방식이 다양해졌고 폐쇄돼 있던 아티스트들의 공간이 어울림의 마당으로 변하고 있다. 사실 초기의 798은 실험정신으로 똘똘 뭉친 신진 작가들이 끼를 발산하는 창구가 돼왔지만 때때로 그들만의 잔치라는 인상을 주기도 했다. 중국 당대 미술에 대한 이해가 깊지 않은 관람객으로서는 예술 작품에 내포된 그들의 언어와 코드를 알아채기가 쉽지 않았다. 더구나 분명 여러 작가의 작품을 봤는데도 마치 한 사람의 것인 듯 엇비슷해서 개성이 느껴지지 않았고 갤러리를 순회할수록 그들의 작품에 담긴 억압의 기재들을 일방적으로 강요받는 것 같아 마음이 불편해지기도 했었다.

생각이 바뀐 것은 새로이 조성된 798 창의광장을 거닐고 나서였다. 분위기가 참 많이 달랐다. '자유'라는 단어가 떠올랐으니 꽤 자유롭게 느껴졌나 보다. 어찌 보면 놀이터 같기도 했다. 대상이자 타인이었던 관람객들까지도 798이라는 생명체가 만들어내는 거대한 퍼포먼스의 일부가 되어 함께 만들어가는 느낌이었다. 또 천편일률적인 흐름에서 벗어나 보다 자유로워진 공기 속에서 마음이 즐길 수 있는 예술을 만나게 됐다는 안도감 같은 것이 들었다. 끊임없이 유입되는 외국계 화랑들과 작가들, 또 해외로 진출하는 중국 작가들의 영향이 그만큼 컸을 것이다.

주류가 되는 관람객이 외국인에서 내국인으로 바뀌었다는 것도 큰 변화다. 문화적인 혜택을 누리는 이들은 대부분은 20대 초반의 젊은 층이다. 그들은 부모의 세대와는 완전히 다른 세상에서

살아가고 있다. 사회주의 계획경제 아래서 '잃어버린 10년'이라 불리는 문화대혁명 암흑기(1966~1976)를 겪어야 했던 부모 세대의 결핍이 최근까지 문화적인 궁핍으로 이어진 데 비해 이들은 풍요롭다. 그들이 사회의 중역이 됐을 때 젊은 날에 누린 풍요로움이 또 어떤 힘으로 작용하게 될까? 그러고 보면 문화는 오늘보다 내일을 살찌우는 양식이다.

좀 오랜만에 찾아갔다 싶으면 어김없이 못 보던 갤러리나 작업실, 스튜디오, 서점, 카페가 등장한다. 이미 2007년에 그 수가 100개를 넘어섰고 지금 이 순간에도 열심히 공장 벽을 부수고 새롭게 개조하고 있으니 정확한 숫자를 파악하기란 쉽지 않아 보인다. 해마다 798 지도의 업그레이드 판이 출시되는 이유를 알 만하다.

더 이상 배고프지 않은 798

가난한 예술가들의 창작 공간이었던 소호에서 더 이상 가난한 예술가를 볼 수 없게 됐듯이 이제는 798에서도 배고픈 예술가를 만나기 힘들다. 그건 이미 그들의 배가 부르게 됐거나 혹은 배고픈 이들이 더 후미진 곳으로 밀려났기 때문이다. 세계의 자본은 폭발적으로 성장하는 중국에 올 인되었다고 해도 과언이 아니다. 너도나도 기회를 잡기 위해 중국으로 몰려든다. 세계인의 이목을 끄는 것은 중국 미술계도 마찬가지다. 작가들의 작업 공간 위주로 형성됐던 798에 국내외의 유명 화랑들이 앞다투어 진출하고 상권이 형성되면서 그 어느 곳보다 더 경제 논리에 의해 움직이는 예술지구가 됐다. 될 성싶은 작가들을 발굴해 관리하는 에이전트들은 이미 798에 진출했으며 작가들은 작가대로 798의 명성을 등에 업고 성장해갔다. 798은 이미 숫자로 가늠할 수 없을 만큼의 가치를 갖는 브랜드가 된 것이다.

이제는 정부도 이곳을 주목하고 있다. 2006년 베이징 시 정부는 798을 문화예술특구에 해당하는 문화창의산업단지로 지정하면서 5억 위안의 자금을 지원한다고 발표했다. 또 2007년에는 베이징시 도시계획위원회와 문물국이 선정한 베이징 근현대 보호 대상 우수 건축물 명단에 올렸다. 선조들이 남겨놓은 고대 문화유산 외에 뽔

족하게 내세울 만한 당대의 문화예술 인프라가 부족한 정부로서는 자생적으로 성장해온 798이 어느 정도 체면을 세워주지 않았나 싶다. 특히 보호 대상 명단에 포함된 건축물은 원칙상 철거를 하지 못하고 공익상 철거가 불가피할 경우에는 건축물에 대한 이전 보호 조치를 취하도록 규정했다고 하니 이제 798은 철거의 불안을 떨쳐버릴 수 있게 됐다.

어쨌거나 배고픈 영혼들의 순수하고도 거친 작업 공간은 정부가 지원하고 관리하는 예술 단지가 됐다. 그래서 어떤 이들은 798의 실험정신이 제대로 꽃을 피우기도 전에 자본과 결탁해 시들어버렸다며 안타까워한다. 그러나 이 또한 798이 아시아를 대표하는 아트 센터로 성장하면서 감당해야 할 몫이지 싶다. 더불어 이곳에서 뻗어나간 작가들은 또 다른 곳에서 새로운 예술지구를 형성하며 이 도시의 문화 예술 표층을 한층 두텁게 다지는 역할을 하고 있지 않은가.

2010년 봄에 반가운 소식을 들었다. 798 건너편에 있는 파나소닉 공장 부지(19만 8347제곱미터[6만 평] 규모)를 새로운 예술 단지로 조성하는 프로젝트 설계를 승효상 씨가 맡아 진행 중이란다. 798의 땅값이 너무 많이 오른 데다 개개인이 개별적으로 개발하는 바람에 제대로 된 공공시설조차 없는 걸 답답하게 생각한 예술가들이 집단적으로 계획을 세우자며 머리를 맞댔단다. 새로 조성되는 곳에는 가난한 예술가를 위한 작업실을 비롯해 학교, 전시실, 호텔 등이 들어서게 된다. 소식을 전하는 그의 목소리에선 얼마나 흥미진진하게 작업에 몰두하고 있는지가 고스란히 느껴졌다. 건축물이 서 있는 곳의 과거 흔적을 살리는 일에 매달려온 그가 798의 대안을 얼마나 멋지게 만들어낼지, 베이징에서 만나게 될 또 하나의 승효상표 건축물에 기대가 된다.

아파트촌이 될 뻔한 798

798예술구는 부동산 회사인 칠성그룹 명의 아래 있다. 애초에 그들이 원했던 것은 문화예술지구가 아니라 아파트 단지였다고 한다. 비어 있는 공장을 돈 내고 빌려 쓰겠다는 사람들이 나타났을 때 그들은 반색했다. 어차피 놀고 있는 건물이었기 때문이다. 그러나 2003년에 개최한 예술제가 큰 호응을 얻으면서 더 많은 예술가들이 이곳으로 이주했고 급기야 가난한 예술가들의 아지트가 형성되자 당혹스러워 했다. 그들의 부동산 개발 계획에 차질이 생기기 때문이다. 2004년 4월에 개최하려고 했던 제1회 베이징 따산즈 국제예술제가 따산즈예술지역 예술 전시회로 명칭을 바꾸며 지역 축제로 축소된 것도 그들의 압력 때문이었다. 그리고 그해 7월, 칠성그룹은 더 이상 예술가들에게 공장을 빌려주지 않겠다는 방침을 세웠다. 기존에 입주해 있던 예술가들의 계약 기간이 종료되는 2005년 12월 이후로는 연장도 하지 않겠다고 선언했다. 당시의 신문 보도를 보면 798의 운명이 어떻게 될지, 생사의 기로에 서서 한 치 앞을 가늠할 수 없는 안타까움이 그대로 느껴진다.

그러나 대세는 이미 798 쪽으로 기둔 듯하다. 도시 개발로 없애 버리기에는 오래된 건축물들의 보존 가치가 크다는 점, 국내 보다는 해외에서 쌓여가는 명성, 예술 단체들의 압력, 내세울 만한 문화지구가 필요했던 베이징 시정부의 입장 등이 복잡하게 얽혀 있으니 말이다. 게다가 798의 경제적 가치도 무시할 수도 없었을 것이다. 이제야 아파트 단지가 벌어들이게 될 이익보다 더 큰 이익의 가능성을 찾아낸 것일까? 현재 798에는 지역 정부와 칠성그룹이 공동으로 설치한 '베이징 798예술구 건설 관리사무소'가 있다. 여기서 798에 관련된 기획 활동과 발전 방안 등을 논의한다.

그러나 갈등의 불씨는 여전히 남아 있다. 칠성그룹이 798예술제를 여전히 지역 축제로 국한시키고 있기 때문이다. 대신 798예술제를 기획했다가 798에서 쫓겨난 작가 황루이(黄锐)는 798, 지우창, 차오창디를 엮은 '따산즈국제예술제(DIAF—Dashanzi International Art Festival)'를 개최하면서 꺾이지 않는 의지를 과시하기도 했다.

Information

798예술구(798艺术区)
北京市朝阳区酒仙桥798
www.798art.org
개방 시간 일반적으로 19:00까지 (대부분 월요일 휴관)

꼭 들러야 할 798의 갤러리들

울렌스현대미술센터(UCCA)

2007년 11월 5일. 전 세계 미술계가 798을 주목했다. 벨기에 출신의 컬렉터 가이 울렌스 (Guy Ullens)가 울렌스현대미술센터(UCCA) 를 열었기 때문이다. 그는 중국 현대미술 작품을 1500여 점 정도 소장해 이 부문에서 세계 최고의 개인 소장가라는 명성을 얻었을 뿐만 아니라 전 세계에 중국 현대미술을 알리고 후원하는 일에도 앞장서 왔다. 2002년에는 스위스에서 부부의 이름을 딴 가이 & 미리엄 울렌스 재단을 세웠고 2003년과 2005년에는 베니스비엔날레의 중국 프로젝트를 후원하기도 했다. 이렇듯 중국 밖에서 중국 미술 알리기를 해오던 그가 본격적으로 중국 현대미술의 심장부

인 798에 진입했다. 울렌스현대미술센터는 베이징 내에서 외국인이 투자하고 세운 대규모 공익성 현대 예술 기구로는 제1호이다.

자, 이렇게 영향력 있는 사람이 움직였는데 뭔가 색다른 변화가 있을까? 인근에 있는 화랑에 들어가 울렌스미술센터가 생기고 난 뒤의 달라진 점을 물었더니 그의 명성을 듣고 찾아오는 유럽 쪽 단체 관광객이 눈에 띄게 늘어났다고 답한다. 그 덕에 798의 분위기도 한층 활기차졌다며 상당히 만족해하는 눈치였다.

이곳은 798에 있는 다른 갤러리들과 다른 점이 몇 가지 있다. 우선 입장료다. 대부분이 무료 개방인 데 비해 이곳은 유료다. 8000제곱미터의 공간은 1, 2층으로 이루어져 있는데 1층에만 전시실 세 개가 있고 2층은 사무 공간이다. 천장이 높은 전시실에 들어서니 한 무리의 관람객을 이끌고 작품에 대해 설명하는 직원의 모습이 보인다. 영어로 안내를 하는 직원은 이탈리아 여성이었는데, 금발 머리인 그녀 때문인지 아주 짧은 순간 유럽의 어느 미술관에 서 있는 듯한 착각이 들기도 했다. 매표소 맞은편에는 UCCA 기념품 가게가 있다. 유럽의 여느 미술관들처럼 작가들의 작품을 활용한 각종 아트 상품을 판매한다. 엽서며 노트, 티셔츠 등의 형태로 작가들의 작품을 소장할 수 있다.

北京市朝阳区酒仙桥路4号798艺术区 北京8503信箱
010 8459 9269/8459/9387
www.ucca.org.cn
개방 시간 10:00~19:00(매주 월요일 휴관)
입장료 15위안(매주 목요일 무료 개방)

스타이콩젠(时态空间, 시태공간, 798 Space)

798이 세상에 알려지던 초반기에 바우하우스 양식의 건축물에 들어선 공장형 갤러리의 대표 주자로 자주 소개된 곳이다. 이곳을 방문한 독일의 전 총리 슈뢰더는 독일에서는 거의 볼 수 없는 바우하우스 건축물을 베이징에서 어렵게 만났다며 감회에 젖었다고 한다. 무척이나 크고 넓은 전시장 한편에는 예전에 쓰던 기계가 놓여 있고 빛바랜 혁명 구호까지 그대로 남아 있으니 누구라도 시선을 빼앗길 수밖에 없다. 이 독특한 공간에서는 작품 전시 외에도 주성치 감독의 영화 〈쿵푸 허슬(功夫)〉 기자회견 등 각종 언론 프로모션을 비롯해 이벤트, 패션쇼 등을 진행하기도 한다. 어느 가을 저녁에 자전거를 타고 산책 나갔다가 혹시나 하고 들렀더니 재미있는 이벤트를 하기에 구경한 적도 있다. 이제는 798에서도 이와 비슷한 규모, 형태의 대형 갤러리들이 많이 생겼지만 원조를 보기 위한 발길은 끊이지 않는다.

北京市朝阳区酒仙桥路4号
798艺术区798路陶瓷三街(北京8503信箱)
010 5978 9180/5978
www.798space.com

백년인상 포토갤러리(百年印象摄影画廊, 798 Photo Gallery)

스타이콩젠과 마주하고 있으며 798의 대표적인 포토 갤러리이다. 전업 사진가나 애호가, 소장가를 위한 교류의 장으로 자리매김해왔다. 사진 관련 서적도 판매한다.

北京市朝阳区酒仙桥路4号 798工厂内大山子艺术区北京100015-82信箱
010 6438 1784
www.798photogallery.cn

3818 쿨화랑(3818库画廊, 3818 Cool Gallery)

갤러리들이 넓게 퍼져 있는 798에서 독특하게 소규모 갤러리와 작업실이 밀집한 공간이다. 판화나 유화 작품 전시를 많이 볼 수 있는데 젊은 작가들의 실험적인 작품도 자주 소개한다.

北京市朝阳区酒仙桥路2号院内3818库(706厂 맞은편)
010 8688 2525/8456 6664
www.3818coolgallery.com
개방 시간 10:30~18:30(매주 월요일 휴관)

아트사이드(阿特塞帝, ARTSIDE)

798에 있는 대표적인 한국 갤러리다. 서울 인사동에 있는 아트사이드는 지난 2001년부터 꾸준히 중국 대표 현대미술 작가인 장샤오강, 웨민쥔, 쩡판즈 등을 한국에 알려오다가 2007년에 798에서 개관했다. 현재는 전시 공간이 두 곳으로 나뉘어 있는데 베이징 아트사이드에서는 주로 역량 있는 한국 작가의 작품을 전시한다. 또 화랑 한편에는 수첩, 메모지 등 아트 상품을 판매하는 기념품 매장도 있다.

北京市朝阳区酒仙桥路4号 大山子艺术区8503信箱
SPACE I 010 5978 9192
SPACE II 010 8459 9335
www.artside.org

마가 글라스갤러리(MAGA GLASS GALLERY)

화랑의 이름에서도 눈치챌 수 있듯이 이 작은 공간에서는 유리로 된 작품만을 전문적으로 전시한다. 2층에 있고 규모도 작아 눈에 잘 띄지는 않지만 이 분야에 관심이 있다면 찾아가볼 만하다. 울렌스미술관 건너편 골목의 왼쪽 건물 2층에 있다.

010 8459 9683

갤러리아 컨티뉴아(北京常青画廊, GALLERIA CONTINUA)

높은 굴뚝에 금속 재질로 설치해놓은 간판 자체가 하나의 작품이다. 공장이었던 외형을 거의 그대로 살리고 내부 인테리어도 단순하게 했다. 천장이 워낙 높아서 대형 설치 작품 전시에 안성맞춤이다. 이탈리아에서는 1990년에 문을 열었으며, 베이징의 갤러리아 컨티뉴아는 서구의 현대미술을 중국에 소개하는 창구 역할을 한다.

北京朝阳区酒仙桥路2号 大山子艺术区#8503
010 6436 1005
www.galleriacontinua.com
개방 시간 11:00~18:00(매주 월요일 휴관)

파리-베이징 포토갤러리(Paris-Beijing Photo Gallery)

2007년 가을에 798, 차오창디, 지우창이 연합한 '2007 易(game)/移(process) 페스티벌'이 개최됐을 때 스웨덴 출신 사진작가 알렉산더 베르크(Alexander Berg)가 인물 사진을 찍어주는 이벤트를 진행하고 그 사진들로 〈In Process〉라는 사진전을 열어 주목받은 곳이다. 프랑스 파리에도 갤러리가 있다.

010 5978 9262
www.parisbeijingphotogallery.com
개방 시간 10:00~18:00

잠시 쉬어 갈 만한 798의 카페

동팡카페이(洞房咖啡, Cave Cafe)

카페와 식당이 속속들이 들어서고 있는 798에서 가장 마음에 드는 카페다. 동팡(洞房)이란 신혼부부의 신방을 의미한다. 전통적인 신혼 방이라면 붉은색으로 꾸미는데, 이곳의 기본 색은 흰색이다. 좌석마다 알록달록한 쿠션을 놓아 포인트를 주었는데, 무척 밝고 경쾌한 느낌을 준다. 공장을 그대로 개조한 흔적이 곳곳에 남아 있고 798의 카페답게 커다란 작품도 걸려 있다. 햇살이 좋은 날이면 자그마한 뜰에 자전거를 세워두고 카푸치노 한 잔과 샌드위치를 시켜놓고는 한정 없이 글을 쓰거나 책을 읽곤 했다. 케이브 카페가 있는 작은 거리에는 동굴 같은 인테리어로 개성 넘치는 카페 올드 팩토리(Old Factory)와 798에서 가장 오래된 카페인 앳 카페(At Cáfe)도 있다.

北京市朝阳区酒仙桥路4号 798艺术区 E02-0-16
010 8456 5520

톈샤옌(天下盐, TianXiaYan–川菜6号工作室)

케이브 카페 옆을 지나다 보면 유독 매콤한 냄새가 폴폴 풍기는 구멍이 있다. 냄새를 따라 쑥 들어가 보면 테이블이 몇 개 놓인 아담한 식당이다. 매운맛으로 유명한 쓰촨 지방의 본토 음식을 만드는데, 798 초기부터 자리 잡아 꽤 유명하다. 저녁 시간에는 다락방 같은 2층의 좌석까지 꽉 찬다.

010 6432 3577

쟝후클럽(江湖餐馆 Jiang Hu Club)

울렌스미술센터 옆에 있다. 스파게티와 커피를 마시기에도 괜찮고 분위기 있게 와인을 즐기기에도 그만이다. 중국 냄새가 물씬 풍기는 도자기며 접시 등을 전시하고 판매도 한다.

010 6431 5190

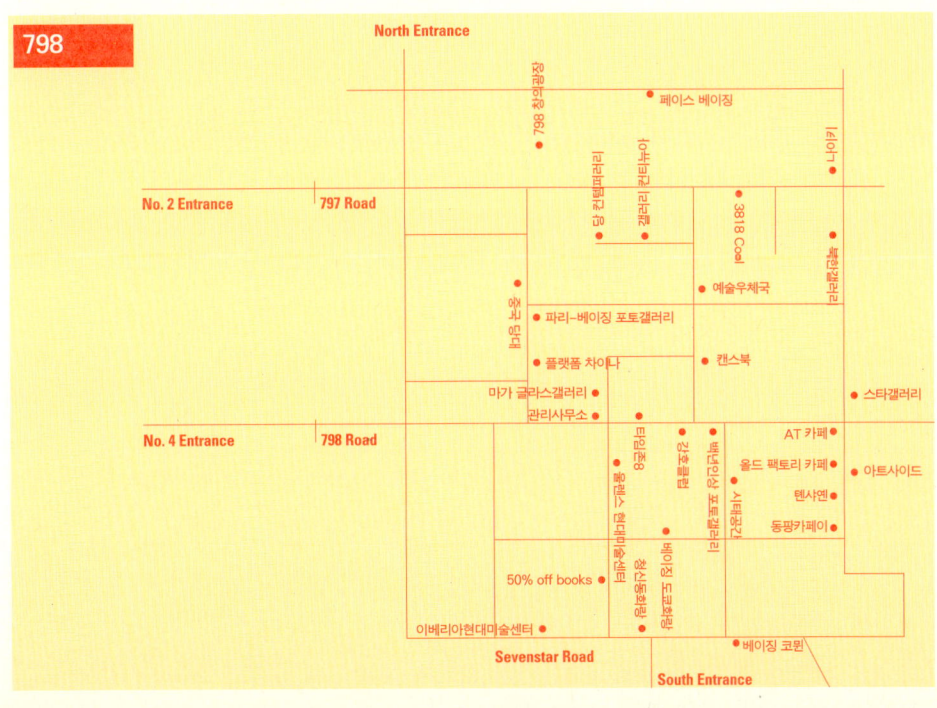

798에서 뻗어 나온 예술구

지우창과 차오창디

예술 향기에 취하게 되는 지우창(酒厂)

베이징에서는 '동3환(东三环) 밖' 또는 '서2환(西二环) 안'이라는 단서만으로도 대략 그곳의 위치를 짐작할 수 있다. 쯔진청의 성벽을 1환 삼아 2, 3, 4라는 일련의 숫자가 붙은 순환도로가 차례로 도심 바깥을 향해 건설돼 있기 때문이다. 과거의 베이징은 2환 안에서 모든 일이 해결됐겠지만 도시가 발전하고 커지면서 지금은 6환도로까지 생겼다. 그러니 아무도 주목하지 않는 변두리였던 동북쪽 4환도로 밖의 공장 지대에서 싹이 튼 798예술구도 이제는 더 이상 변방의 세상이 아니다. 뿐만 아니라 인근에는 차오창디가, 서쪽으로 15분쯤 떨어진 북4환 바깥에는 지우창이 생기면서 도심 북쪽은 문화 예술 기지로 거듭나고 있다.

지우창(酒厂)은 그 이름에서도 알 수 있듯이 술을 만들던 공장이었다. 술이 익던 양조장 터가 이제 예술특구가 되어 예술의 향기로 사람들을 취하게 한다. 그러나 요란하지 않다. 떠들썩한 798에 비한다면 쥐 죽은 듯이 조용하다고 해도 과언이 아니다. 하지만 거꾸로 생각해보면 이런 분위기야말로 조용히 예술 작품을 감상하고 즐길 수 있는 최적의 조건이 아닌가 싶다. 게다가 지우창의 규모는 하루 종일 걸어야 할 만큼 거대하지도 않고 갤러리들이 질서정연하게 밀집돼 있어 관람하는 동선도 단순하다.

그러다가 어느 갤러리에서 오프닝 행사라도 연다면 상황은 기막히게 반전된다. 초대를 받았든 소문 듣고 찾아왔든 엄청나게 많은 사람들이 떼로 몰려오는 것을 보고 놀랐던 기억이 있다. 아라리오의 큐레이터 김율희 씨는 "계속 이슈를 만들 수 있는 화랑들이

中国·北京
酒厂 . ART

A1001 东方慧地	A1002-3 阿拉里奥北京艺术空间
B6003 朝戈今艺术工作室	A1004 大象空间工作室
B6002-3 SOUTH STREAM STUDIO	A1005 池I/I工作室
C2007 华艺术空间	A1006 清居画廊
C3003 逸象网工作室	A4002-3 尚默机工作室
C3005 隋建工作室	A5001 元丰空间
C2008 于凡天晴影沙龙	A5002 高明白工作室
C4002 跟踪艺术岛绘	A2 B1 B3 阿拉里奥北京艺术空间
C8002 跟踪今美轩画廊	B2002 墨沙艺术空间
C1001-2 南默工作室	B2003 灵彩画廊Lombard Gallery
C1001-4 CAFA中央美院设计学院	B4002-3 美泉小镇陶瓷艺术工作室
C1002-3-4 阿拉里奥北京艺术空间	B4006 石佳画廊工作室
C1005-2 奥尔艺术空间	B4007 王功新·王世婷工作室
C1005-2 宏锦画廊	B4008 伊敏艺术工作室
C2006 TRA Gallery	B4009 LXJ STUDIO
C4001 空间站地艺术工作室	B4012 开有东画室
C5001 邵夷工作室	B5002 门
C3002-303C 阳礼文化	B7001-2 PYO BEIJING
C2001 新人大位	B8001-2 PYO BEIJING
C3001-1 昭宝东国际当代艺术中心	B8003 HDA Edition
D1007 宜 宝 美	A4009 阿迪工作室
C1006-2 丰岳京工作室	A5003 丰江峰工作室
C2001 HS音乐工作室·音乐酸	B4001-2 炼工作室
C2008 皮顺中工作室	B6001 1966 ART空间
C7001 紫培峰工作室	D1010 明宝画廊
D1009 晨峰工作室	B5003-1 林福工作室

있고 좋은 전시회를 꾸준히 하다 보니 오프닝 때면 중국 미술 관계자들
만이 아니라 해외 컬렉터들도 관심을 갖고 찾아온다"고 귀띔했다.

　　　　　지우창의 경우(그건 차오창디도 마찬가지지만) 주
변 환경에 대한 정보를 사전에 꼭 챙겨두는 것이 좋겠다. 그렇지 않다
면 찾아가는 과정에서부터 적잖이 당황하거나 실망할 수도 있는데, 이
들은 빈민촌에서 핀 꽃이기 때문이다. 중국은 다양한 얼굴을 가진 나라
다. 그중에서도 낡은 과거와 첨단의 현재가 혼재된 모습을 두고 사람들
은 '마차와 벤츠가 공존하는 나라'라고 일컫기도 했다. 지우창이야 말
로 가난의 극치를 보여주는 빈민촌, 그리고 자본과 밀착된 문화의 정점
이라 할 수 있는 예술특구가 오묘하게 공존하는 곳이다. 검은 기름 속
에 무지개 섬이 덩그러니 놓인 형성이라고나 할까. 세계 유수의 언론들
이 798과 더불어 지우창을 호의적으로 소개해놓아 잔뜩 기대했던 사람
들은 진주를 보기도 전에 진흙에 실망하곤 했다.

　　　　　빈민촌 한가운데에 자리 잡고 있는 술 공장 터를

개조하려는 움직임이 일 때 798의 포화를 감지한 사람들은 일찌감치 이곳을 주목했다. 그 대열에 아라리오(ARARIO) 베이징이 있었다. 예술 구가 형성되던 초기인 2005년 말에 전체 면적의 20퍼센트에 해당하는 3000제곱미터 규모로 개관하면서 웬만한 것을 다 선점한 듯 보였다. 위 치도 예술구 바로 초입이다. 거기에다 전시관이 세 개나 되니 여기서도 아라리오, 저기에서도 아라리오가 보인다. 지리적 · 시기적 선점으로 분위기까지 꽉 잡은 셈이다. 오죽하면 초기에는 지우창을 가리켜 그냥 아라리오라고 부르는 사람들이 더 많았을까. 게다가 왕광이, 쩡하오, 수 젠구어, 팡리쥔, 류젠화 등 중국의 히트 작가들과 전속 계약을 맺고 전 시 기획을 하면서 많은 이슈가 되기도 했다.

2006년 초봄에 문 갤러리가 개관할 때에도 여전히 지우창은 쉽게 닿을 수 있는 곳이 아니었다. 아니, 좀 더 정확히 말해서 먼 것은 물리적인 거리가 아니다. 한국인이 많이 살고 있는 왕징(望京) 을 기준으로 한다면 불과 10분도 안 될 만큼 가깝다. 문제는 그곳까지 가는 대중 교통수단이 없다는 점이다. 갈 때는

(위) 아라리오 베이징
(아래) 표갤러리 베이징

택시를 타고 쉽게 갔는데, 나올 때는 오가는 차 가 없어서 곤혹스러웠던 적이 있다. 차라리 자 전거가 편해 나중엔 산책 삼아 자전거를 타고 다녔다.

그랬던 지우창에서 변화가 감지되기 시작한 것은 2007년 12월 들어서다. 베이징올림픽을 코앞에 두고 빈민촌 주민들의 이주가 시작된 것이다. 사진을 찍어두어야겠 다고 생각한 그날 바로 카메라를 들고 나섰다. 동네 하나를 송두리째 없애는 공사가 시작되 면 어찌나 일사불란하게 진행되는지 단 며칠 만에 흔적도 없이 사라지는 걸 여러 번 목격해 온 터였다. 사람의 온기가 사그라진 집을 부수 는 인부들 사이로 연탄 리어카를 끄는 할머니 가 지나가고 있었다. 마지막 순간까지 더 버텨

야 하는 누군가가 아직 남아 있는 모양이었다. 무미건조한 사실화의 한 조각 같던 그곳은 이제 올림픽공원으로 이어지는 도로로 바뀌었다. 말쑥해진 동네에서 빈민가의 흔적은 더 이상 볼 수 없게 되었다.

지우창에는 우리나라의 표화랑, 문갤러리, 아라리오베이징를 비롯해 홍콩과 일본에 적을 둔 갤러리 등이 10여 개 있다. 그에 비해 작가 스튜디오는 100여 개쯤 되는데 차이나 아방가르드 작가 중에서도 최고의 히트 작가로 꼽히는 쟝샤오강과 쩡하오의 작업실도 있단다. 오며 가며 혹시라도 만날 수 있지 않을까 은근히 기대를 해 본다. 그런 행운이 올까?

문갤러리

Information

지우창국제예술원(酒厂国际艺术园)

北京朝阳区安外北苑北湖渠酒厂国际艺术园
010 6489 4093
www.jcysy.com.cn

아라리오베이징
010 5202 3800
www.arariobeijing.com
개방 시간 11:00~18:00(매주 월요일 휴관)

표갤러리 베이징
010 5202 3814
http://beijing.pyogallery.com
개방 시간 월~토요일 09:30~18:30/일요일 10:00~18:30

문갤러리
010 5202 3910
www.gallerymun.com

쾌적 · 산뜻 · 여유의 세 박자, 차오창디(草场地)

"손님께서 길을 알면 가고, 안 그러면 못 가요."

아파트 단지 앞에 줄지어 있는 택시 기사들끼리 입을 맞추었는지 돌아오는 대답이 다 똑같다. 결국 자가용 영업 차량(중국에서는 이들을 헤이처[黑车] 즉, 검은 차량이라 부른다. 불법이라 그렇다는데 가까운 거리를 가거나 하루 종일 임대할 때는 택시보다 편리해 많이들 이용한다) 무리에 다가가 물으니 기사 한 명이 가보겠단다. 택시 기사들이 승차 거부를 하는 거라고 생각했는데 분위기를 보아하니 다들 진짜로 길을 모르는 눈치다.

책에서 우연히 차오창디(草场地)를 발견하고는 눈이 번쩍했다. 내친김에 구경이나 하자며 채비를 하고 나섰는데 출발부터 난관에 부딪치고 만 거다. 손에 든 것은 주소와 간략한 지도가 있는 책 한 권뿐. 어쨌거나 가보면 뭐가 나오지 않겠냐는 기사와 함께 출발

越剧 《春琴抄》

했다. 그런데 이게 웬일. 책에서 본 갤러리와 같은 이름의 입간판을 발견하기까지 채 15분도 걸리지 않았다. 출발할 때 약속한 30위안을 건네려니 속이 쓰렸다. 택시를 탔다면 10위안은 아낄 수 있었는데. 어쨌든 처음 하는 일에는 수업료가 들기 마련이다.

차오창디의 첫인상은 허름함이었다. 허름한 주택가가 전면에 포진해 있으니 여기가 예술구 맞나 싶었다. 그리고 침묵의 공간이었다. 휴일 한낮의 거리를 가득 채운 것은 인기척이 아니라 고요한 적막뿐이었다. 다닥다닥 붙어 있어 밀도가 높은 798과 달리 이곳엔 A, B, C로 나뉜 구역마다 갤러리들이 밀집해 있긴 하지만 서로 얼마간의 간격을 두고 떨어져 있었다. 작품 감상을 하고 난 뒤 여운을 지닌 채 산보하듯 거닐다 보면 또 다른 갤러리를 만나는 식이다.

차오창디는 날로 치솟는 798의 임대료를 감당하지 못하고 밀려난 작가들이 둥지를 튼 제2의 예술지구다. 또 인근에 있는 중앙미술학원(중국의 대표적인 미술대학교) 출신 작가들의 작업실이 밀집돼 있다. 798에 들어서면 예술보다는 상업

적인 공간이 먼저 다가오는 데 비해 차오창디에는 상권이 거의 없다고 봐도 과언이 아니다. 처음 찾아가던 날 커피 마실 곳을 찾았지만 결국 어디에서도 자리를 잡을 수가 없었다. 그토록 적막했던 것도 이런 환경 때문이었을 거다. 그런데 불과 몇 달 뒤에 다시 갔을 땐 막 개업한 식당에서 밥을 먹었다. 쉬면서 커피도 마셨다. 이미 개발된 세 개 구역에 이어 D구역까지 조성되고 있었으니 확장 속도가 무척 빨랐다. 하지만 798의 활기와 들뜬 분위기를 피아노 건반의 '솔'이나 '라' 음 정도에 비유한다면 차오창디는 여전히 '레' 정도다.

이곳의 특징 하나를 더 꼽자면 대형 갤러리가 많다는 점이다. 798이나 지우창은 기존의 공장을 활용하면서 자연스럽

게 높은 천장을 갖게 되었지만 거의 대부분을 새롭게 지었다는 이곳의 갤러리와 스튜디오도 천장이 꽤 높다. 위로만 높은 게 아니라 옆으로도 길고 넓다. '100호'가 지금까지 내게 각인돼 있던 가장 큰 그림의 상징이었건만 이곳의 갤러리에는 300호, 400호짜리 그림들이 가득했다. 철문이 반쯤 열려있기에 조심스럽게 들어갔던 어느 작가의 작업실에선 입이 쩍 벌어졌다. 3층 높이의 작업실 한쪽 벽면을 위에서 아래까지 꽉 채운 작품 작업이 한창이었던 거다. 우리나라 화가들이 하나둘 베이징에 작업실을 차리는 이유도 알 것 같았다. 어찌 욕심이 안 나랴. 직접 본다면 더할 것이다. 전시장 규모에 걸맞게 하느라 작품을 크게 만드는지, 대작을 염두에 두고 크게 짓는 건지 여하튼 중국다운 규모에 또 한 번 놀랄 뿐이다.

아직 정리되지 않은 주변의 환경을 빼놓고 미술관 자체만 놓고 본다면 프랑스 남부의 마티스미술관이나 샤갈미술관을 연상케 할 만큼 쾌적하고 산뜻한 화랑도 있었다. 또 어떤 화랑은 꽤 고급스럽기도 했다. 마당을 한가운데 두고 양쪽으로 마주 보게

전시공간을 지은 플랫폼(Platformchina 站台·中国), 크고 긴 전시 공간이 이색적인 삼영당촬영예술센터(三影堂摄影艺术中心, Three Shadows Photography Art Centre), F2갤러리, 페킨 파인 아트 같은 널찍한 전시 공간들이 부러움을 자극한다. 한국 화랑으로는 PKM, 갤러리 현대의 중국 법인인 두아트베이징이 있다. 2007년 9월에 개관한 두아트 베이징은 개관전으로 중국의 2030세대 작가 여덟 명의 작품을 소개했고 그 뒤를 이어 백남준 회고전을 열었다. 그 덕에 20여 점이 넘는 백남준 선생의 작품을 한자리에서 감상하는 행운을 누렸다.

TV 케이스와 색색의 네온으로 귀여우면서도 밝은 인상을 주는 '글로브'(1994), 아시아에서는 처음 소개된다는 다윈(Darwin, 1991)과 뉴턴(Newton, 1991) 등 1980년대에서 90년대의 작품들이 주를 이루었다. 큐레이터는 '다윈'을 가리키며 관객들이 가장 좋아하

는 작품이라고 설명해줬다. 정말이지 각종 동물 모양의 오브제들이 모니터에 들러붙어 있는 모습만으로도 진화의 역사를 한눈에 보는 듯했다. 백남준 선생의 기지와 유머 앞에서 나도 모르게 배시시 웃음이 흘러나왔다. 그러고는 궁금해졌다. 중국인들은 백남준 선생을 얼마나 알고 있을까?

"요즘 중국 미술계가 발전했다고는 하지만 그것은 회화 위주의 발전이죠. 생소한 분야인 미디어 아트를 젊은 작가나 애호가, 또 소장가들에게 소개하고 이해를 돕기 위해 이쪽 분야의 대가인 백남준 선생의 작품을 전시하는 것입니다. 백 선생을 아는 사람들은 일부러 찾아와서 보고 깊은 인상을 받아요. 몰랐던 사람도 저희가 준비한 자료나 설명을 듣고는 많은 관심을 보이고요. 이런 과정을 통해 중국 미술은 더 발전하게 될 거예요."

사실 문화라는 것은 상호 교류가 바탕이 될 때 서로를 발전으로 이끈다. 중국에서 일어난 한류(韓流) 바람이 반한(反韓) 감정으로 역전된 것도 중국인들이 일방적인 문화 침투로 느꼈기 때문이듯 미술계의 일방적인 한풍(汉风)이 우리에게 똑같은 위기감을 주지 말라는 보장도 없을 것이다. 지금은 중국이 압도적으로 우리 미술계를 강타하고 있지만 균형과 조화를 이루어나가는 데 베이징에 진출한 한국 화랑들이 기여하길 기대해본다.

Information

차오창디예술구(草场地艺术区)
北京朝阳区机场铺路草场地
010 6432 5598
www.caochangdi.com

두아트베이징
北京朝阳区机场铺路草场地261号
010 8457 4550
www.doartchina.com

PKM베이징
010 8456 7429
www.pkmgallery.com

초원 위의 예술특구

환티에

798이나 차오창디에서 그리 멀리 떨어져 있지 않다는 단서와 지도를 들고 무작정 길을 나섰다. 하지만 금산갤러리 전화번호가 없었더라면 끝내 그곳을 찾지 못했을지도 모른다. 가는 동안 대여섯 번 정도 통화를 하고서야 겨우 닿을 수 있었다. 그런데 막상 길을 알고 나면 그렇게 헤맬 만한 곳도 아니라는 걸 알게 된다. 단지 그런 곳에 있을 거라 상상하지 못하는 게 문제였다. 도착한 소감? 황당 그 자체였다. 하늘에서 떨어졌는지 땅에서 솟아났는지 모를 덩어리 몇 개가 허허벌판 위에 생뚱맞게(!) 놓여 있는 게 어찌나 요상하던지. 골목골목을 찾아다니던 다른 예술구들과는 완전히 다른 분위기였다. 게다가 바로 옆에 붙어 있는 중국영화박물관마저 주위 분위기와는 안 어울리게 너무나 거대해 이질감을 극대화시켰다.

어떻게 이런 곳에 예술구가 생겼을까. 그 답은 역시 과거에 있었다. 798은 무기 공장, 지우창은 양조장이었다. 그렇다면 환티에(环铁)는? 목장이다. 소를 기르던 축사는 미술 작품을 만들고 전시하는 곳으로 변신했다. 눈썰미 있는 사람이라면 가지런한 배열과 뾰족한 삼각 지붕 등 건축물의 생김새만으로도 금방 알아챌 수 있을 만큼 축사의 흔적이 그대로 남아 있다. 입구에 세워놓은 간판엔 입주 갤러리와 작가 스튜디오의 이름들이 빼곡히 적혀 있는데 대략 갤러리 10여 개와 작가 작업실 100여 개가 들어선 것으로 보인다. 재미있는 것은 798 이후에 조성된 예술특구에 가보면 하나같이 자신들을 '제2의 798'이라 부른다는 점이다. 지우창, 차오창디 그리고 환티에까지도. 그도 그럴 것이 798에서 작업하던 사람들이 좀 더 저렴하거나 넓은, 또는 보다 조용한 작업 공간을 찾아 떠나면서 새롭게 정착한 곳들이니 모두가 제2의 798이 될 만하다. 환티에 역시 798이나 중앙미술학원 출신 작가들이 빈 축사를 임대하면서 하나둘 모여들기 시작했고 임대 사업으로 의외의 재미를 본 농가들은 가축 키우기를 포기하고 아예 발 벗고 나섰다.

들판에 위치하다 보니 환티에는 겨울과 여름의 풍경이 완전히 딴판이다. 그 때문에 이곳에 대한 이미지의 간극 역시나 무척 크다. 결국 어느 계절에 찾아가느냐가 아주 중요한 변수로 작용하는 예술구라 하겠다. 겨울철의 환티에는 마치 오래전에 파장한 시장 같았다. 생명체들이 땅속 깊이 숨어버린 들판은 을씨년스러움 그 자체였고 도대체 작가들이 있는 건지 없는 건지 작업실 문은 대부분 굳게 닫혀 있었다. 이미 조성돼 있는 예술구 옆쪽에는 확장 공사가 한창이었다. 외벽 공사를 먼저 끝낸 새 건물에 붙어 있는 임대 광고로 보아 누군가 찾아오기는 하나 보다, 하고 추측할 뿐 도통 사람 구경을 할 수 없었다. 황량한 들판의 칼바람을 온몸으로 맞고 서 있자니 두 가지 생각이 동시에 떠올랐다. 참 볼 것 없는 예술구라는 것이 하나였고 여름 풍경에 대한 궁금증이 또 다른 하나였다. 한여름에 저 들판은 어떻게 변할까? 작업실이 열려 있기는 할까? 첫 방문의 아쉬움을 그대로 묻어둔 채 훗날을 기약하기로 했다. 그리고 정확히 6개월 뒤, 들판에 다시 섰다.

"아, 환티에는 역시 여름이 제격이구나. 하긴, 원래 목장이었다지 않은가."

여름의 환티에는 입구부터 분위기가 달랐다. 하늘을 향해 쭉쭉 뻗은 가로수는 귀한 손님을 맞이하는 의장대처럼 길 양쪽에서 늠름하게 도열해 있었고 들판은 제멋대로 자라난 풀들이 뿜어낸 생명력으로 가득했다. 오랜만에 맡는 쌉싸래한 들풀 냄새에 나도 모르게 코를 킁킁거렸다. 아득한 땅 끝을 본 지가 언제였던가. 도시 생활을 하면서 알게 모르게 근거리 초점 맞추기에 길들었던 두 눈도 참으로 오랜만에 너른 세상을 만났다. 야생의 들판은 잔뜩 짓눌려 있던 오감 세포들을 그렇게 하나둘 흔들어 깨웠다.

푸른 초원을 바라보고 서 있는 축사에는 작가들이 있었다. 겨울에는 엄두를 못 냈지만 작업실마다 문을 활짝 열어놓은 덕에 염치 불고하고 "니 하오~"하며 기웃거릴 용기가 났다. 워낙 외지다 보니 출퇴근 개념 없이 작업실에서 먹고 자는 작가들이 많은 듯했다.

별 좋은 곳에 빨래를 널어놓기도 하고 작업실 한쪽 옆에 쳐놓은 칸막이 너머로는 침대며 간단한 부엌 살림살이가 보이기도 했다. 다른 곳에선 못 보던 광경 때문일까, 덜 알려져서 일까, 아니면 상업적인 유혹이 뻗치지 않은 곳이라서 그랬을까? 형식적인 것에 얽매이지 않는 자유로움이 편하게 느껴졌다. 작업실을 구경하며 겸사겸사 사진도 찍을 요량으로 돌아다니다가 유독 '대문'이 재미있다는 걸 발견하게 되었다. 축사 공간을 잘게 쪼개어 여러 개의 작업실로 만들었기에 모두 획일적일 것 같지만 작가들은 저마다의 취향에 따라 문을 새로 만들어 달기도 하고 작은 화단을 꾸민다든지 설치 작품을 내놓기도 했다. 또 누군가는 자신에게 허락된 만큼의 외벽을 그라피티로 꾸며놓았다. 문밖의 모습만으로도 작가의 취향을 어느 정도는 감지할 수 있으니 그 구경만으로도 꽤 흥미진진하다.

10여 개쯤 되는 갤러리 중에는 우리나라의 KU아트 센터와 금산갤러리가 있는데 두 곳 모두 활발하고 꾸준하게 좋은 전시회를 유치하고 있다. 그중에서도 KU아트센터는 좀 특이했다. 걸려 있는 작품보다 화랑 자체가 더 흥미로웠다. 대다수의 전시장이 반듯반듯한 벽으로 공간을 나누고 작품을 거는 식으로 정형화된 데 비해 여긴 그 자체가 "예술 하는 곳이거든" 하고 말하는 것만 같았다. 아마도 전시 공간 사이에 있는 소규모 공연장에서 풍기는 분위기 때문일 것이다. 거기에다가 시각적인 신선함도 한몫을 거들었지 싶다. 마침 중앙미술학원 판화과 교수인 왕화상(王华祥)의 소묘 판화전이 열리고 있었는데 작품을 눈높이 아래로, 심지어는 허리 아래로 까지 낮게 걸어놓았던 것이다. 남과 다른 나만의 개성은 작은 차이에서 시작된다. 완전히 새로운 창작이란 없다고 하지 않은가. 조금만 비틀어도 세상은 저만큼 달라 보이는 것을. 그날의 인상은 이 화랑을 특별히 기억하도록 만들었다.

화랑 구경을 하다가 황량했던 지난겨울에 금산갤러리 큐레이터에게 던졌던 질문이 떠올랐다.

"대체 이곳의 매력이 뭔가요?"

그땐 그다지 공감할 수 없는 대답이라 생각했지만 돌이켜보니 우문에 대한 현답이었다.

"글쎄요. 찾기 어려운 위치
가 곧 장점이지 않을까요. 이곳은 화랑이 적은
대신 작가 작업실이 많아요. 사실 작가 작업실
이 너무 적으면 예술구로서의 의미가 없게 되
고 상업적으로 치우치는 것도 우려되는데 여
기는 작가나 화랑들끼리 교류할 수 있는 여건
이 다른 예술구에 비해 조금 더 낫지 않나 생
각해요."

금산갤러리

이런 데까지 찾아 들어온
작가들이야 그렇다 치더라도 작품을 보기 위해 찾아올 정도의 사람이
라면 보통 관람객은 아닐 것이다.

"물론이죠. 이미 798이나 지우창 등을 다 알고 오
는 사람들이에요. 주로 중국이나 한국의 미술 관계자, 중국에서 공부하
는 학생도 많고요. 특히 이곳은 작가가 많으니까 그들의 소개로 손님을
대접하기 위해 오기도 합니다."

또 다른 한국인 큐레이터는 블루 오션으로 떠오른
중국 미술계의 한복판에서 느낀 소감을 이렇게 말했다.

"문화 수준의 평준화는 오히려 한국이 더 못 따라
가는 것 같아요. 중국이 굉장히 개방적이라는 느낌이 들거든요. 특히
아트 페어를 할 때 보면, 한국인들은 특별한 일로 생각하잖아요. 우아
하게 차려입고 가야는 곳, 정해진 계층이 향유하는 세계라고 생각하는
데 비해 중국인들은 문화를 바라보는 태도가 그냥 생활의 한 부분 같
아요. 한눈에 보기에도 문화생활과는 거리가 멀 것 같은 허름한 차림의
사람들이 보러 와서 궁금한 게 있으면 별 거리낌 없이 물어보거든요."

옆집 아저씨 뒷집 아줌마들까지도 미술 작품을 감
상하러 다닐 만큼 문화생활이 보편화됐다는 얘기다. 물론 그렇기도 하
다. 오프닝 행사에 초대받지 않았더라도 필요하다 싶으면 아무리 멀고
돈이 들어도 찾아와 작품을 보고 가는 중국인이란 말도 들었다. 하지만
이 부분에 대한 나의 해석은 조금 다르다. 돈이 아무리 많아도 겉으로
는 검소하고 소박하게 차려입는 특성을 고려해야 하지 않을까. 허름한

차림으로 동네에 앉아 있는 할머니가 실은 아파트 대 여섯 채를 소유한 갑부라는 얘기를 심심치 않게 듣는 게 중국이다. 어쩌면 평범해 보이는 그들이 실은 엄청난 컬렉터일 수도 있다는 말이다.

전시회 오프닝 행사에는 수백 명, 보통 때는 수십 명 정도가 찾는단다. 이날 오고 가면서 마주친 유일한 관람객도 사진기를 든 서양 남자였다. 798은 외국인의 발걸음이 몰린 다음에 중국인들 사이에서 유명해졌는데 이곳은 또 어떨까.

"비슷한 것 같아요. 아무래도 외국인들은 여행객의 시선으로 바라보니까."

여행객의 시선이라…. 그렇지, 곁에 두고도 잘 보지 못하는 것들이 외려 이방인의 눈에 더 잘 뜨이기도 하는 법이다. 때론 구석에 있는 것까지도 기어이 찾아내 세상에 알기도 하고 말이다. 그렇게 스쳐 지나치듯 다녀간 여행객들에 의해 베이징의 색다른 매력들이 재발견되어왔다. 제멋대로 삐죽삐죽 자라난 들풀처럼 편안하고 자유로운 은둔자들의 아지트 하나쯤은 이대로 조용하게 남아 있어도 좋으련만, 나 홀로 "임금님 귀는 당나귀 귀"를 외칠 자신이 없다.

131

Information

환티에국제예술성(环铁国际艺术城)
北京大山子环铁国际艺术城

금산갤러리
北京市朝阳区大山子环形铁路内国际艺术城B-0024
010 6436 6176/6186
www.keumsan.org

KU아트센터
北京市朝阳区大山子环形铁路内国际艺术城B-006
010 8456 0850/2770/9660
www.kuartcenter.com

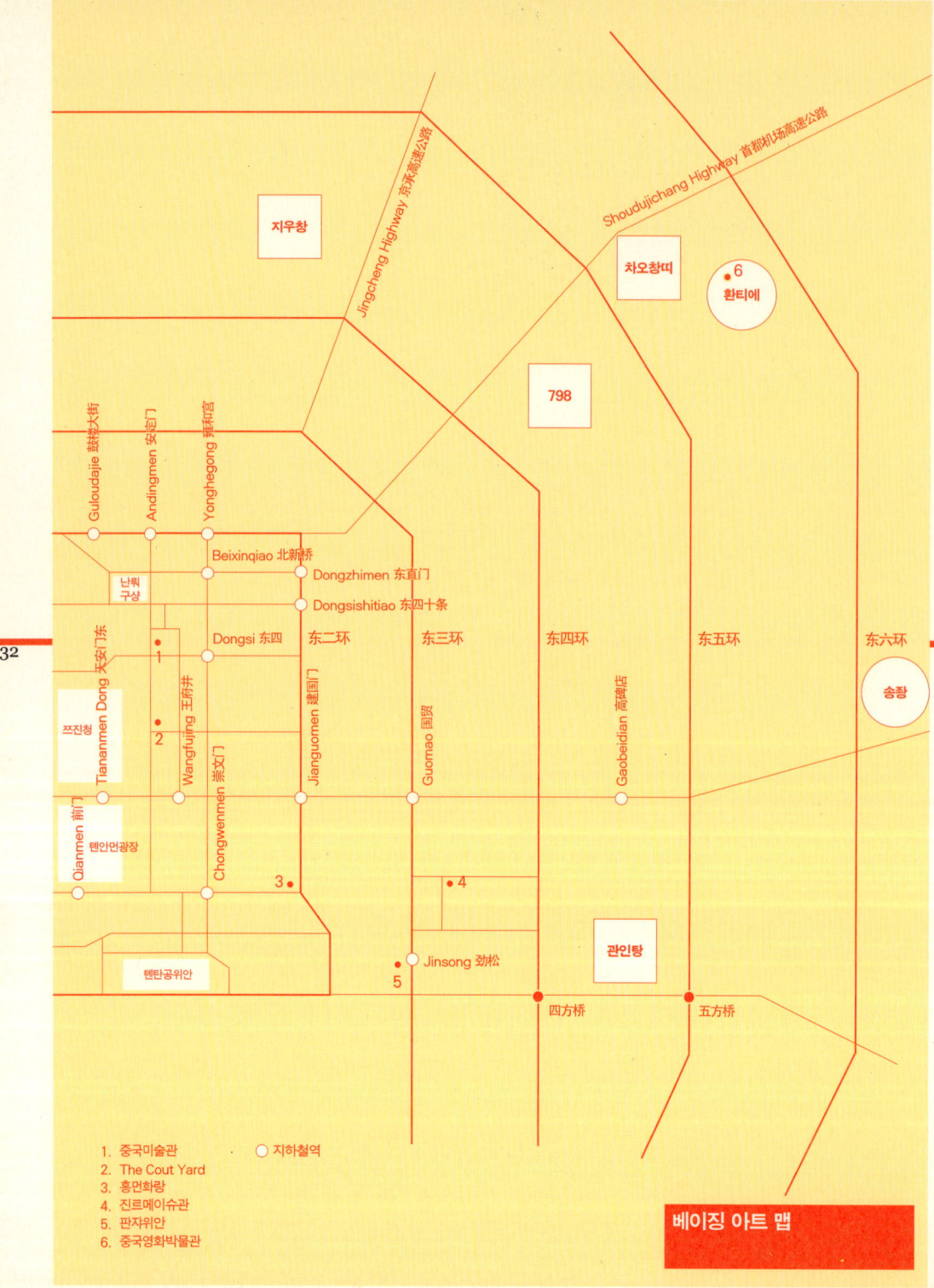

132

지우창

차오창띠

6
환티에

798

Jingcheng Highway 京承高速公路

Shoudujichang Highway 首都机场高速公路

Guloudajie 鼓楼大街
Andingmen 安定门
Yonghegong 雍和宫

Beixinqiao 北新桥
Dongzhimen 东直门
Dongsishitiao 东四十条

난뤄구샹

Dongsi 东四　东二环　东三环　东四环　东五环　东六环

Tiananmen Dong 天安门东

1

쯔진청

Wangfujing 王府井

2

송좡

Jianguomen 建国门

Guomao 国贸

Gaobeidian 高碑店

Qianmen 前门
톈안먼광장

Chongwenmen 崇文门

3

4

관인탕

텐탄공위안

Jinsong 劲松
5

四方桥

五方桥

1. 중국미술관　　　○ 지하철역
2. The Cout Yard
3. 훙먼화랑
4. 진르메이슈관
5. 판자위안
6. 중국영화박물관

베이징 아트 맵

판매와 거래 위주의 화랑가

관인탕문화거리

베이징에 생겨난 예술구를 기웃거리다 보면 조성된 시기나 위치가 다른데도 어딘지 모르게 비슷한 구석이 있다는 걸 느끼게 된다. 높은 천장, 널찍한 전시 공간, 벽면을 다 차지할 정도로 큰 작품들이 그렇다. 넓은 전시장이 무색하게도 달랑 그림 한두 점 걸어놓은 게 전부인 곳도 적지 않다. 펑펑 남아도는 공간이 그들에게는 하나도 아깝지 않아 보인다. 그런데 이런 공식을 따르지 않는 예술구가 있다. 바로 관인탕문화거리(观音堂文化大道)다. 서울 인사동과 비슷하기도 하고 경복궁 근처 사간동 갤러리 거리의 느낌이 들기도 하는데 결정적으로 다른 점이라면 이들을 몇 배로 뻥튀기 해놓았다는 거다. 두세 배쯤 확대된 인사동이라고나 할까?

관인탕은 베이징 시가 공식적으로 지정한 예술 구역이다. 시(市) 정부에서 재정 지원을 받은 현(县) 정부가 원주민에게 보상금을 주고 이주시킨 뒤 일괄적으로 조성했다고 한다. 그래선지 도로 양 편에 있는 건물들은 줄을 세워놓은 것처럼 질서정연하게 정비돼 있다. 입구에서부터 화랑을 하나씩 구경하며 걸어보겠다던 애초의 계획은 목적지에 도착해 수정해야 했다. 차를 타고 지나가면서 보기에도 거리는 꽤 길었기 때문이다. 첫술에 배부르지 못할 바에는 욕심을 버리고 몇 곳만 집중적으로 보기로 했다. 선택의 기준으로 삼은 것은 다른 예술구에서 보기 힘든 그림이 있는 곳. 바로 만수대화랑이다.

2007년 7월에 개관한 만수대화랑은 북한에서 명성을 떨치고 있는 공훈예술가, 인민예술가를 비롯해 작가 100여 명의 그림과 도자기, 조각품 등을 판매하고 있다. 소장한 작품은 7000점 정도 되는데, 모두 1951년 이후에 제작된 것이라고 한다. 공간이 허락하는 한 모두 걸어놓으려 했는지 전시장의 벽면은 그림으로 빼곡했다. 미

처 걸지 못한 것은 바닥에 세워두기도 했다. 용맹스러운 백두산 호랑이
부터 백두산 천지의 장관, 평양의 한가로운 거리 풍경, 혁명의 냄새가
물씬 풍기는 선전 선동 포스터, 수려한 산세를 담은 수묵화까지 작품의
소재는 다양했다. 다만 유화든 수채화든 수묵화든 전시된 작품에 공통
점이 있다면 모두 사실화라는 것이다. 보는 사람마다 해석이 달라질 수
있는 추상화는 볼 수 없었다. 주제가 분명했고 그림은 단조로웠다. 걸
려 있는 작품을 찬찬히 감상하다가 왠지 모를 허전함의 이유를 알아챘다.
그건 소박함이었다. 그림도 액자도 한껏 치장한 요즘의 것과는 아주 달
랐다. 마치 수줍음 많은 시골 처녀가 눈앞에 서 있는 듯했다.

　　　　"한국 그림이 북의 그림보다 몇십 년은 발전했습니
다. 하지만 옷을 입을 때도 옛날 것이 다시 유행할 때가 있지 않습니까.
우리는 그때를 기다리고 있습니다."

　　　　책임자라는 사람은 북한 예술 작품에도 많은 관심
을 가져달라며 이렇게 덧붙였다. 그런데 우리가 아니어도 이미 중국에

134

북한 미술품을 판매하는
만수대화랑

선 북한 그림의 인기가 날로 치솟고 있다. 개혁 개방과 함께 들이닥친 무한 경쟁 시대, 그 살벌한 자본주의 생존 방식을 힘겹게 터득하며 살아가는 중국인들에게 북한 그림은 이미 추억이 된 사회주의 시절의 향수와도 같기 때문이다. 그러나 그게 어찌 체제와 이념의 잣대만으로 해석할 일인가. 담백하던 시절을 그리워하는 것은 우리도 매한가지가 아닌지. 거창한 이유가 필요 없는 본능과도 같은 것이라고 생각한다.

만수대화랑과 나란히 있는 것은 한국의 준아트 연우갤러리다. 남과 북의 화랑이 어깨를 나란히 하고 있는 모습이 다정한 오누이 같기도 하고 금실 좋은 부부 같기도 하다. 이곳에선 한국 작가들의 개인전과 초대전을 꾸준히 열고 있다. 석창우 화백의 초대전 오프닝은 뜨거운 가운데에서도 진지하게 진행되었다. 그는 두 팔이 없지만 의수(義手)인 쇠갈고리로 그림을 그리는 화가다. 붓에 먹을 묻혀 빠른 속도로 선을 그리는 '필묵 크로키'라는 새로운 개념을 창안해 낸 그가 피겨 스케이터 김연아 선수의 영상 자료를 보면서 즉석에서 시연해 보였다. 바닥에 깔아놓은 화선지 위에 맨발로 서서는 팔이 아니라 온몸으로 그림을 그렸다. 때론 거침없이 일필휘지로, 때로는 세밀화를 그리듯 섬세하게. 장애가 있지만 비장애인 못지않은, 아니 더 강인한 에너지로 붓을 놀리는 모습을 숙연하게 지켜보던 사람들의 입에서 하나 둘 낮은 탄성이 터져 나왔다. 그의 팔에서 붓은 자유로웠다.

한 달에 한두 번 오프닝 행사가 있는 날은 마치 동네잔치 분위기다. 왕징(望京)에 거주하는 한국인들이 편리하게 관람할 수 있도록 셔틀버스를 운행해 사람을 모으기도 하지만 주변에 있는 갤러리의 직원이나 관계자 수가 더 많은 듯하다. 오랜만에 모인 화랑가 사람들은 서로의 근황도 묻고 최신 정보를 교환하기도 한단다.

관인탕 거리에서 규모가 가장 큰 화랑은 면적이 1200제곱미터인 린다갤러리(Linda Gallery)였다. 실내에 들어서면 그림

**석창우 화백의
필묵 크로키 시연**

에서 나시 고렝(볶음밥 종류로 인도네시아 전통 요리)의 독특한 향신료 냄새가 확 풍겨오는 것만 같았다. 2006년에 관인탕 1구역을 완공할 때 가장 먼저 들어온 인도네시아 화랑으로 한동안 이 거리의 대표적인 갤러리로 손꼽혀왔다. 그 뒤를 이어 러시아, 오스트레일리아, 싱가포르, 타이완, 한국, 북한을 비롯해 중국의 화랑까지 30여 곳이 1차로 오픈했고 2008년 5월에는 2구역까지 완공돼 모두 100여 개의 다국적 갤러리들이 모여 있다. 그런데 2009년에 다시 찾아가니 린다갤러리는 798로 자리를 옮겨 가고 없었다. 대신 그 자리는 바로 옆에 있던 윈펑(云峰) 아트갤러리가 사용하고 있다. 이곳 역시 벽면이 작품으로 꽉 차있다. 화랑 측의 과도한 욕심이 아닌가 싶었는데 자세히 보니 작품 옆에 가격표가 붙어 있다. 바로 이 점이 다른 예술구와 확실히 구분되는 관인탕만의 또 다른 특징이기도 하다. 준아트 연우갤러리 석상준 대표는 이렇게 정리했다.

"798은 연인들이 데이트 코스 삼아 많이 찾아가는데 비해 이곳은 주로 전 세계 수집가들이 찾아오고 있습니다. 판매와

구입이 중심이 되는 곳이라 작가들의 작업실은 많지 않죠. 미술품을 소장한 사람들이 판매를 위해서 전시하는 공간이라고 보시면 됩니다."

어쩐지…. 보통의 갤러리에 비해 그림이 너무나 많이 걸려 있는 것도, 전시장 한가운데에 고급스러운 소파나 중후한 무게감이 느껴지는 중국식 탁자가 놓인 이유도 알겠다. 매매 상담을 할 수 있는 공간이 전시 공간만큼이나 중요했던 것이다. 갤러리들이 다 입주하면 이 일대는 베이징의 새로운 문화예술의 메카로 거듭날 것 같다. 거기에다가 베이징 최대의 골동품 시장인 판쟈위안(潘家园)이 10분 거리에 있으며 고(古)가구 거리로 유명한 가오베이뎬(高鼻店)도 인근에 있으니 계획을 잘 짜서 다양한 종류의 문화 공간을 두루두루 둘러보면 좋을 듯싶다.

Information

관인탕문화거리(观音堂文化大道)

北京朝阳区王四营乡

준아트 연우갤러리(JUN ART 软羽畵廊)

北京朝阳区王四营乡观音堂文化大路39号

010 8739 4401~2

만수대화랑

010 6736 0289

www.mansudaegallery.com

그 거리에서 들은 뒷담화

베이징의 예술구들이 대부분 베이징 시내를 중심으로 북동쪽에 몰려 있는 데 비해 관인탕예술구는 남동쪽에 홀로 떨어져 있다. 안 그래도 화랑들이 무더기로 생겨나며 경쟁이 치열한데 화랑 주인들은 무슨 작정으로 이토록 한적한 거리를 선택해 입주했을까(주말에는 사람들이 많다지만 평일에는 흥행 기록이 영 신통치가 않은 듯 보였다). 유명세를 타고 있는 798에 들어가든지, 거기가 비싸면 주위에 새로이 조성되는 예술구도 많은데 굳이 멀리 떨어진 곳까지 온 데는 이유가 있지 않을까 싶었다. 준아트연우갤러리 오프닝 행사 날, 이때다 싶어 마실 나온 화랑가 주인들에게 물었더니 돌아온 대답이 한결같았다. 798은 언제 재개발할지 모른다는 것이다. 화랑 임대로 받는 돈보다 아파트를 높이 지어놓는 것이 부동산 회사의 입장에선 백 배 낫지 않겠느냐고 반문했다. 올림픽 때문에 한 해, 한 해 재개발을 미루어왔지만 언젠가는 철거를 한다는 거다. 사정은 자연발생적으로 생겨난 지우창이나 차오창디도 마찬가지라 정부가 공식적으로 지정한 예술구에 자리를 잡는 게 여러모로 안전하단다.

설마 베이징을 대표하는 예술구를 없애버리기야 하겠느냐는 의구심이 들었지만 그들의 이야기를 가벼이 흘려들을 수 없었던 이유가 있다. 그동안 798공장의 원래 주인인 칠성그룹과 세입자(화가나 화랑 주인)들 사이에서 조정자 역할을 해왔던 시정부가 대부분의 권한을 칠성그룹에 건네주고 빠져나갔다고 한다. 안 그래도 입장이 확고했던 칠성그룹이 앞으로 어떤 움직임을 보일지 알 수가 없게 된 거다. 798의 예술축제를 국제적인 행사가 아닌 지역 축제로 못 박아 진행하도록 압력을 행사하는 것도 역시 그들이었다.

하지만 철거나 또 다른 개발 역시 말처럼 쉽지는 않을 것 같다. 2007년에 베이징 시가 선정한 베이징 근현대 보호 대상 우수 건축물 명록에 798이 포함됐기 때문이다. 이는 그저 상징적인 발표가 아니다. 보호 대상 건축물에 포함되면 원칙상 철거를 하지 못하기 때문이다. 공익상 철거가 불가피한 경우에도 건축물에 대한 이전 보호 조치를 취하도록 규정했다니 쉽게 시도할 수는 없을 터다. 798의 철거와 재개발이 그저 떠도는 소문으로 끝날지 아닐지는 좀 더 지켜봐야 할 것 같다.

중국 현대미술의 오늘을 만나다

중국을 대표하는 국립미술관 중국미술관(中国美术馆)

　　중국 현대미술은 이제 새로워진 중국을 말할 때 빼놓을 수 없는 키워드가 되었다. 개성 강한 작품 속에 담긴 폭발적인 에너지는 젊은 작가 군단과 그들의 작품을 쉽게 접할 수 있는 798에 대한 관심으로 이어지게 했다. 나의 호기심도 역시 급속도로 늘어난 신흥 예술구를 중심으로 증폭됐고 충족되었다. 신흥 예술구란 마음 편히 창작에만 열중하겠다는 예술가들이 모여들면서 자연스럽게 형성된 예술 공간이다. 그러니 작품 소재나 표현 방식, 재료는 제도권에 얽매이지 않은 그들의 영혼처럼 과감하고 자유로우며 다양하다. 그렇게 미술계의 야인(野人)들에게 빠져 몇 년 동안 즐기다 보니 궁금증은 자연스레 이들의 뿌리로 옮겨 가고 있었다. 이토록 거대한 예술가 집단을 키워내는 힘의 저변은 무얼까. 그제야 찾은 곳이 중국을 대표하는 국립미술관인 중궈메이슈관(中国美术馆, 중국미술관)이다.

　　현대적인 건축물에 궁전의 황색 유리기와를 얹어 놓은 지붕이 무척 인상적인 미술관에서 때마침 진귀한 전시회가 열리고 있었다. 영국의 대표적인 화가인 조셉 말러드 윌리엄 터너(J. M. W. Turner)의 작품을 소장한 테이트갤러리(Tate Gallery)와 중궈메이슈관이 주관하는 〈테이트갤러리 터너 회화 진품전〉이었다. 18세기 말의 영국 화단을 이끌며 유럽 미술사에 큰 영향을 준 이 특별한 화가가 처음으로 하는 중국 나들이라는데, 유화, 수채화 등 작품 수가 112점이나 되었다. '초기 작품', '전쟁과 평화로운 시기의 대영제국', '색채의 개선가', '현대 거장의 출현:옥외 회화', '빛 속으로 들어가다' 등 시기별로 나뉜 다섯 개의 주제를 따라가다 보니 단순한 감상 이상의 효과가 있었다. 사상의 변화, 역사적인 배경, 미술사적인 의의 등이 작품의 변천 과정 속에 고스란히 담겨 있어 종합적으로 이해가 되었다. 또 주요 작품

앞에 서면 해당 작품에 대해 설명해주는 오디오 서비스를 이용할 수 있어서 작품 감상에 도움이 되었다.

국가의 외교 역량과 문화적인 수준이 뒷받침되어야 하는 전시회를 작은 화랑이 기획하고 유치하기란 쉽지 않다. 중궈메이슈관은 개관 후 40여 년 동안 수천 건의 전시회를 열었는데 그중에는 〈19세기 프랑스농촌풍경전〉, 〈피카소 회화 원작전〉, 〈독일 표현주의전〉, 〈달리전〉, 〈프랑스 인상파 회화전〉, 〈핀란드 여성 예술가전〉과 같은 국제 수준의 전시회를 상당수 개최하면서 중국인들의 예술적 안목을 높이는 데 기여해왔다. 더군다나 중국이 아직 죽의 장막 뒤에 웅크리고 있던 1970년대, 1980년대에도 먼 지방에 사는 청년들은 몇 날 며칠 동안 기차를 타고 베이징에 와 전시회를 본 후 벅찬 가슴을 안고 돌아갔다고 하니 중궈메이슈관은 이미 오래전부터 세계 미술계의 흐름과 동향을 전해주는 창구이자 메신저 역할을 해왔던 것이다.

1963년 6월에 마오쩌둥 주석이 '중궈메이슈관'이라는 편액의 글자를 쓰면서 국가 미술관의 성격을 명확히 갖게 됐는데 중국 근현대 예술가의 작품 수장과 연구, 전시를 주요 사업으로 한다. 1995년에 4100제곱미터 규모의 현대식 수장고를 신축하면서 작품 10만여 점을 보유하고 있는데 대부분이 중국 근현대 미술 작품이다. 또 신중국 성립 전후 시기의 작품과 민국 초기, 명나라 말기에서 청나라 때의 걸작도 상당수다. 1999년에는 독일 수장가가 피카소 작품 4점을 포함해 외국 작품 100여 점을 기증하기도 했다. 2009년은 중화인민공화국이 건설된 지 60주년 되는 해이고 마카오가 반환된 지 10년 되는 해였다. 마카오예술박물관과 중국미술관은 서로의 소장품을 바꾸어 소개하는 전시를 기획했다. 이렇듯 수장된 작품은 창고에만 모셔져 있지 않고 홍콩, 마카오를 비롯해 다른 지역과 국가의 미술관으로 활발하게 전시 여행을 떠난다.

5층으로 된 본관은 1만 8000제곱미터 면적에 전시실 17개를 갖추고 있다. 1·3·5층에 있는 전시실에선 적어도 대여섯 개의 전시회가 동시에 열리기 때문에 중국 미술계의 다양성과 폭넓은 작가군(群)의 실체를 확인할 수 있다. 〈터너전〉이 열리는 동안 또 다른

전시실에선 국가화원이 주관하는 서예 전시회가 열렸다. 중국인들이 유독 서예에 관심이 많은 건 서예 전시회가 흔한 것만 봐도 알 수 있다. 그런데 작품들의 규모가 보통 큰 게 아니다. 사람 키의 두세 배는 훌쩍 넘길 만한 작품으로 전시실이 가득 찼다. 큰 것을 좋아하는 중국인들에 겐 예술작품도 웬만한 대작은 눈에 차지 않는가 보다. 이 나라 사람들에게 내재된 대륙 기질은 이렇듯 작품의 크기에서도 쉽게 볼 수 있다.

　　　　　예술 인생을 결산하는 데에는 작품이 몇 점이나 필요할까? 관푸(官布)라는 노화가의 예술 인생 60년을 기념하는 회화전에는 유화, 중국화, 수채, 소묘 등 모두 200여 점이 전시됐다. 멍구(蒙古, 몽골) 족이라는 출신 배경 때문인지 '초원의 자매들'처럼 그림에는 초원이 자주 등장했다. 초원의 열정과 거침, 요원함이 한 편의 시처럼 화폭에 담겨 있었는데 생경하면서도 가슴이 탁 트이는 듯했다. 누구인지도 모르는 화가지만 그 느낌이 신선해 한참을 전시실에 머물러 있었다. 나중에 알고 보니 관푸 선생은 중국 미술계에선 '초원 유파'의 선구자

제9회 〈중국 동판, 석판, 실크스크린전〉

로 명성이 높다고 한다. 아홉 번의 개인전 중에 이번이 중국미술관에서 개최하는 두 번째 개인전이었다. 중국미술협회내몽고분회비서장, 중국미협비서장, 중국소수민족미술촉진회회장 등을 역임했다는 이력을 보니 두 번이나 자리를 내준 것이 이해됐다. 제도권 내에 있을 때 제도권의 혜택을 보는 건 예술가들도 마찬가지일 테니 말이다.

타이완 현대판화의 발전과 영역 확대에 기여했다는 랴오시우핑(廖修平)의 50년 예술 인생을 볼 수 있는 전시회도 열렸다. 타이완 출신의 이 판화가는 중국이든 타이완이든 모든 중국인이 시조로 모시는 염황제의 자손이라는 생각을 갖고 양안(兩岸)의 문화 원소와 원천을 작품 속에서 담아내고 있다.

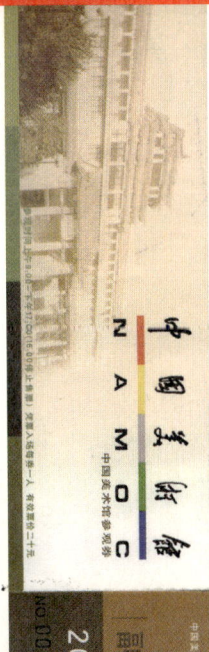

타이완의 느낌을 담지만 중심에는 중화(中华) 사상이 있는 것이다. 빨강, 검정, 금색을 주로 사용하며 대만 민간 판화의 형식적인 부호를 활용한 작품들을 선보인다. 또 각종 매체를 회화에 이용하면서 중국적인 요소를 현대적으로 표현하는 것에 천착하고 있다.

중국 현대 판화계의 대표적인 전시인 〈중국 동판, 석판, 실크스크린전〉이 아홉 번째 전시회를 열었다. 중국미협판화예술위원회는 이 '3판' 전시회를 전국을 도는 순회 전시로 하면서 비중있게 다루고 있다. 앞서 말한 타이완의 판화가 랴오시우핑은 이 전시회에 특별히 관심을 갖고 해마다 수상작을 구입해 보존하는데, 일부를 이곳에 기증하기도 했다. 중궈메이슈관에선 유독 타이완과의 교류전이나 타이완 출신 예술가들의 전시회를 자주 볼 수 있다. 국제적으로는 두 개의 나라이지만 중국은 꼭 '중국의' 타이완이라고 주장하는 입장이다. 그러니 타이완 관련 전시회는 결국 타이완의 문화 예술도 자신들에게 귀속된 것임을 은연중에 보여주려고 개최하는 것이 아닐까 싶다.

지난 2005년 12월부터 관장 직을 맡고 있는 판디안(范迪安)은 중앙미술학원 부원장을 역임한 현대미술 비평가이자 전시 기획자이다. 브라질 상파울루비엔날레 중국관, 베니스비엔날레 중국 국가관 전시 책임자로 일하며 중국 현대미술을 세계에 알려왔다. 그런 사람을 관장으로 임명한 시점이 세계가 중국 현대미술에 전폭적인 관심과 지지를 표명하던 때여서 흥미롭다. 기획자나 평론가, 또는 해외 화랑들이 일구어온 현대미술 열풍에 국가도 관심을 가질 만큼 현대미술의 영향력이 커졌다는 증거가 아닐까 생각한다.

중궈메이슈관은 지난 2002년에 미술관 건립 40주년 기념일에 맞춰 재개관 했다. 본관 시설을 전면적으로 보수하고 개조하면서 전시장의 시설과 조명, 소방, 경보장치 등을 최고 수준으로 끌어올렸다. 서점과 식당, 카페테리아, 오디오 가이드 서비스 등의 편의시설을 이용할 수 있는데 식당과 카페테리아는 미술관 규모에 비해 소박한 편이다. 특히 식당 메뉴는 중국인들이 평소에 먹는 음식으로 구성

144 돼 있어 한국인 입맛에 맞지 않을 수도 있다. 홈페이지에는 전시 관련 정보가 비교적 자세히 설명돼 있으므로 방문하기 전에 미리 확인하면 도움이 된다.

Information

北京市东城区五四大街一号
010 6400 1476
www.namoc.org
개방 시간 09:00~17:00(16:00 매표 정지, 연중무휴)
입장료   20위안

중국 현대미술의 창구 진르메이슈관(今日美术馆)

　　어라! 어디로 들어가지? 미술관 앞에서 난감해지고 말았다. 저 위 2층 높이에 문이 있기는 한데 출입문이 맞나 싶었다. 맞다 치더라도 저길 어떻게 올라간다지? 문은 거대한 철제 구조물 뒤에 있었고 구조물에는 대나무까지 꽂혀 있으니 그 자체로 거대한 설치 작품이었다. 그러니 사람이 드나들 수 있는 출입문은 어딘가에 따로 있으리라 생각했던 거다. 사람의 선입견이란 어쩜 이렇게 단순하고도 허술한지. 구조물 밑을 이리저리 헤매다 결국 지나가는 직원을 붙들고 물었더니 손가락으로 머리 위를 가리켰다. 이 위로?

　　다시 광장으로 가서 차분히 바라보니 갈 지(之) 자 모양의 길이 등산로처럼 위를 향해 뻗어 있다. 고리타분한 선입견을 멋지게 날려버린 길을 따라 천천히 올라가 문 앞에 서니 저 아래 앞마당도 시원하게 내려다보인다. 오호라 이 미술관, 예사롭지 않은 걸. 도착하자마자 돌진하듯 들어가기 바빴던 여타의 미술관들 하고는 첫 만남부터 완전히 달랐다. 여기선 이곳만의 입성의식을 해야 한다며 은근히 이끄는 매너가 신선했다. 미술 작품을 감상하기에 앞서 내 자신이 거대한 작품 속으로 들어가며 합일되는 체험은 유쾌했다. 이처럼 강렬한 첫인상을 남기다니, 대체 누구의 발상이란 말인가?

　　　요즘 베이징에는 새로이 등장하는 건축물이 많다. 그 가운데는 내로라하는 외국의 유명 건축가 작품들도 꽤 된다. 하나같이 톡톡 튀는 디자인이 특징이다. 기존의 베이징에서는 볼 수 없었던, 아니 지금껏 세계 어디에서도 실험하지 못했던 디자인을 과감하게, 최초라는 의미까지 부여해가며 시도하고 있다. 주위의 환경이나 분위기와 어울리지 않게(때로는 무시하고) 지어진 것들이 이름 값 하느라 언론의 집중 조명을 받으니 마치 그들이 이 시대 건축의 전부인 양 느껴지곤 했었다. 그러다가 머리를 한 대 쿵 맞은 것 같았다. 튀지 않는데도 톡톡 튀었다. 이만하면 시대감각도 훌륭하다. 그러면서도 새것이 풍기는 낯선 거리감이 느껴지지 않았다. 뭐지, 이런 느낌은. 관심은 자연스레 건축가에게로 옮겨졌다.

　　　진르메이슈관(今日美术馆, 금일미술관, Today Art Museum)을 설계한 건축가는 왕후이(王晖)다. 마흔을 갓 넘긴 이 젊은 건축가는 베이징에서 가장 활발하게 활동하는 건축가 중 하나로 798 예술구 관련 기구의 일원이기도 하다. 그는 젊지만, 무리한 도전정신보다는 자연스러운 조화를 우선의 가치로 여기는 건축가인 것 같다. 미술관 측이 새로운 보금자리로 이전하기 위해 세 가지 방안을 제시했을 때 그는 베이징맥주 공장의 보일러실을 선택했다. 바로 현재 미술관의 전신이다. 원래 유리창이 나 있던 곳을 메웠는지 붉은 외벽에 희끄무레한 흔적이 남아 있지만 전면에 설치된 철제 구조물에 가려져 처음엔 잘 보이지 않는다.

　　　이렇듯 구조물은 관람객들에게 신선한 체험을 선사할 뿐만 아니라 낡은 건축물을 완벽하게 새것처럼 느끼도록 하는 장치다. 이 얼마나 멋진 아이디어인지. 진르메이슈관은 주변과 이루는 조화나 환경을 거스르지 않고도, 기존 건축물의 흔적을 잘 간직하면서도

현대 예술을 담아내는 미술관이 갖추어야 할 이미지까지 훌륭하게 확보하고 있다. 어디 이미지뿐인가. 천장이 12미터에 이르는 2층 전시장은 제아무리 덩치 큰 작품이 들이닥친다 해도 문제 될 게 없어 보인다. 전시를 위한 흰색 벽은 자유자재로 움직일 수가 있다. 필요하다면 완전히 해체하고 새로이 조립하는 것도 가능하다. 물론 조명도 따라서 움직인다. 상황에 따라 탄력적으로 운용할 수 있도록 디자인한 결과다.

다른 미술관에서 경험하지 못한 색다름을 느낀 이유는 또 있다. 바로 꼭대기 옥상에 쪼르르 걸터앉아 세상 구경하듯 내려다보고 있는 거품 인간들 때문이다. 눈높이에 있는 철제 구조물에 온 신경을 집중하느라 미처 보지 못했던 것을 나중에 발견하고는 은근히 긴장이 됐다. 나도 모르는 사이에 일거수일투족을 그 누군가가 지켜보고 있었다니. 영화 〈트루먼 쇼〉가 떠오르면서 미묘한 압박감이 느껴졌다. 1인칭이었던 '내'가 순식간에 3인칭의 '그 누군가'로 뒤바뀌게 만든 것은 왕웨이(汪建伟)의 옥외 설치작인 '전시를 보다(看展览)'이다. 현대 예술을 희극 언어의 방식으로 표현하는 작가인데 2008년에는 현

대 예술계에서 권위 있는 상으로 꼽히는 미국 현대미술기금회의 상을 받기도 했다. 어떤 신문은 그에 대한 기사 제목을 '중국 개혁 개방 예술 발전의 활화석'이라고 뽑았다. 그런 그에게 있어 일상생활은 곧 희극이고 희극은 다시 일상생활이란다. 조금 전 문 앞에서 헤매던 내 모습도 저 위의 누군가에게는 무대 위의 연기처럼 보였을까.

거품 인간들이 내려다보는 것은 나만이 아니었다. 미술관 앞마당에는 허리를 구부린 채 박장대소 하거나 실없는 웃음을 허허실실 흘리는 녀석들이 단체로 서 있었다. 중국 현대미술계의 스타 작가인 웨민쥔(岳民均)의 설치 작품이다. 내리쬐는 뙤약볕을 민머리로 고스란히 받아내는 남자들이 과장되게 쏟아내는 웃음보따리는 내게도 전이돼 함께 웃었다. 하지만 어딘지 모르게 공허했다. 어릴 적에 겪었던 문화대혁명의 암흑기와 1989년에 목도한 천안문사태는 세상을 바라보는 그의 시선을 이렇게 만들었단다. 세상을 마음껏 비판하거나 조롱할 수 없는 무기력한 자의 자조적인 웃음이다. 그리고 이젠 스타의 반열에 올려놓은 웃음이 됐다.

맛깔스러운 전채 요리가 메인 요리를 기다리게 만들고, 잘 만들어진 타이틀 시퀀스는 영화에 대한 기대지수를 한껏 올려놓게 마련이다. 본격적으로 관람을 시작하기도 전에 수작을 세 가지나 감상하게 됐으니 미술관에 대한 호감도와 기대는 자연스레 동반 상승했다. 사실 이곳에 직접 가보기 전에 알고 있던 정보란 기획 전시가 볼 만하다는 것 정도였다. 그런데 기대 이상이었다.

앞뒤로 나란히 세워진 전시관 두 개 동에서는 3~4개의 전시가 동시에 진행되고, 일 년이면 40여 개의 전시를 한단다. 아무리 큰 전시라도 두 개 층을 차지하는 정도가 보통인데 〈이파-세기사유(意派-世纪思维 YiPai-Century thinking) 당대 예술전〉은 1관 2~4층, 2관 1, 2층을 전부 사용하는 대규모 기획전이었다. 저명한 평론가인 가오밍루(高名潞)가 전시 책임을 맡았고 작가 78명은 200여 점의 작품을 물건, 장소, 사람이라는 세 가지 주제에 따라 표현했다. 사물의 내재적인 함의나 자연적인 속성을 눈으로만 보지 말고 마음으로도 알라는 物(물건), 마음이 존재하는 곳, 내 뜻이 머물고 생각이 시작되는 곳이라는 의미의 场(장소), 뜻은 방향이 있어서 가지만 그것을 조정하는 것은 사고이며 이념의 방향을 잡아서 인도하는 것은 人(사람)이란다. 추상적인 주제를 표현하는 전시라 소개 글을 열심히 읽어보았지만 역시 뚜렷한 뭔가가 잡히진 않았다. 외려 작품 앞에 섰을 때 느낌이 더 확실하게 다가왔다. 그것이 작가의 의도였는지 아닌지는 모르겠지만 의도를 파악하기 위해 너무 천착하지 말라는 그들의 권유를 순순히 받아들여 마음 편히 구경했다.

작가가 들고 날 때마다 팼던 장작을 산처럼 쌓아놓은 작품 '출입(出入)', 온몸의 피를 짜내는 어미의 지칠 대로 지친 표정에 가슴이 싸해졌던 '모친(母亲)', 나무로 만든 낡은 관 속에 폭신폭신한 털 카펫을 넣어놓은 '올드 타임(Old Time)', 날카로운 칼끝이 섬뜩하게 혀를 겨누는 '우화 하나(寓言之一)', 수천, 수만 개의 지문을 찍는 것으로 시작했지만 결과물은 커튼처럼 늘어뜨린 종이가 남았다는 '지문(指印)' 등 일일이 열거하기도 벅찰 만큼 인상적인 작품이 많았다.

중국 당대 미술이라는 말을 들으면 블루칩으로 꼽

히는 4대 천왕(쟝샤오강, 왕광이, 팡리쥔, 웨민쥔)을 기계적으로 연상
해왔던 내 얕은 지식의 밑바닥이 드러났다. 저변이 얼마나 넓고 탄탄한
작가군(群)으로 다져져 있는지 두 눈으로 확인하며 놀라고 또 놀랐다.
평생 그림을 그려온 어머니는 작품 하나하나를 굉장히 집중적으로 보
셨지만 별 말씀이 없으셨다. 나중에 집으로 돌아와 메모 남신 걸 보았
는데, 딱 한 줄이 적혀 있었다. "작품 하나하나에 담긴 강렬한 메시지가
인상적이다." 전시관에서는 왜 아무 말씀 없었는지 여쭤보았더니 작품
이 뿜어내는 엄청난 에너지에 눌려서 무슨 말을 해야 할지 모르시겠더
란다. 그랬다. 내면에 담긴 것으로 세상과 소통하는 작가들의 목소리는
당당했고, 거침없고, 새롭고, 다양했다. 그중에서도 다양성은 발전의 가
능성을 품은 씨앗이다. 중국 당대 예술의 현주소를 보여주는 이곳에서
한 움큼의 씨앗을 보았다.

2002년에 개관한 진르메이슈관은 중국에서 최초로
설립된 민영 비영리 공익성 미술관이다. 현재에 발 딛고 미래를 바라보
겠다는 설립 이념을 바탕으로 세계적인 수준의 현대미술관을 지향한

다고 한다. 그런데 그 높은 수준의 조건이란 것이 호사스런 인테리어나
압도적인 규모 같은 것에 있지 않음을 이들의 다양한 활동이 말해주고
있다. 현재 이슈가 되는 작가들을 주시하고 작품 소장에 심혈을 기울이
고 있지만(이미 소장한 작품이 5000여 점에, 4대 천왕의 작품도 100여
점이나 된단다) 동시에 젊은 예술가들을 발굴하고 배양하는 데도 힘을
쏟는다.

특히 아직 프로의 길을 걷기 전인 대학생이나 심지
어는 초등학교에 다니는 꼬맹이 화가들의 작품전도 기획한다. 당대 예
술이 소수의 전문가들 안에서 맴돌지 않고 보다 넓은 계층, 많은 사람
이 향유하는 문화가 될 수 있도록 저변을 확대하는 활동에도 열심이다.
정기적으로 진행하는 강좌는 '영국의 현대 예술', '건축과 도시', '애니
메이션 미학의 새 시대'처럼 범위에 제한이 없다. 특히 이슈가 되는 전
시회와 시기를 맞춰 진행하는 강좌는 이들의 기획력이 전시에만 국한
된 것이 아님을 보여준다. 이를테면 〈세계의 1분, 60초의 영상 예술〉이
라는 전시회가 열렸을 때는 네덜란드의 예술평론가가 '1분의 세계'라

는 주제로 강의를 했다. 중귀메이슈관에서 〈터너 회화 진품전〉이 한창일 때는 그림과 함께 중국에 온 영국 테이트갤러리의 복제 전문가가 예술품 복제와 보호에 관한 전문 지식, 다양한 에피소드에 대해 이야기했다. 여기에서 한 발 더 나아가 미술관이 지역 사회에서 어떻게 자리매김해야 하는지 보여주는 대목은 우리도 눈여겨봐야 하지 않나 싶다. 진르메이슈관이 위치한 지역의 이름은 '사과'라는 예쁜 이름인데, 정기적으로 지역 주민을 위한 '핑궈(사과) 지역의 밤' 행사를 개최한다. 이날 하루는 지역 주민들이 가족과 친구들을 데려와 마음껏 관람할 수 있도록 무료로 개방하고 전시 기획자나 예술가와 직접 만날 수 있는 대화의 자리도 마련한다. 카페, 아트 북 전문 서점, 기념품 판매점 등의 부대시설에선 할인 행사도 병행해 보다 많은 사람들이 다양한 방식으로 참여할 수 있게 유도한다. 동네 주민이 즐겨 찾는 미술관이라. 이거야말로 세계적인 미술관이 될 만한 첫 번째 자격 요건이 아닐까. 개관한 지 10년이 채 안 됐지만 자신들이 정한 목표를 향해 성큼성큼 다가서고 있다.

미술관 1층에는 사선으로 기운 책꽂이의 디자인이 돋보이는 서점이 있다. 정통 회화, 디자인, 사진, 건축 분야의 전문 서적과 각종 도록 등이 구비돼 있다. 날짜가 지난 잡지는 할인해서 팔기도 한다. 서점에서 나와 건물을 반 바퀴 돌면 카피(COPY)라는 카페가 나온다. 얼마나 열심히 작품을 감상했던지 밥때를 놓치는 바람에 늦은 점심 식사를 하게 됐다. 식탁 위에는 카푸치노와 함께 샌드위치, 스파게티가 차려졌다. 언제부터인가 이런 곳에서 중국 음식점 찾기가 더 힘들어졌다. 커피 마실 수 있는 곳을 찾느라 시내를 헤맸던 게 불과 5~6년 전의 일인데 이젠 그 흔하던 찻집을 찾아볼 수가 없다. 가는 곳마다 서양식 카페와 레스토랑이다. 중국인들의 입맛은 이처럼 빨리 변하고 있다.

카페 앞에는 왕광이의 조소 작품이 세워져 있고 건너편 골목에는 상가가 있다. 간간이 '베이징 22원가 예술구'라는 현수막이 붙어 있는 것으로 보아 이 지역을 예술구로 조성하려는 모양이다. 하지만 화랑을 비롯해 예술관련 업종만 입주하도록 만든 점포는 열 곳 중 아홉 곳이 텅 빈 채였다. 세계를 휘청하게 만든 경제위기의 영향일

수도 있겠고 예술구들이 우후죽순 생겨나면서
공급 과잉 문제가 드러나는 것일 수도 있겠다
는 생각이 든다. 베이징의 비즈니스 중심 지역
인 CBD 남쪽에 있는 진르메이슈관에선 국제
무역센터, CCTV 신사옥, 시엔다이소호(現代
SOHO) 등이 손에 닿을 듯 가까이 보인다. 그
들이 만들어내는 스카이라인도 멋지다. 배를
채우고 주머니를 두둑하게 하느라 앞만 보고
달려온 중국인들이 이젠 이곳에서 눈과 마음
까지 채우고 있다.

Information

北京市朝阳区百子湾路32号苹果社区4号楼
010 5876 0705/9397
www.todayartmuseum.com
개방 시간   10:00~17:00
          (16:00 매표 정지, 춘절 연휴 휴관)
입장료   20위안

참 근사한 미술관 홍먼화랑(Red Gate Gallery)

베이징에 있는 수많은 화랑 중 가장 독특하고 운치 있는 곳을 꼽으라면 단연 홍먼화랑(红门画廊, Red Gate Gallery)이라고 말한다. 실내에선 감상을 하는 건지 휴식 중인지 애매모호해 보이는 사람들이 곳곳에 놓인 나무 의자에 앉아 하염없이 정면을 응시하는 모습을 볼 수 있다. 아직도 그대로 있나? 나도 모르게 힐끗힐끗 쳐다보다가 어느덧 그들처럼 의자에 걸터앉은 나를 발견했다. 눈으로 들어온 시각 정보가 머리를 지나 가슴까지 닿기도 전에 다음 작품 앞에 서 있는 것이 이미 몸에 밴 습관인 줄 알았는데 여기선 '그다음'보다 '지금'에 충실하게 된다. 그것도 아주 차분한 마음으로. 감상이든 공상이든 명상이든 홍먼화랑에서는 눈과 마음이 함께 움직였다. 그러다 보니 시간도 많이 흘러갔다. 그래도 상관없었다. 왜냐면 평범한 건축물이 아니니까. 그곳은 역사적인 유적지였다. 그리고 갤러리였다.

베이징 동남쪽에는 명나라성벽유적지공원(明城墙遺址公园)이 있다. 명나라 때 40킬로미터나 되는 성벽을 사각형으로 쌓고 코너마다 쟈오러우(角楼, 각루)를 지었다는데 도시 발전과 확장에 따라 대부분 헐리고 지금은 남쪽 성벽 1.5킬로미터와 동남쪽 코너의 동남각루(东南角楼)만 남아 유적지로 보호되고 있다. 명나라 정통제(正统帝) 때인 1439년에 군사 방어용으로 축조한 각루는 중국 전역에 현존하는 것 중에 가장 오래됐고 또 크다. 벽돌로 쌓은 성대(城台) 높이가 12미터이고 누신(楼体)이 17미터이니 전체 높이가 29미터나 된다. 누신에는 건물 밖의 동정을 살피기도 하고 적에게 활을 쏘거나 돌을 던지기 위해 만든 창(窓)이 나 있다. 밋밋하고 무미건조할 뻔한 각루는 무려 144개나 되는 창 덕에 독특한 디자인을 입고 색다른 멋을 풍기는 건축물이 되었다.

내부는 나무 기둥 스무 개가 떠받치고 있는데, 전시 공간보다 기둥이 먼저 눈에 들어올 만큼 육중하다. 발을 디딜 때마다 삐걱 소리가 나는 좁고 낮은 나무 계단이 3층까지 이어져 있는데, 천장이 높은 현대식 화랑들에 비한다면 여기선 머리가 지긋이 눌릴 것만 같다. 곁에서 보면 석조 건물이지만 안쪽의 공간을 잇거나 나누는 건 나무다. 그러니 밖에서 보는 느낌과 안의 느낌은 완전히 다르다. 560년 묵은 건축물이 은근히 품고 있는 나무 냄새는 보이지 않는 진정제였다. 미니 평상처럼 생긴 나무 의자에 걸터앉아 여유 있게 시간을 흘려보내게 되는 것도 이 때문일 것이다.

흥미로운 건 이처럼 역사적인 공간에 화랑을 만든 이가 브라이언 월러스(Brian Wallace)라는 호주 사람이란 점이다. 1980년대 중반에 베이징에서 어학연수를 하고 중양메이수쉐위안(中央美术学院, 중앙미술학원)에서 중국 미술사를 공부한 독특한 이력을 갖추고 있다. 당시 세계 어디에서도 유례를 찾아볼 수 없을 정도로 짧은 기간에 급격한 진화

와 격동을 겪은 젊은 예술가들이 영감을 마음껏 펼칠 수 있도록 전시회를 준비하다가 결국 이렇게 근사한 갤러리까지 건립하게 되었단다.

그때가 1991년이라고 하니 베이징에 있는 외국계 화랑 중에는 거의 최초가 아닐까 싶다. 건립 배경이 말해주듯이 호주인 관장은 예술가들을 가리켜 글로벌 사회로 진입하는 중국에서 일어나는 모든 이슈들을 탐험하는 탐험가이자 일상의 관찰자이며 기록자라고 말한다. 또 작품을 통해 적극적으로 의견을 피력하는 논평가라고도 한다. 갤러리는 그들이 마음껏 목소리를 낼 수 있도록 멍석을 깔아주어야 한다니 이곳의 전시 성격을 분명히 알 수 있을 듯하다. 탈리 벡(Tally Beck)이라는 이탈리아 인 큐레이터가 기획한

〈중국 형식(中國形式, China Form)〉이란 전시회에는 사진, 유화, 조소, 설치 등 다양한 분야의 작품들이 소개됐는데 모두 갤러리가 지원하는 작가들의 것이었다. 레드 게이트 갤러리는 유화, 석판화, 중국화, 조소, 멀티미디어, 설치 미술, 행위 예술 분야의 중국 예술가 20여 명을 전속 작가 개념으로 지원한다. 스종잉(石重颖), 수신핑(苏新平), 탄핑(谭平), 리강(李剛), 리우만원(劉曼文) 등이 대표적이다. 중국 현대미술 시장이 갑자기 커지면서 실력에 비해 작품 값이 터무니없이 비싼 작가들도 있지만 이들은 명성보다 실력이 앞서고 상업성보다 예술성을 추구하는 작가들이라고 소개한다. 일 년에 대략 열다섯 차례 전시회를 개최하는데, 그중 절반이 작가들의 개인전일 만큼 적극적으로 후원한다. 또 해외의 유명 큐레이터를 초청해 기획전을 열거나 해외 작가를 중국에 소개하는 가교 역할에도 적극적이다. 네덜란드에 본부를 둔 세계적인 창작 레지던시 연합체인 레즈 아티스(RES ARTIS)의 회원으로 활동하며 해외의 영향력 있는 작가들에게 베이징에서 작업할 기회를 제공하기도 한다. 이들의 다양한 활동 중에서도 인상 깊었던 것은 미국의 어느 복지재단이 지원하는 고아원에 15만 위안을 기부하기 위해 판화 원작 캘린더 50개를 한정 판매한 일이다. 이를 위해 소속 작가들이 오리지널 작품을 50점씩 기증했다고 하니, 이들의 사회 비평에 더욱 진정성이 느껴진다.

운치는 있으나 대중교통을 이용하기가 어렵다는 단점과 전시 공간의 한계로 지난 2005년에 798에 두 번째 갤러리를 오픈했다.

Information

崇文门东大街东便门角楼
010 6525 1005
www.redgategallery.com
개방 시간   10:00~17:00(연중무휴)
입장료   10위안(성벽 보호 기금)

**아시아를 대표하는 현대예술 박람회 - CIGE
(China International Gallery Exposition)**

화랑은 예술에 산업의 옷을 입혔다. 그러니 화랑을 주인공으로 하는 박람회는 예술 산업의 꽃이라 할 것이다. 이름이 알려진 박람회라면 화랑이나 작가를 소개하고 교류하는 차원을 넘어서 그 도시, 나아가 국가의 예술 수준을 보여주는 지표가 되기도 한다. 해마다 봄이면 베이징이 들썩인다. 전 세계의 예술가, 평론가, 수집가, 애호가들의 관심과 열기를 한데로 모으는 CIGE가 열리기 때문이다. 중국에는 이미 10년 동안 개최되어온 예술박람회가 있었지만 2000년대 들어 미술 시장이 급성장하면서 세계의 관심과 요구에 걸맞은 현대예술 박람회가 필요했다. 이런 배경에서 등장한 것이 CIGE다.

기존의 박람회가 화랑, 예술가, 공예품, 경영자 등을 아우르는 복합적인 성격을 가졌다면 국제성과 전문성에 초점을 맞춘 CIGE는 화랑들을 비즈니스와 학술적인 측면에서 지원한다.

2004년에 처음 개최된 이후 해마다 4월에 중국국제무역전시장에서 열리는 CIGE는 어느새 중국을 넘어 아시아를 대표하는 현대예술 박람회로 발전했다. 이토록 짧은 시간에 영향력 있는 박람회로 발전할 수 있었던 것은 중국의 든든한 경제력이 뒷받침됐기 때문일 것이다. 미술시장을 움직이는 실질적인 큰 손들이 중국에 있음을 단적으로 보여주는 것이 2010년 박람회가 아닐까 싶다. 2008년과 2009년의 방대한 행사에 비해 CIGE 2010은 규모가 대폭 줄어 실망하는 사람도 있었다지만 규모 축소는 의도된 것이었다. 참가하는 화랑 수를 줄이는 대신 화랑의 수준을 제고하였다. 현대 예술 시장의 민감한 요구에 맞춰 조정한 또 한 가지는 본토 수집가들의 요구를 고려해 수집에 적합한 작품 위주로 전시했다는 점이다. 2008년 하반기에 불어 닥친 국제 금융 위기로 국제 정치와 경제, 예술 시장이 모두 꽁꽁 얼어붙으면서 중국에서도 일부 화랑이 문을 닫거나 규모를 축소하기도 했지만 서서히 진행된 회복세와 함께 새롭게 유입된 컬렉터들이 현대 예술 시장에 활기를 불어넣고 있다.

화랑전시와 국제적으로 명성 있는 예술가들의 개인전 외에도 의미 있는 특별전이 마련된다. 아시아의 신인 예술가를 소개하는 매핑 아시아(Mapping Asia)는 CIGE가

신인 작가 발굴에 얼마나 관심을 갖는지 보여준
다. 안목이 탁월한 수집가들의 관심은 이미 성장
할 대로 성장한 기존의 블루칩 대신 신인 작가들
에게로 옮겨가는 추세다. 이러한 경향은 2009
년부터 두드러졌는데 전시 작품의 분위기와 개
성이 전에 비해 다양해진 것도 이런 흐름을 반
영한 것이라고 한다. 그 밖에 비영리 예술 기구
를 소개하는 서브리미널스(SUBLIMINALS)도
꾸준히 진행되어오고 있다.

www.cige-bj.com

CIGE
2007

2007 第四届中国国际画廊博览会
China International Gallery Exposition 2007 (4th Edition)

2007 第四届中国国际画廊博览会与金巴利
共同邀请您光临
贵宾预展酒会
2007 年 5 月 2 日 18：00 – 20：00
北京 中国国际贸易中心展厅 序厅

敬请届时光临

中国国际画廊博览会执行委员会
北京中艺博文化传播有限公司

2007 年 5 月

CAMPARI
RED PASSION

CIGE 2007, in collaboration with Campari,
is delighted to invite you
at its Exclusive VIP Preview Cocktail Reception.
2 May 2007, 18:00 – 20:00
The Lobby of the Exhibition Hall of the China World Trade Center, Beijing.

Your presence will be greatly appreciated.

The organizing committee of
China International Gallery Exposition
Beijing Chinese Art Exposition's Media Co., LTD

May, 2007

请于入口处出示您的请柬
Please present this invitation at the entrance

3

Modern Life

베이징,
차이나
모던 라이프의
심장부

도시는 생물이다. 구성원들의 요구와 의지에 맞춰 끊임없이 변화를 거듭한다. 오랫동안 중국의 정치 중심지로 상징되던 베이징은 올림픽을 준비하면서 자신이 품고 있던 다양한 분야의 인프라들을 21세기 최첨단 시대에 맞게 단장해 세상에 내놓았다. 그리하여 개혁·개방 30년 만에 전혀 다른 시스템과 방식으로 운영되는 국제도시의 면모를 갖추게 되었다. 국제화지수에서 서울을 앞설 정도로 빠르게 변하는 베이징은 이제 중국인의 모던 라이프를 주도해가는 핵심 지역이 되었다. 숨 가쁜 변화에 헐떡이는 것은 외부인들이다. 아직도 쯔진청이나 완리창청으로 베이징을 기억한다면 젊어진 베이징이 서운해할 것이다. 이 도시를 즐길 수 있는 스펙트럼이 얼마나 다채로운지 뚜벅뚜벅 걸어 들어와보길 바란다. 역시 백문이 불여일견(百聞不如一見)이다.

접속 올드 & 뉴!
세월의 품격과 젊음의
활력이 만난
베이징 핫 스트리트

베이징이 젊어졌다고는 하나 800년 역사를 자랑하는 고도(古都)이다. 차근차근 흘러온 세월은 품격과 편안함을 선사한다. 아무리 돈을 들이고 온갖 장식으로 꾸민다 하더라도 세월이 가진 힘을 넘어서는 게 쉽지 않은 이유이다. 그건 거리에서도 느낄 수 있다. 소비의 주체로 떠오른 신세대를 겨냥한 쇼핑가가 많이 생겨나고 있지만 대개 말초신경을 자극하는 소비 코드만 있을 뿐 문화를 찾아볼 수가 없다. 그런 의미에서 본다면 요즘 '뜨는 거리'라고 소개하는 이곳들은 차원이 다른 구역이다. 든든한 하드웨어에 재기발랄한 소프트웨어를 탑재한 것처럼 옛날 거리와 최신 유행이 절묘하게 만났다. 세월이 주는 편안함이 밑바탕에 버티고 있기에 유행이나 젊음도 마냥 튀어 보이지 않는다. 낡음과 유행이라는 상반된 요소가 서로를 품어 모두를 돋보이게 하는 힘. 베이징의 저력은 바로 이런 곳에 숨어 있다.

오래된 미래 난뤄구상

어느 때부터인지 중국을 한마디로 규정짓는 것이 부담스러워지기 시작했다. 변화무쌍한 발전의 한가운데 있으니 어떻다고 말해놓고 돌아서면 어느새 옛날이야기가 돼버리기 일쑤다. 고속 성장의 엔진을 달고 힘차게 달려왔고 지금도 여전히 달려가는 중국, 그 가운데서도 베이징의 변화는 눈부시다. 특히 2008 베이징올림픽 개최지로 결정되던 2001년 이후에는 도시 전체를 개조하는 리모델링에 돌입했다고 해도 과언이 아니다. 비 온 뒤 쭉쭉 자라는 죽순처럼 자고 일어나면 스카이라인이 바뀐다고 할 만큼 우후죽순 뻗어 올라가는 아파트 단지들이 어느덧 새로운 베이징의 상징이 돼가고 있다. 그렇지만 그것이 곧 베이징이라고는 단정 지을 순 없다. 하늘에 아파트가 있다면 땅에는 여전히 후퉁이 건재하기 때문이다. 영화 〈북경자전거〉의 주인공들이 복닥거리며 살아가는 공간, 세월에 세월을 덧대어 오래도록 곰삭은 삶이 배어 있는 공간이 바로 후퉁이다.

163

1995년, 베이징에 첫발을 내디뎠을 때 가장 인상 깊었던 것은 유명 관광지가 아니라 뒷골목의 풍경이었다. 당시만 해도 우리나라와 중국이 수교한 지 불과 3년이 지났을 때였고 중국이 개혁 · 개방을 한 지는 15년 정도 됐을 때였다. 개방을 했다지만 처음 문을 연 곳은 선전(深圳) 경제특구였고 뒤를 이은 것이 상하이를 비롯한 동부 연안이었으니 영향력이 베이징에까지 미치기 전이었다. 그때의 베이징은 평화로웠다. 그것을 평화라고 얘기할 수 있다면 말이다. 급할 것도 복닥거릴 것도 없어 보였다. 윗옷을 벗은 채 오후의 단잠에 빠진 청년, 도란도란 둘러앉아 마작을 하는 아저씨, 아줌마들이 그려내는 후퉁 풍경은 글로벌 시대 운운하며 정신없이 살아가던 나를 멈춰 세웠다. 잠시 심호흡. 두세 배쯤 느리게 흘러가는 후퉁 시계에 맞춰 나의 잰걸음도 차분해졌다.

2005년에, 그러니까 첫 만남으로부터 10년이 지나 짐 보따리를 챙겨 왔을 때 나를 조급하게 만든 것은 후퉁의 실종이었다.

내 마음에 오랫동안 바탕화면처럼 깔려 있던 풍경을 대신 한 것은 아파트 숲이었다. 베이징의 전통 주택인 쓰허위안(四合院, 사합원)에서 다닥다닥 붙어 살던 옆집 이웃들은 아랫집 남자, 위층 여자로 변해 있었다. 쯔진청과 쳰먼, 따자란(大栅栏, 대책란) 주변에선 그나마 후통과 쓰허위안을 볼 수 있긴 했지만 갈 때마다 모습이 달라져 있었다. 말짱했던 집들도 다음 번에 가면 포크레인이 일으킨 뿌얀 먼지 속에 묻혀 있고 그 뒤로는 뚝딱거리며 공사 중, 시간이 좀 더 지나서 찾아가면 말끔한 새집이 떡하니 들어서 있다. 골목길도 반듯해졌다. 후통은 후통이지만 새로 단장한 말쑥해진 후통인 것이다.

　　10년 전의 느림까지도 보

상하려는 듯 베이징의 시계는 서너 배쯤 빨리 흘러가는 것 같았다. 너무나 변해서 또 다시 모든 것이 낯설었다. 새로운 후통에 익숙해지는 데는 꽤 시간이 걸렸다. 그리고 알게 됐다. 이 역시 새로운 시대에 발맞춰 가려는 사람들의 선택이라는 것을.

　　　　자주 다니면서 변화의 과정을 고스란히 지켜봤던 후통 중 하나가 난뤄구샹(南锣鼓巷)이다. 남북 방향으로 곧게 뻗은 786미터의 난뤄구샹의 이름은 예로부터 징과 북(锣鼓)을 파는 상점이 많았던 데서 유래한다. 원나라 때인 1267년에 생겨서 명·청 시대를 지나 오늘날까지 700년이 넘는 세월을 품고 있는데, 원나라 때의 후통 모습을 가장 완벽하게 보여주는 곳이라 베이징시 역사문화 보호 거리로 지정돼 있다. 길을 따라 가면서 만나는 낡은 살림집들, 새로 뽑은 생면을 빨래처럼 널어놓은 국수 가게, 학교 끝난 아이들이 우르르 몰려가 군것질 하는 구멍가게는 베이징 보통 사람들의 소박한 일상을 고스란히 보여주었다. 특히 낡았다는 표현으론 충분히 설명할 수 없을 만큼 구닥다리 구멍가게들은 꼭 시대를 잘못 알고 태어난 것 같았다. 부침 많았을

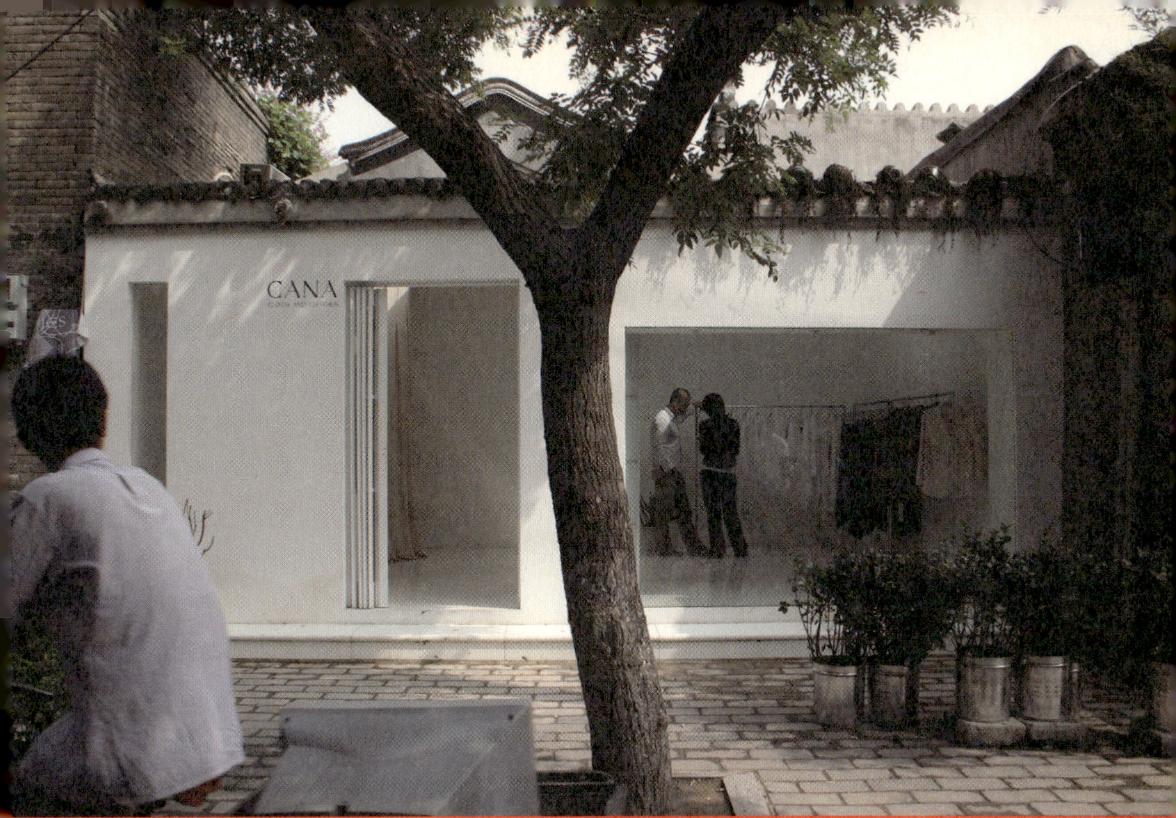
CANA

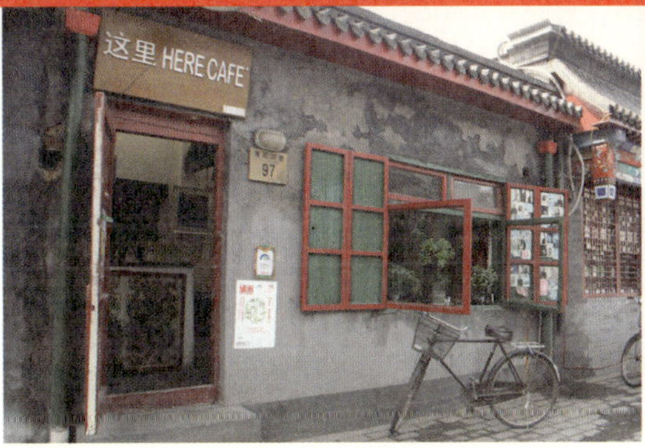
这里 HERE CAFE
97

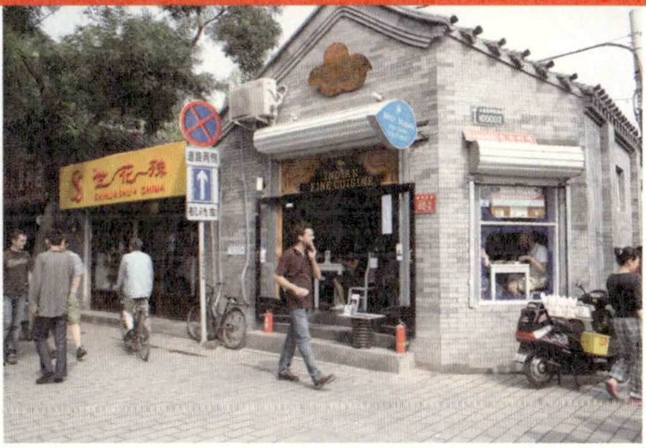

OPEN

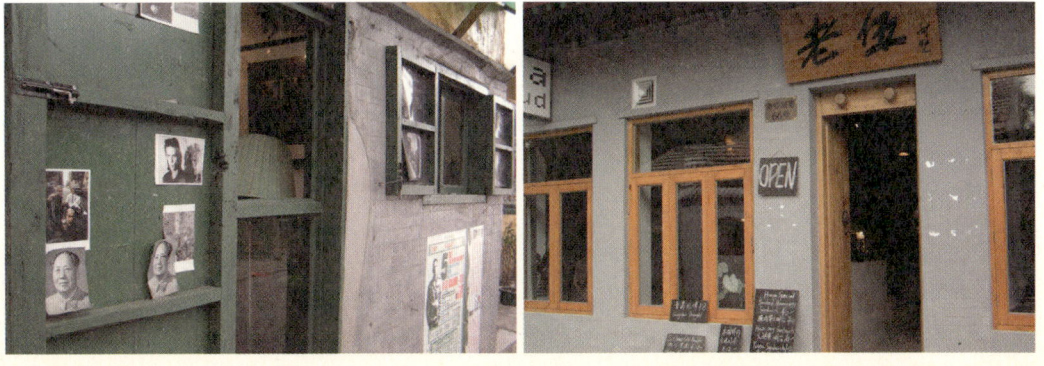

골목의 역사 한 토막을 증언하는 것 같은 모습에 이끌려 갈 때마다 카메라 셔터를 누르곤 했다.

　　　　오래된 쓰허위안을 식당이나 호텔로 개조하는 바람이 불면서 난뤄구샹도 그 대열에 합류했다. 낡은 옷 수선집과 국수 가게가 추억 속으로 사라지고 대신 향이 좋은 커피를 파는 카페가 생겼다. 개성 넘치는 수제 액세서리를 진열해놓은 상점과 노을을 바라보며 맥주잔을 기울일 수 있도록 옥상에 테이블을 놓은 식당도 생겼다. 현대적인 소비 공간들이지만 켜켜이 쌓여온 세월의 흔적을 그대로 남겨둔 채 접목하면서 과거도 현재도 모두 상생(相生)했다. 뿐만 아니라 역사를 무시하는 일방적인 개발이나 침범이 아니라면 후퉁의 변화가 꼭 부정적인 것만은 아닐 수 있음을 보여주었다.

　　　　원래의 모습이 그대로 남아 있는 후퉁을 만난다면 베이징의 완벽한 전통을 볼 수 있어서 더없이 의미 깊을 것이다. 하지만 학술적인 탐사처럼 특수한 목적으로 찾은 사람이 아닌 보통의 여행자에게 그런 후퉁은 한번 보고 나면 더 이상 끼어들 여지가 없는 타자

(他者)이자 대상에 머물고 만다. 어찌 보면 또 하나의 박물관 같은 존재로 느껴질 것이다. 그에 비해 난뤄구샹은 여행자가 오감을 모두 열어두고 체험할 수 있는 공간이다. 베이징의 쓰허위안에서 먹고, 자고, 쉬고, 즐길 수 있으니 눈으로만 보던 것과는 전혀 다른 베이징을 기억하게 되지 않을까. 이렇듯 과거와 현대가 오묘하게 어우러지면서 만들어낸 독특한 21세기형 후퉁 문화에 먼저 열광한 것은 외국인들이었다. 대형 식당들이 고급스럽고 화려한 인테리어로 중국 소비자를 사로잡을 때 소박하고 전통적인 것에 대한 갈망이 컸던 외국인들은 거꾸로 이 골목을 즐겨 찾았다. 카페에 앉아 책을 보거나 쉬다가 한 낮의 열기가 수그러들기 시작할 즈음 골목길을 따라 호젓한 산책을 시작하는 거다. 2005년 무렵만 해도 여전히 살림집의 비율이 훨씬 높았기에 무례하게 침범하지 않더라도 토박이들의 생활 공간을 자연스럽게 접할 수 있었다. 마당에서 이발하는 할아버지, 귀뚜라미를 기르는 아줌마, 장기판을 중심으로 둥그렇게 모인 아저씨들, 길가에 앉아 하릴없이 앉아 지나가는 행인을 구경하는 부녀(父女) 등 까마득한 선조 때부터 그곳에 터를 잡고 살

아왔을 수많은 무명씨들이 만들어낸 삶의 편린들이 골목길을 따라 이어지고 있었다.

한적한 여유로움을 누린 시간은 그리 길지 않았다. 아는 사람들끼리만 조용히 몰려다니던 아지트는 최신 트렌드를 다루는 잡지에 등장하기 시작하면서 유명해졌다. 오가는 사람들이 점점 많아지는가 싶더니 어느 날 공사에 돌입했다. 보도블록이 새로 깔리고 중앙도로 양 옆에 있던 가정집들은 상점으로 바뀌었다. 전에는 볼 수 없었던 고급스런 옷 가게도 들어섰고 커피숍과 술집 기념품 판매점이 더 많아지면서 젊은이들이 즐겨 찾는 명소로 떠올랐다.

번잡해지긴 했지만 소비와 향락 일색의 유흥가와는 거리가 멀었다. 길거리 벼룩시장을 여는 젊은이들의 열의가 유서 깊은 거리에 새로운 활력이 되었고, 골목의 진짜 주인인 동네 사람들은 이런 변화를 은근히 즐기는 눈치였다. 나이 지긋한 아저씨 한 분은 오가는 여행자들과 이야기 나누길 즐긴다고 했다. 몰려드는 관광객 때문에 정작 진짜 주인들이 소외되는 것을 종종 봤지만 여긴 달랐다. 양 꼬치 가게의 노천 테이블에 둘러앉아 맥주를 마시는 사람들 속에는 동네 아저씨도 있고 여행자들도 있다. 곰삭은 역사에 악수를 청하는 오래된 미래, 난뤄구샹의 진정한 매력은 주인과 객들이 사이좋게 누리는 이러한 풍경에 있지 않을까 싶다.

대부분의 사람들은 중심대로만 구경하고 발길을 돌리는데 그렇다면 후통 구경을 제대로 했다고 할 수 없다. 난뤄구샹의 중심대로는 왼쪽과 오른쪽에 각각 여덟 개씩 모두 16개의 작은 후통이 가지치기를 하고 있다. 이름은 있지만 잘 알려지지 않은 작은 후통들이다. 중심대로의 와자한 소음을 뒤로하고 모퉁이 하나만 끼고 돌면 평화로운 적막이 기다리고 있다.

마오얼후통(帽儿胡同)에 들어섰다. 500미터가 넘는 골목길을 따라가면 끄트머리쯤 청나라 마지막 황제 푸이(溥仪)의 황후인 완롱(婉容)이 태어난 집이 있다. 그 골목에서 태어나 유년시절을 보내고 열여섯 살에 자금성으로 들어간 여인, 베르나르도 베르톨루치 감독의 영화 〈마지막 황제〉에서 당차고 지적인 여성으로 등장했다가 마약 중독자의 모습으로 사라져간 완롱의 모습이 겹쳐졌다.

마흔넷의 나이에 비극적으로 생을 마감한 완롱의 생가는 개방을 하지 않아 들어가 볼 수 없었다. 혹시라도 볼 게 있나 싶어 기웃거리는데 아저씨 한 분이 다가와 뭘 찾느냐고 묻는다. 완롱의 집이냐고 하자 맞기는 한데 구경할 수는 없단다. 혹시 후손인가 싶어 물어보니 아무 관계도 없다는 짤막한 대답이 돌아왔다. '베이징 시 문물보호단위'라는 안내판이 붙은 담벼락 아래는 자전거를 수리하는 아저씨가 좌판을 벌인 채 하루하루의 삶을 꾸려가고 있었다. 오래 전 그 집에서 살았을 주인과는 역시나 아무런 관계없이. 아니, 그날, 그곳의 주인은 바로 그 아저씨였는지도 모르겠다.

난뤄구샹에서 꼭 들러봐야 할 곳

다. 쓰허위안을 개조한 식당이라 운치도 좋다. 칼바람 부는 한겨울이나 축축한 습기를 머금은 무더위가 불쾌지수를 한껏 올려놓은 여름날을 제외하면 대개 마당 쪽 자리부터 채워진다.

이곳의 주 메뉴는 스파게티와 피자, 샐러드이다. 특히 베이징 사람들이 여름철에 맥주와 함께 즐겨 먹는 양 꼬치를 벤치마킹한 후통 피자의 맛은 아주 독특하다. 피자는 피자인데 양 꼬치 맛이 나니 절대 잊지 못할 후통의 맛으로 기억될 것이다.

한쪽에는 티셔츠나 엽서, 수첩, 버튼 등의 기념품을 파는 상점도 있으니 구경해볼 만하다. 지금이야 웬만한 상점에서 무선 인터넷을 사용할 수 있지만 일반화되기 전부터 시설을 갖춰놓아 지나가는 과객들의 사랑을 더 많이 받던 곳이기도 하다.

꿔커(过客, 과객)

이 집은 패스바이 바(pass by bar)라는 별칭이 있는데 우리말로 하자면 "지나가는 과객이오"라고 말할 때의 그 '과객'이다. 1997년부터 영업을 해 난뤄구샹에서 가장 오래된 음식점이자 이 골목을 세상에 알리는 데 공헌한 식당이기도 하다. 종업원이 살짝 귀띔해주기를 여행광인 젊은 사장은 전국 각지, 해외로 여행을 다니느라 가게에는 거의 없단다. 티베트에서 직접 찍었다는 커다란 인물 사진들이 한쪽 벽을 꽉 채우기도 하고 북 카페처럼 세계 각지의 여행 서적을 빼곡히 꽂아둔 공간도 있어 주인장의 취향과 분위기를 어렵지 않게 짐작할 수 있

Information

西城区南锣鼓巷108号
010 8403 8004
www.passbybar.com

뤄구동톈(锣鼓洞天, 라고동천)

매운맛으로 유명한 쓰촨 지방 음식점이지만 중국과 서양의 퓨전 요리라고 할 수 있다. 자극적인 매운맛에 익숙하지 않은 서양인이 먹기에 부담 없도록 적당히 순화했기 때문에 한국인이 먹기에도 대부분 괜찮다. 실내가 매우 비좁긴 하지만 복닥거리며 식사하는 분위기가 그런대로 괜찮다. 특히 베이징 후통의 모습을 담은 오

래된 사진들이 벽에 걸려 있어 운치를 더한다. 좁은 실내만큼이나 비좁은 옥상에 테이블 몇 개를 올려놓았는데 저녁노을을 바라보며 식사하는 분위기가 꽤 근사해 모두들 탐내는 명당이다. 1인당 평균 식사 비용이 50위안 정도라 가격도 부담 없다.

Information

西城区南锣鼓巷104-1
010 8402 4729

후통런(胡同人, 후통인)

후통에서 식사하는 것만으로는 아쉬워 잠까지 자보고 싶다면 이곳을 유심히 봐두자. 난뤄구 샹에도 호텔이 몇 곳 있는데, 북쪽 입구에서 남쪽 방향으로 걷다가 왼쪽으로 난 첫 번째 작은 골목인 쥐얼(菊儿) 후통으로 쑥 들어가면 나온다. 후통 사람이라는 뜻의 후통런(胡同人)은 쓰허위안을 개조한 3성급 호텔이다. 2006년에 개업했는데 투숙객의 80퍼센트가 외국인이다. 객실, 다도실, 각자 밥을 해 먹을 수 있는 주방, 아담한 정원도 있다. 중국 내 각종 언론과 더불어 독일, 일본, 이탈리아 TV에까지 소개됐다. 하루 투숙 비용은 259위안부터.

Information

南锣鼓巷小菊儿胡同71号
010 8402 5238

원위나이라오뎬(文宇奶酪店, 문우치즈점)

난뤄구샹을 걷다 보면 사람들이 뭔가를 사기 위해 문밖까지 줄을 서서 기다리는 상점이 있다. 3대째 치즈를 파는 곳이라는데, 사람들이 들고 있는 건 밥공기처럼 생긴 그릇이다. 소와 양의 젖으로 만든 반(半) 응고 유제품인데, 꼭 떠먹는 요구르트처럼 생겼다. 청나라 때의 궁중 요리로 베이징을 대표하는 음식 중에 하나라고 한다. 청나라 궁중 요리사가 전수해준 각양각색의 유제품 맛을 볼 수 있다. 무슨 맛일까 싶어 팥(紅豆) 치즈를 주문했는데, 팥빙수 같은 달콤함과 요구르트의 시원함이 갈증도 허기도 모두 해소해주었다. 위에 얹는 토핑의 종류에 따라 가격이 조금씩 차이가 나지만 15위안 정도 한다.

Information

西城区南锣鼓巷49号
010 6405 7621

베이징의 뒷골목 후퉁(胡同)

베이징 토박이들의 삶의 터전인 후퉁은 벽돌 단층집들이 밀집해 있는 골목을 뜻한다. 후퉁이라는 말의 기원에 대해선 두 가지 설이 유력하다. 그중 한 가지는 우물을 뜻하는 몽골 어 '후닥(Hudag)'의 발음에서 기인했다는 설이다. 예로부터 우물을 중심으로 모여 살며 마을을 형성했으니 후퉁이라는 말에는 거주지라는 의미도 내포돼 있는 셈이다. 지금까지 남아 있는 후퉁 중에 큰 우물, 앞 우물, 마른 우물, 단 우물 등 유난히 우물에 관계된 이름이 많은 것도 우연이 아닐 것이다.

또 하나의 유래는 '훠퉌(火瞳)'이라는 단어의 발음이 변형됐다는 설이다. 13세기 칭기즈칸의 손자인 쿠빌라이 칸은 베이징에 입성해 원(元)나라를 세우고 새롭게 왕궁과 주거지를 건설하면서 대도(大都)라고 명명했다. 그리고 50개의 거주 구역으로 나누어(각 구역을 팡[坊]이라고 했다) 팡과 팡 사이에 길을 냈다. 이는 사람들이 다닐 수 있는 골목이자 화재가 났을 때 불길이 번지지 못하도록 막는 방화벽 역할도 했는데 이 길을 몽골 어로 훠퉌이라 불렀다고 한다. 당시 기록에 의하면 가장 넓은 후퉁은 24보(약 36미터)였고, 가장 좁은 후퉁은 6보(약 9미터)였는데 대도 전체에 약 400개의 후퉁이 있었단다. 청나라 때에는 978개, 민국 시기는 6000개까지 늘어나게 된다. 그러나 1949년 이후 2000여 개가 줄어들어 3679개의 후퉁이 남았다. 그러나 이런 수치도 지금은 과거의 기록일 뿐 도심 개발과 도로 확장, 거기에 올림픽 준비

까지 더해져 하나둘 먼지 속으로 사라졌다.

서울의 전통 주택이 한옥이라면 베이징에선 쓰허위안이다. 왕족이나 고위관리의 쓰허위안은 궁전의 축소판이라 할 만큼 규모가 크고 서민들의 것은 소박하지만 건축 원리는 같다. 중심에 마당이 있고 이곳을 중심으로 사방에 ㅁ자 모양으로 건물을 짓는 것이다. 후통을 구경시켜주는 인력거 투어를 하면 대부분 쓰허위안 앞에 데려다준다. 별도의 입장료를 내고 들어가 구경할 수 있는데, 주인장이 집 안 구조와 의미에 대해 자세히 설명해주기도 한다.

사라져가는 후통 풍경

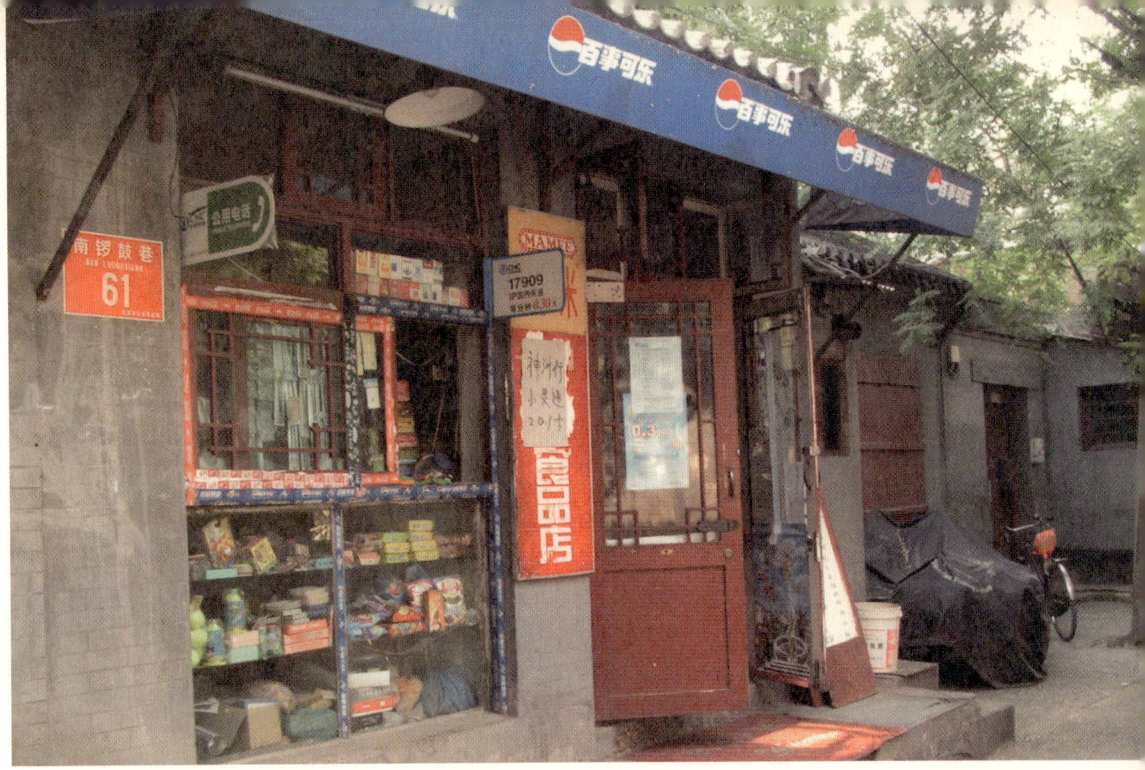
南锣鼓巷
61
百事可乐
公用电话
17909

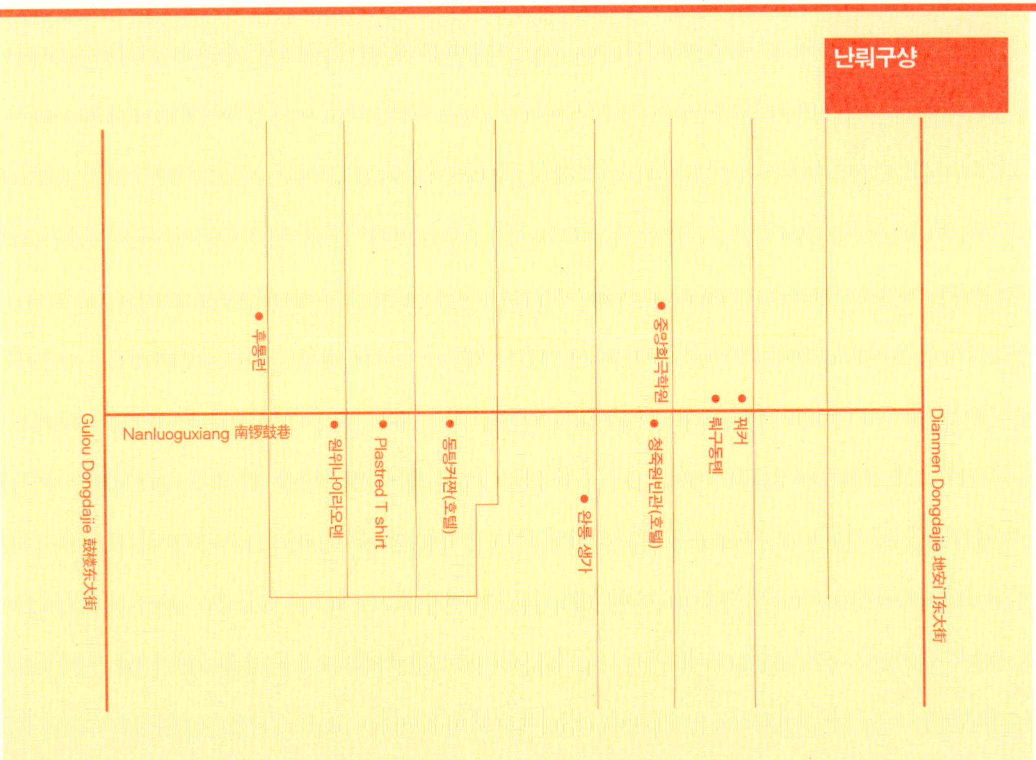
난뤄구샹
Gulou Dongdajie 鼓楼东大街
Nanluoguxiang 南锣鼓巷
Dianmen Dongdajie 地安门东大街
후통런
중앙희극학원
꿔커
뤄구둥톈
원위나이라오뎬
Plastred T shirt
둥탕커잔(호텔)
완룽 생가
칭주위안빈관(호텔)

베이징 속의 베이징

스차하이

같은 곳이라도 잠깐 다니러 갈 때와 살림살이 챙겨 가서 눌러앉을 때는 참 많은 것이 달라진다. 베이징에 정착해 살겠노라 결심했을 때 내심 걱정한 것은 음식, 외로움, 언어 등의 문제였다. 그런데 막상 와서 살다 보니 의외의 복병이 있었다. 바로 날씨였다. 늦가을에서 한겨울을 지나 거의 초여름에 다다를 때까지 너무나도 건조한 베이징 날씨는 머리카락과 피부를 버석버석하게 할 뿐 아니라 때론 마음까지도 퍽퍽하게 만들었다. 서

울 도심을 가르는 한강의 존재를 새삼 고맙게 생각한 것도 베이징에 온 뒤였다.

베이징은 평지에 건설된 도시다. 계곡이라도 보려면 교외로 나가야 한다. 불과 100년 전만 해도 운하가 발달해 쑤저우(苏州, 소주) 항저우(杭州, 항주)까지 뱃길로 연결돼 있었다지만 지금은 어떤 강이나 바다와도 직접 연결돼 있지 않다. 그래서 바다를 보려면 또다시 몇 시간씩 차를 타고 떠나야 한다. 상황이 이러하니 도심에서 물을 보면 얼마나 반가운지 모른다.

존재만으로도 숨통이 트이고 기분 전환이 되는 곳, 스차하이(什刹海)가 바로 그런 곳이다. '과장도 심하지, 도심에서 웬 바다?'라고 생각할지 모르겠으나 여기서 차(刹)는 몽골 어로 사찰, 하이(海)는 호수를 뜻한다. 그러니 드넓은 대양이 아니라 아담한 호수와 그 주변에 사찰이 있었던 곳임을 짐작케 하는 이름이다. 인공호인 스차하이는 남쪽의 첸하이(前海)와 중간의 허우하이(后海) 그리고 북쪽의 시

하이(西海)로 이루어져 있는데 이것을 통틀어 후삼해(后三海)라고 부른다. 또 전삼해(前三海)인 베이하이(北海), 중하이(中海), 난하이(南海)까지 합해서 베이징의 여섯 개 호수라 일컫는다.

스차하이의 풍경은 언제 봐도 평화롭다. 한가로이 늘어선 버드나무와 잔잔한 호수의 물결은 한여름의 열기로 지친 몸과 마음을 위로해주기에 충분하다. 그래서인가. 나무 그늘을 따라 산책하는 사람, 낚시를 즐기는 동네 사람들을 비롯해 아예 호수 속으로 들어가 수영을 즐기는 아저씨 군단까지 다양한 부류의 베이징 토박이들이 호수를 중심으로 모인다. 물이 귀한 베이징이지만 스차하이에서 만큼은 마음껏 물의 축복을 누릴 수 있다. 여름철의 수영장은 한겨울에 꽁꽁 얼어붙어 스케이트장으로 변신한다. 또 얼음을 깨고 즐기는 동영(冬泳)의 요지이기도 하다. 남녀 커플은 주로 로맨틱한 뱃놀이를 즐긴다. 뱃사공이 노를 저어가면 뱃머리에 앉은 소녀가 얼후(二胡)나 비파를 연주하다가 해가 뉘엿뉘엿 기울어 갈 즈음에는 촛불까지 켜주니 특별한 데이트를 즐기기에 그만이다.

허화스창(荷花市场)이라는 글씨가 쓰인 패방이 세워진 곳이 쳰하이다. 일반적으로 여기에서부터 북쪽 방향으로 올라가며 구경한다. 오른쪽에는 호수가 있고 왼쪽에는 카페와 바 그리고 식당들이 줄지어 있는데 동양과 서양, 과거와 현대가 뒤섞여 자아내는 독특한 분위기는 과연 베이징 속 특구라 불릴 만하다. 특히 밤이 되어 찾아온 외국인들과 베이징 사람들이 발산하는 열기는 한낮의 더위가 무색할 정도로 뜨겁다. 해가 완전히 기울고 나면 라이브 공연의 대향연이 펼쳐진다. 특정한 어느 한 곳을 콕 집어 꼽기 힘들 정도로 모두들 나름의 개성을 지녔다. 어느 카페에는 통기타 연주를, 또 어떤 바에서는 부에나 비스타 소셜 클럽의 분위기가 물씬 풍기는 쿠바 음악을 들려준다. 때론 피아노로 연주하는 스윙 재즈에 맞춰 몸을 흔들게도 된다. 그렇게 맥주 한 병 앞에 놓고 밴드의 연주를 듣다 보면 잠시 잠깐이나마 퍽퍽한 현실을 잊게 된다. 그래, 오늘 아니면 또

중국식 인테리어가 돋보이는
스타벅스

언제 이런 호사를 누려보겠어! 한 병에 40~50 위안씩 하는 맥주 값에 살짝궁 놀란 마음을 스스로 위로해가면서. 후끈한 거리를 지나 막다른 곳에 이르면 베이징 오리구이로 유명한 식당 취안쥐더(全聚德) 간판이 보인다. 명성에 비해 입구가 너무나 협소해 "에계~" 소리가 나오지만 지하로 내려가면 무대까지 갖춘 홀과 별도의 예약 룸이 있다. 오리구이의 가격이 비싸긴 하지만 중국을 대표하는 브랜드이니 한 번쯤 맛을 보는 것도 괜찮겠다.

여름철에 찾아간다면 호수 위 여기저기서 연꽃(荷花) 무리를 볼 수 있다. 이곳이 허화스창(荷花市场)이라 불리는 이유를 눈치채게 하는 대목이다. 예로부터 여름이면 중국의 시인 묵객들은 이곳에 와 연자죽(연뿌리로 쑨 죽)을 먹으며 세상의 시름을 잊었다고 하니 수백 년 세월의 간극이 연꽃으로 이어진 현장이라 하겠다. 지금은

각종 음식을 파는 식당들이 특별한 날의 외식을 즐기는 사람들에게 색다른 분위기를 선사한다. 시인 묵객은 아닐지라도 연꽃 무리를 보고 있노라면 때때로 이국땅에서 느끼는 객창감(客窓感)이 스멀스멀 올라오기도 한다. 쳰하이를 벗어나 후통 길을 걷다 보면 1930년대 상하이 여인네들을 연상케 하는 포스터가 걸린 노점이 보이고 더 가면 인딩챠오(銀锭桥, 은정교)에 닿는다. 쳰하이와 허우하이를 나누는 상징적인 다리다. 허우하이 주변으로 빙 둘러싼 것은 거의가 카페나 음식점이다. 보통 사람들이 살아가던 곳이었지만 관광구로 개발되면서 대부분 영업장으로 바뀌었다. 허우하이의 카페와 술집은 쳰하이에 비해 규모도 작고 소박하지만 나름의 개성이 있어 구경만 해도 흥미진진하다. 하지만 그 재미에 빠져 무작정 걷다 보면 간혹 앞으로도 뒤로도 가지 못하는 난처한 처지가 되곤 한다. 커다란 원 모양인 허우하이를 한 바퀴 천천히 도는 데 40분은 족히 걸리니 출발할 때 판단을 잘해야 할 일이다. 포스터를 파는 곳과 허우하이 중간쯤에 자전거 대여소가 있으니 적절히 이용하는 것도 좋겠다.

황족의 저택과 명인들의 고거(故居)

　　　　　　언젠가 베이징 사람들이 가장 아끼고 좋아하는 지역으로 스차하이를 꼽았다는 기사를 읽은 적이 있다. 비눗방울 모양의 올림픽 수영경기장을 지은 건축 회사 CCDI의 건축가 정췐(郑权)은 스차하이를 가리켜 '베이징에 있는 베이징'이라고 했다. 신분과 계급이 철저한 봉건 왕조 시대에 쯔진청 뒤쪽에 형성된 마을이니 아무나 살지도 못했으려니와 건축 문화를 비롯해 다양한 방면에서의 품격도 남다른 지역이다. 특히 황족, 고관들의 저택과 명인들의 고거(故居)가 많다. 경극배우 메이란팡(梅兰芳),《아Q정전》의 작가 루쉰(鲁迅) 그리고 현대 중국의 국모(国母)로 칭송받는 송칭린(宋庆龄) 등 우리에게도 익숙한 명인의 고거들이 호숫가에 있다.

　　　　　　허우하이 북동쪽에 있는 송칭린(宋庆龄) 고거는 1962년에 저우언라이(周恩来, 주은래) 총리가 직접 구입해준 것으로

알려져 있다. 송칭린은 1963년부터 1981년 5월에 세상을 떠날 때까지 줄곧 이 집에서 생활했다. 원래 춘친왕푸(醇親王府, 청대 마지막 황제인 푸이의 형제 집)이고 푸이가 태어난 곳이기도 하다. 다소 위축감이 들만큼 육중한 문을 통과해 둘러본 느낌은 상하이에서 본 송칭린 고거와 참 많이 달랐다. 이웃집의 고상한 부인 정도로 생각하게 할 만큼 아담한 가정집이었던 상하이 집에 비하면 이곳은 좀 더 공식적인 성격이 짙은 공간이다. 정치 활동이나 사회 활동을 꾸준히 한 사람의 집무실 느낌이 난다. 1층의 객실에는 남편 쑨원의 초상화가 걸려 있고 2층

송칭린 고거

에는 그녀의 침실이자 서재, 손님을 맞이하던 응접실 등이 있다. 침대가 있는 방에는 평소에 그녀가 썼던 물건들이 그대로 놓여 있는데 책상과 책장, 티 테이블이 함께 배치된 것으로 보아 그녀는 밤늦게까지 책을 보거나 글을 쓰다가 잠자리에 들곤 했던 것 같다.

근처에 있는 '효'와 '우정'이라는 뜻의 샤오요우후통(孝友胡同)에는 베이징쥬먼샤오츠(北京九门小吃)가 있다. 샤오츠(小吃)란 간단히 먹을 수 있는 간식을 말하는데, 베이징의 전통적인 간식 거리들을 전문으로 파는 식당이다. 실내에 옛날 음식 거리를 재현해놓은 것도 인상적이고 시끌시끌하고 번잡스러운 분위기도 전형적인 베이징 골목을 그대로 옮겨놓아 재미있다. 파는 음식은 구식이어도 계산 방법은 신식이다. 음식을 살 때마다 일일이 돈을 낼 필요 없이 입구에서 충전 카드를 구입해 긁기만(!) 하면 된다. 베이징 사람들은 출출할 때 어떤 음식을 즐겼는지, 아픈 다리 잠시 쉬어 가며 고픈 배를 채우는 것도 괜찮겠다.

　　　　　　　호숫가를 끼고 서남쪽으로 방향을 잡고 걷다 보면
공왕푸(恭王府, 공왕부)가 나온다. 원래는 건륭황제 때인 1777년에 지
었으나 훗날 함풍제가 삼촌인 공친왕에게 왕푸(王府, 황실 종친들의 사
저)로 하사하면서 이런 이름을 갖게 됐다. 공친왕은 함풍제가 사망하자
자희태후(서태후)와 공모해서 쿠데타를 일으킨 뒤 혼란스러운 정국을
진정시키며 최고 권력까지 오른 인물이지만 결국 정치적 동지였던 자
희태후에 의해 모든 관직을 박탈당하고 이곳에서 쓸쓸히 생을 마감한
다. 부지 면적이 무려 3만 제곱미터나 돼 현존하는 쓰허위안 중에 규모
가 가장 크고 보존 상태도 가장 좋다. 수석, 정자, 연못, 정원, 각종 회랑
과 수많은 건축물들이 거의 원형 그대로여서 옛날 황족들의 권력이 어
느 정도였는지 상상하는 데 완벽한 자료가 되어준다. 특히 청대의 전통
가옥 입구에 반듯하게 지어놓은 서양식 문이 눈길을 끈다. 왕푸를 하사
받은 공친왕이 개축할 때 만든 것이라는데, 그 옛날에 시도했던 동양과
서양의 접목이 이색적이다.

공왕푸에 찾아가던 날은 더위가 한풀 꺾인 9월의 평일이었고 때는 한낮이었다. 그런데 근처까지 갔을 때 예상치 않은 조짐이 밀물처럼 몰려왔다. 사람들이, 자세히 말하면 관광단이, 그보다 좀 더 구체적으로 말하면 전국 각지에서 온 단체 관광객들이 바글바글했다. 의외의 소란스러움에 당황한 것도 잠시. 밀려오는 인파에 이리 밀리고 저리 채이며 방향도 없이 함께 쓸려 다니고 말았다. 황족의 정원에서 사색을 즐기며 천천히 산책이라도 즐기려던 계획은 완벽하게 깨지고 말았다.

쯔진청이나 이허위안처럼 중국인들이 죽기 전에 꼭 가보고 싶어 하는 곳으로 공왕푸가 꼽힌다는 것을 그제야 알게 됐다. 정신없이 밀려다니며 힐끔힐끔 본 것만으로도 저택의 규모가 보통이 아님을, 사람들의 찬사가 괜한 것이 아님을 알 수 있었다. 가이드의 깃발 따라 악착같이 다녀야 할 이유가 없는 나로서는 다음 날을 기약하며 인파를 밀치고 겨우 빠져나왔다. 마침 관리인이 있기에 물었다. 언제쯤이면 한가해지느냐고. "글쎄요. 여기는 항상 이런데…."

난감한 일이지만 공왕푸를 여유 있게 둘러보려면 작전을 잘 짜야 할 것 같다.

Information

송칭린고거(宋庆龄故居)

西城区后海北沿46号

010 6404 4205

www.sql.org.cn

개방 시간   4~10월 09:00~17:30/11~3월 09:00~16:30

입장료   20위안

베이징쥬먼샤오츠(北京九门小吃)

北京市西城区孝友胡同1号(송칭린고거 부근)

010 6402 5858/6868

공왕푸(恭王府)

北京市西城区前海西街17号

010 8328 8149

www.pgm.org.cn

스차하이의 뒷골목 담뱃대거리

베이징의 도로는 대체로 정북이나 정남방향으로 뻗어 있다. 만약 그 법칙을 따르지 않는다면 여지없이 셰제(斜街)로 불린다. 이는 '비뚤비뚤한 거리'라는 뜻이다. 베이징에서 가장 오래된 셰제를 꼽자면 바로 옌다이셰제(烟袋斜街, 담뱃대거리)다.

첸하이와 허우하이를 나누는 인딩차오와 맞닿은 이 거리의 원래 이름은 구러우셰제(鼓楼斜街)인데, 담배와 관련된 인연 때문에 거리의 이름이 바뀌었다. 명나라가 망하고 만주족이 지배하는 청조가 등장하면서 이 지역에는 만주인들이 살게 되었다. 만주인은 마른 담배나 물 담배를 즐겼는데, 이를 위해 꼭 필요한 것이 담뱃대였다.

장사 수완이 뛰어난 골목의 상인들은 하나둘 담뱃대 가게를 열었고 결국에는 원래 이름을 버리고 '담뱃대거리'라고 불릴 만큼 전문 판매점이 많아졌다.

지금도 담뱃대만 파는 전문 상점이 남아 있다. 더욱 재미있는 것은 300미터 정도 되는 거리의 모양이 실제로 긴 담뱃대 형태라는 것이다. 패방이 서 있는 동북쪽 입구는 담뱃대의 주둥이를 닮았고 상점이 늘어선 거리는 중간의 대 부분을, 인당차오로 통하는 서남쪽 입구는 담배를 담는 부분과 아주 흡사하다. 청나라가 멸망하고 귀족들이 파산하자 생계를 유지하기 위해 집안의 골동품을 내다 팔면서 골동품상의 근거지로 변모하기 시작했고 술집, 음식점, 옷 가게, 이발소 등이 문을 열면서 활기찬 상업 거리가 형성됐다.

세월이 흘러 지금은 외국인 관광객들을 상대로 한 기념품이나 티베트 민속 제품을 파는 가게들이 많아졌다. 찬찬히 살펴보면 북적거리는 사람들과 화려한 조명 사이로 베이징의 옛 정취가 짙게 묻어 있는 소박한 건축물들이 보이곤 했는데, 리모델링을 하거나 아예 다시 짓느라 허물어버린 곳이 많아 아쉽다.

베이징 속 추억의 섬

중러우와 구러우

      살다 보면 너무 가까이에 있어서 무심해지는 것들
이 있다. 춘천에 사는 후배는 애니메이션 축제를 보기 위해 저 멀리 프
랑스 동부 도시, 안시(Annecy)까지 비행기 타고 날아가는 열의를 보였
다. 하지만 막상 춘천애니메이션축제에는 가본 적이 없다고 했다. 부천
에 살면서 부천영화제에는 코빼기도 비치지 않고 부산영화제, 칸영화
제를 전전했던 누구와 똑같아서 피식 웃음이 났다. 조금 특별한 예를
들어서 그렇지 서울에 살면서 남산에 올라가보지 않았다거나 한강 유
람선 근처에도 안 가본 사람들도 꽤 된다. 베이징 사람들 역시 마찬가
지다.

"구러우(鼓楼)에 가봤어?"

"베이징에 살면서 거길 안 가본 사람이 있겠어?"

"아니, 그 높은 계단으로 올라가봤느냐고."

"거기에 계단이 있어?"

      중국 친구들과 나눈 대화는 대개 이러했다. 이 도시
의 가장 오래된 유적 중에 하나인 구러우(鼓楼, 고루)나 중러우(钟楼,
종루)는 상징적인 표식일 뿐 특별히 찾아가야 할 곳 리스트에 끼워 넣
는 곳이 아니다. 뭐, 베이징 토박이들이라면 그럴 수도 있겠다 싶어 고
개를 끄덕이다가 그럼 나는 뭐지, 싶었다. 차 타고 지나다니면서 보기
는 많이 봤어도 들어가본 적이 없기 때문이다. 내 호기심도 어쩔 수 없
구나 싶어 내심 뜨끔했다. 희한한 모양으로 각종 여론몰이를 해대는 뉴
(new)하고 핫(hot)한 건축물에 정신이 팔려 정작 수백 년 동안 이 도시
의 중심에 서서 나름의 기능을 수행해온 골동품을 은근슬쩍 뒷전으로
밀어놓았으니 말이다.

      돌이켜보면 베이징에서 생활한 지 일 년 정도 됐을

때 나는 베이징통(北京通)으로 불렸다. 중국 친구들이 자기들보다 베이징을 더 잘 안다고 붙여준 별명이자 칭찬이었던 거다. 그때는 지도 한 장 들고 무조건 버스를 탔다. 시내 지도를 자세히 들여다보면 버스 정류장 이름이 깨알같이 작은 글씨로 적혀 있다. 버스가 정류장에 정차할 때마다 이름을 확인하고 형광펜으로 하나씩 표시하다 보면 그날 지나온 길을 훤히 알 수 있다. 그런 식으로 베이징의 지리를 익히고 알아갔다.

대상을 바라보는 시선 중에 가장 신선한 것은 아무래도 여행자의 눈이 아닐까 싶다. 짧은 시간에 최대한 많은 것을 보고 느끼려는 욕심은 그들의 에너지를 늘 충만하게 만든다. 첫해에는 나 역시도 100퍼센트 충전돼 이리저리 기웃거리고 다녔지만 정착하는 시간이 길어질수록 은근히 내일의 존재를 믿게 되었고 팽팽했던 긴장감도 서서히 풀리더니 어느덧 이 도시의 대기 속 어딘가로 흩어져버렸다. 베이징에서 꽉 채운 3년을 보내고 났을 때에야 그런 나의 변화를 자각했다. 베이징 토박이들이 스차하이와 더불어 가장 베이징다운 곳으로 꼽

은 구러우와 중러우를 놓쳐선 안 되겠다는 다급함이 나를 떠밀었다.

베이징의 상징인 쯔진청 뒤로 징산(景山, 경산)공원이 있고 북쪽 방향으로 더 가다 보면 이 둘이 차례로 나타난다. 서로 100미터 정도 거리를 두고 있는 구러우는 말 그대로 북이 있는 누각이고, 중러우는 종이 있는 누각이다. 원·명·청 3대 왕조에 걸쳐서 도성의 사람들에게 시간을 알려주는 역할을 했다. 저녁 북 소리는 하루의 일과를 마감하도록 했고 청명한 종소리는 하루를 깨우는 역할을 했는데 여기에도 규칙이 있단다. '빠르게 18번, 느리게 18번, 빠르지도 느리지도 않게 또 18번'씩 두 번을 반복해서 모두 108번을 쳤다. 저녁 7시에 첫번째 북소리가 울리면 성문이 닫히고 분주히 오가던 교통수단들은 일제히 운행을 멈췄다. 도성 내 사람들은 두 번째 북이 울리는 저녁 9시 무렵에 잠자리에 들었단다. 모든 것이 단조로웠던 시대에 종과 북은 알람기능과 함께 사람들의 행동을 통제하는 역할도 했던 것이다.

막상 그 앞에 서니 차를 타고 지나다닐 때보다 훨

씬 높아 보였다. 46.7미터란다. 하긴 멀리 구석구석까지 북소리를 전달해야 했으니 어느 정도 높긴 높아야 했을 테다. 2층에 전시된 북을 보기 위해 씩씩하게 들어가다가 멈칫했던 것은 눈앞에 버티고 있는 산 같은 계단 때문이었다. 경사가 50도는 족히 돼 보였다. 올라가는 사람, 내려오는 사람 할 것 없이 난간을 붙들고 조심조심 걸음을 옮겼다. 쳐다보는 내 다리가 후들거릴 만큼 아슬아슬해 보였다. 묵직한 돌계단은 모두 69개였는데 어찌나 힘을 주고 오르내렸는지 결국 양쪽 다리에 쥐가 나고 말았다.

2층에는 일 년을 상징하는 큰 북 하나와 24절기를 뜻하는 작은 북이 있는데(이 북들은 모두 복제품이다) 일정한 시간이 되면 관광객들 앞에서 북을 친다. 아, 진품 하나가 있기는 하다. 소 한 마리의 가죽을 써서 만든 큰북이 한쪽 옆에 있는데 칼로 난도질을 해놓아 더 이상 북이 될 수 없는 처지였다. 1900년에 8국 연합군이 베이징에 침입했을 때 일본군이 저지른 소행이란다. 치욕적인 사건을 잊지 말자는 의미에서 그걸 그대로 전시했다는데, 사소해 보일 수 있는 북 하나까지도 역사를 되새기는 증거물로 삼는 것이 우리와는 달라 한 번 더 바라보게 된다. 우린 일제의 잔재라며 경복궁 앞에 있던 중앙청을 지난 1995년에 철거했다. 흔적을 지운다고 아팠던 역사가 사라지지 않고, 그 역사마저도 우리의 것이기에 그때의 판단이 옳았던 건지 이곳에 서서 다시 한 번 반문해본다.

2층에는 사방으로 장랑(長廊)이 나 있다. 어두침침한 실내를 벗어나 장랑으로 나갔더니 전혀 예상치 못한 경관이 펼쳐져 있었다. 구 시가지의 낮은 건축물들이 발아래 펼쳐진 풍경이 정말이지 아름다웠다. 쓰허위안의 지붕들은 햇볕조차 비집고 들어가야 할 만큼 다닥다닥 붙어있는데, 그 모습이 마치 장막을 쳐놓은 것 같았다. 그나마 좁은 마당에서 삐죽이 솟아오른 나무가 회색빛 베이징에 색(色)을 입히며 생기를 불어넣고 있었다. 오른쪽으로는 스차하이와 베이하이(北海, 북해)공원의 시원스러운 호수가 한 눈에 들어왔고, 저 멀리에선 '우린 태생이 다르다'고 선언하는 듯한 건축물들(이를 테면 베이징에서 가장 높은 건축물로 꼽히는 국제무역센터 3기, '큰 바지'라 불리는 CCTV

구러우에서 바라 본 전경.
저 멀리 징산공위안이 보인다.

188

신청사, 베이징에서 가장 못생긴 건물이라는 악평을 들어야 했던 '세쌍둥이 빌딩'이 선명히 보였다. 심각한 스모그로 한 치 앞을 내다보기가 쉽지 않은 베이징에서 3환 너머의 건축물까지 선명히 볼 수 있었으니, 조금 과장해 말하자면, 백두산에 올라 천지를 구경한 것만큼이나 감격스러웠다.

　　　　제법 누각의 모양과 운치를 갖춘 구러우와 달리 북쪽에 있는 중러우는 튼튼한 요새처럼 생겼다. 사연이 하도 많아서 그리 됐다는데 그 사연이란 빈번한 화재와 자연재해다. 원나라 때인 1272년에 처음 지었다가 화재로 훼손된 것을 명나라 영락제(1420년)가 중건했지만 오래지 않아 또다시 화재로 소실됐다. 애초부터 화재의 가능성을 도려내겠다고 작정한 청나라 건륭제는 석재만을 이용해서 중건 했고 그제야 모든 것이 안정을 찾은 듯 보였다. 하지만 여기서 끝난 게 아니었다. 의외의 복병이 있었으니 중국 역사상 최악의 재난으로 기록되고 있는 탕산(唐山) 대지진이다.

중러우는 1976년 7월에 발생한 지진의 영향으로 또 다시 손상을 입게 됐고 1986년에 전면적으로 수리해서 지금의 모습을 갖추게 되었다. 구러우보다 1미터가량 더 높은 이곳에도 종이 2층에 모셔져 있고 끔찍하게 경사진 계단이 있다. 이번엔 계단 75개를 올랐다(겁을 잔뜩 집어먹었더니 집중할 무언가가 필요해서 나도 모르게 열심히 계단 숫자를 세면서 올라갔다). 영락제 초기에 만든 동종(銅钟) 앞에는 '고대 종들의 왕(古钟之王)'이라는 설명과 함께 무게가 자그마치 63톤이나 된다는 안내문이 있었다. 좁고 높은 이곳까지 어떻게 옮겼을까를 생각하다가 만화를 보려고 안시에 찾아간 후배의 글귀가 떠올랐다. "인간만이 진화하지 않는 듯하다." 유럽의 고대 유적지를 둘러본 후에 남긴 소감이었다.

대단한 기술적 진보나 성과를 이루며 살아간다고 믿는 현대인들도 과학으로 증명하기 힘든 불가사의한 옛것과 맞닥뜨렸을 때, 더군다나 그것이 인간의 손으로 만든 인공구조물인 경우 '대체 그 시대에 어떻게 가능했을까'라는 식의 틀에 박힌 감탄사를 남발한다. 그에 비해 후배의 일성(一聲)은 참으로 깔끔하고도 냉정하다. 그러게, 우리가 600년 전의 그들에 비해 나은 게 뭘까?

베이징은 계획도시이다. 그 역사도 꽤 오래되어서 원나라 때 기틀을 잡아놓고 명나라 때 지금의 도시 모양을 어느 정도 확립했다. 남쪽의 용딩먼(永定门, 용정문)에서 시작해 고루까지 7.7킬로미터를 이어간 중축선은 고도 베이징 건설의 중심축이자 왕권이 집중된 권위의 선이기도 했다. 재미있는 것은 고대의 성벽이든 현대의 도심 순환 도로든 모두 사각형 모양인데 남북으로 난 중축선이 그 한가운데를 지난다는 점이다. 다시 말해 '중(中)'이라는 글자가 도시에 새겨져 있는 셈이다. 그리고 최근에 이 중축선을 북쪽으로 더 연장해 올림픽공원까지 이어지게 했다.

도시 건설과 통치의 중심선은 또한 오래된 삶들이 응축된 삶의 라인이기도 하다. 새것으로 포장하느라 여념 없는 이 오래된 도시에서 옛것의 냄새를 맡고 싶다면 중축선 위의 동네들을 구석구석 걸어보라고 권하고 싶다. 자동차로 휙 지나가버려서는 절대로 느낄 수도 찾을 수 없는 보물들이 숨겨져 있다. 중러우 옆으로 난 골목길을 따라 걷다 두부못(豆腐池)이라는 이름이 붙은 후통에 들어섰다. 그곳에서는 나이 지긋한 거리의 이발사가 비슷한 연배의 손님에게 온 신경을 집중한 채 머리를 깎고 있었다. 지나다니는 사람 누구도 이들을 신경 쓰지 않았고 이들 역시 남들의 시선을 의식하지 않는 것으로 보아, 꽤 오래전부터 그렇게 해온 모양이다. 몇 종류의 신문을 늘어놓은 소박한 신문 가판대도 있었고 전화기 한 대를 거리에 내놓고 영업하는 과일가게도 있었다. 이런 식의 영업용 전화기는 베이징에 와 있는 일꾼들이 가족이나 고향 사람들과 소통할 수 있는 유일한 수단이었다. 휴대전화의 보급과 함께 갑자기 사라진 옛 풍경이 되기 전까진 말이다.

전방위로 몰아붙이며 정신없이 진행되는 변화(어떤 이들은 변혁이라고도 한다)의 소용돌이 속에서 쥐도 새도 모르게 사라진 옛 풍경들이 이 거리에선 여전히 삶의 일부분 속에 남아 있다. 몇백 미터만 벗어나도 전혀 다른 세계가 펼쳐지니 이곳이야말로 베이징속 추억의 섬이다.

중러우와 구러우를 중심으로 서쪽으로 뻗은 구러우시따졔(鼓楼西大街, 고루서대가)는 아주 오래된 가로수가 일품인 길이다. 넓고 곧게만 뻗은 대로에서 어떤 멋이나 정취도 느낄 수 없다고 불평하는 사람이라도 양편의 가로수가 서로 머리를 맞대어 터널을 이룬 이 길을 본다면 이내 마음이 누그러질 것이다. 바로 내가 그랬던 것처럼 말이다. 상하이가 좋으냐 베이징이 좋으냐는 질문에 상하이라고 서슴없이 대답하던 때가 있었다. 판단의 기준은 바로 '길'이었다. 아기자기한 데다 가로수까지 풍성한 상하이의 길에 비해 베이징 길은 넓기만 했지 아무런 감흥이 느껴지지 않아 정 붙이기가 쉽지 않았었다.

훗날 우연히 이 거리를 발견하고는 얼마나 감격했는지 모른다. 하루가 다르게 새 길, 새 빌딩이 들어서 톡 쏘는 새것들의 냄새가 가득한 베이징에서 참 오랜만에 색다른 냄새를 맡았다. 그건 사람이 살아가며 뿜어내는 온기이자 묵을 대로 묵은 삶의 냄새였다. 거기에 초여름 날 아침의 풍성한 햇살까지 발등 위로 떨어졌으니 무슨 말이 더 필요할까. 버석버석한 베이징에서 처음으로 느끼는 말랑말랑한 감

구러우 주변의 작은 카페들

정이었고, 이 도시를 사랑해도 될 것 같다는 생각이 처음으로 든 순간
이었다.

터널 길은 쥬구러우따제(旧鼓楼大街, 옛 고루 거리)
와 만나게 되어 있다. 역사가 오래된 만큼 낡고 오래된 집들이 몰려 있
던 거리인데, 2004년에 도로 확장 공사를 한 데다 정부의 지원으로 주
택 개량 공사까지 해서 말끔해졌다. 그리고 다시 한 번 변화의 바람이
불고 있다. 인근에 있는 스차하이나 난뤄구샹에 바(bar)와 카페 같은
상업 공간이 들어서면서 일기 시작한 개조 바람이 여기까지 불어온 것
이다. 아직까진 앞의 두 곳처럼 요란하지 않고 분위기도 편안하다. 기
존의 일반 가정집을 개조하다 보니 테이블을 몇 개 놓지도 않았는데 꽉
찰 만큼 작고 아담한 가게가 대부분이다. 공간은 더 필요하고 집은 좁고.
그러다 보니 나름대로 자구책을 찾은 것이 옥상 공간이다. 단층 건물의
손바닥만 한 옥상에 테이블 몇 개를 올려놨는데, 이것이 의외의 히트를
쳤다.

카페 안에 자리가 있어도 기어이 좁고 가파른 계단을 밟고 옥상까지 올라가서 보면 빽빽한 지붕들 너머로 수백 년 된 중러우와 구러우가 우뚝 서 있다. 역사적인 유물을 곁에 두고 운치를 즐길 수 있으니 명당도 이런 명당이 없다. 겨우 1층짜리 건물 옥상이라고 무시할 게 아님은 올라가보면 안다. 그 정도의 높이에도 시야가 트이는 건 그만큼 주변의 건물들이 낮다는 얘기다. 작은 카페 옥상에 앉아 커피를 마시고 있자니 주인장이 다가와 어느 나라 사람이냐, 여행객이냐 등등을 묻는다. 번잡스러운 걸 피하면서도 베이징의 독특한 낭만을 즐기려는 외국인들이 이곳을 아지트 삼는 추세라고 귀띔해준다. 도시 속 추억의 섬을 가슴에 품은 사람들이 점점 늘어나는 모양이다.

Information

중구러우(钟鼓楼)

192 北京市东城区钟楼湾临字9号
010 8402 7869
개방 시간   09:00~17:00(16:40 매표 정지)
입장료   중러우 15위안, 구러우 20위안

새롭게 단장한 원조 젊음의 거리 산리툰

베이징에선 워낙 새로운 것이 등장하는 속도가 빠르다 보니 포장지를 뜯기도 전에 구식이 되는 일이 다반사다. 물건만 그런 것이 아니다. 건축물도, 상점들도, 거리도 그렇다. 옛것이란 딱지가 붙는 순간 대중은 떠나간다. 일명 베이징의 이태원이라 불리던 산리툰쥬바졔(三里屯酒吧街) 역시 그랬다. 밤에 즐기기에 좋은 곳을 안내해달라고 하면 백발백중 이곳을 얘기할 만큼 베이징 바 스트리트(bar street)의 원조다. 지금은 외국인들의 거주 지역과 비즈니스 공간이 CBD(Central Business District)를 비롯해 베이징 전역으로 확대되었지만 불과 10여 년 전만 해도 외국인이 정착할 수 있는 곳이란 각국 대사관들이 밀집한 산리툰(三里屯)이나 아시안게임 경기장 근처의 야윈촌(亚运村) 등 몇몇 지역으로 한정돼 있었다.

그러다 보니 외국인들이 놀고 즐길 수 있는 공간도 이곳을 중심으로 발달했다. 중국인들에겐 생소한 게이 바라든가 재즈나 라틴 음악을 라이브로 연주하는 클럽, 자유로운 분위기의 나이트클럽들이 하나둘 산리툰에 생겼다.

동양 문화의 중심지인 베이징에서 서양 문화를 향유할 수 있는 해방구 같은 곳이었으니 자연스레 대부분의 여행 책자에서 소개하는 명소가 되었다. 그리고 더 많은 외국인과 호기심 많은 중국인을 불러 모으는 핫 플레이스(hot place)로 자리 잡았다. 산리툰의 대표적인 이미지는 그다지 크지 않은 규모의 바와 클럽들이 도로 양편으로 다닥다닥 붙어 있는 풍경이었다. 노천 영업이 시작되는 5

월이면 인도의 절반을 차지하는 파라솔 행렬이 장관을 이루었다. 각종 장르의 음악 소리가 뒤섞인 거리는 맹렬히 달라붙는 호객꾼들의 기세까지 더해져 활기찼다.

하지만 베이징의 개방과 개발이 본격적으로 진행되면서 산리툰에 열광하던 사람들이 새로 조성된 스차하이나 난뤄구샹으로 발걸음을 옮겨갔다. 그렇게 명소 하나가 사라지는가 싶었다. 거리의 명성을 되살린 것은 재개발의 손길이 지나고 난 뒤에 새로 들어선 쇼핑몰들이다. 생김새가 독특한 아디다스 건물, 산리툰 빌리지(三里屯 VILLAGE) 등 쇼핑몰이 속속 들어서면서 이슈가 됐고 떠났던 젊은이들이 돌아왔다. 독특한 역사를 지닌 산리툰이 활기를 되찾았다

는 것도 반갑지만 이 거리 전체가 재개발된 건 아니어서 더 기쁘다. 최신 쇼핑몰 건너편에는 낡고 좁은 술집 거리가 그대로 남아 있어 두 가지 색깔의 산리툰을 모두 즐길 수 있다. 더군다나 뒷골목 구석구석에 숨어 있는 옛 명소들이 여전한 모습으로 맞이해주니 기분이 좋을 수밖에.

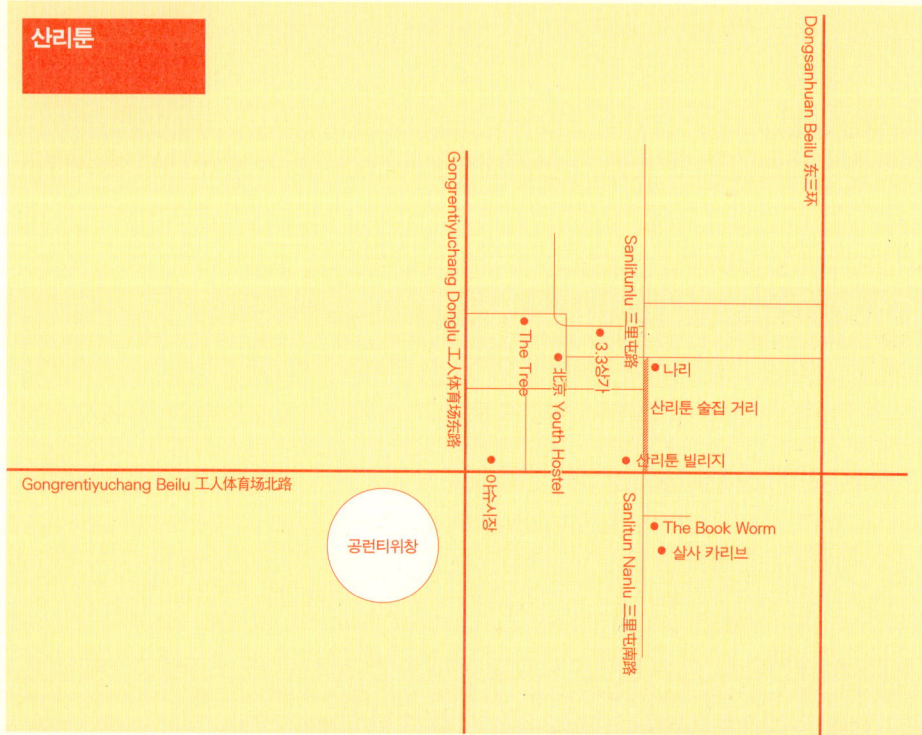

산리툰 거리에서 꼭 들러야 할 곳
젊음의 광장 산리툰 빌리지(三里屯 VILLAGE)
중앙에는 바닥에서 물이 솟는 분수광장이 있다. 남녀노소 할 것 없이 갑작스럽게 튀어나오는 물을 매개로 쉽게 마음을 열고 웃으며 어울리게 만든다. 쇼핑몰의 디자인과 동선이 젊은이들 감각에 꼭 들어맞고 곳곳의 설치 작품과 사인물의 디자인까지 세세히 신경 쓴 흔적이 보인다.

北京市朝阳区工体北路甲6号
010 6536 0512
www.sanlitunvillage.com

산리툰 속 이색 골목 나리(那里)
골목 속에 숨은 또 하나의 골목이다. 이 작은 골목에서 쇼핑과 식사, 휴식을 한꺼번에 해결할 수 있다. 작은 쇼윈도에 개성 넘치는 옷을 전시해놓은 옷 가게들, 주말의 뷔페 코스가 마음에 들어 자주 찾아가던 일본 음식점 재즈야(Jazzya), 주인장만 들어서도 꽉 차는 한 평짜리 샌드위치 전문점(이곳의 샌드위치 맛을 못 잊어 종종 찾아가곤 했다), 서양인들 사이에서 베스트 맛집으로 소문난 스페인 음식점 타파스(Tapas)에서는 스테이크와 와인을 곁들이느라 비용이 좀 부담스럽긴 했지만 특별한 날을 기념하기에 좋았다.

수제 피자 전문점 더 트리(The TREE)
주문과 함께 화덕에서 굽기 시작하는 피자와 벨기에 맥주 맛이 일품이다. 피자를 좋아하지 않던 사람도 이곳 피자를 먹고 나면 또 가자고 할 만큼 맛이 좋은 데다 종잇장처럼 얇아 맥주와 함께 먹기에도 부담스럽지 않다. 다양한 유럽 맥주도 맛볼 수 있다.

北京市朝阳区北三里屯南43号
010 6415 1954

북 카페 더 북 웜(The Book Worm)

상업적인 카페라기보단 어느 유서 깊은 유럽 대학의 소박한 도서관을 연상케 하는 북 카페다. 시간의 손때를 탄 소품들로 꾸며놓은 이곳은 최신 유행에 따라 감각적인 인테리어로 승부를 거는 여느 카페들과는 다른 공간이다. 양쪽 벽면에 커다란 창을 내 햇살이 고스란히 들이치도록 한 메인 홀과 두 개의 작은 방을 장식한 것은 모두 책이다. 1만 5000여 권의 책이 벽지나 장식물을 대신해 사방 벽을 메우고 있다. 거의 대부분이 영어 서적인데 여행, 예술, 비즈니스, 사진, 시, 생물, 영화와 연극, 음악, 어린이, 패션 잡지 등 영역이 다양하지만 역시 중국 관련 서적이 가장 많다. 자유롭게 꺼내 볼 수 있고 회원으로 등록하면 대여해 주기도 하니 무늬만 도서관이 아니라 실제로 도서관의 기능을 담당한다.

베이징에서 생활하면서 독서에 목이 마른 외국인들, 여행 정보를 얻고자 하는 여행객, 인터넷을 하는 노트북 족(族)이 주로 찾는다. 처음부터 자기의 자리를 배정받은 것 같은 피아노, 짙은 고동색 테이블마다 놓인 자그마한 스탠드, 대체 언제 만든 건지 궁금해지는 골동품 선풍기가 카페의 분위기와 썩 잘 어울린다. 문학의 밤을 비롯해 와인 파티, 작은 음악회, 사진 모임과 같은 이벤트가 끊이지 않는다는 점이 또 하나의 특징이기도 하다.

北京市朝阳区南三里屯路4号楼
010 6586 9507
www.beijingbookworm.com

식객(食客)을 부르는 맛있는 베이징

요리 대국인 중국에서 내로라하는 전국 각지의 음식은 베이징에 다 모여 있다 해도 과언이 아니다. 우리나라도 팔도 음식이 모두 다른데, 땅덩이 넓은 중국은 오죽하겠는가. 한국의 매운맛과는 또 다른 차원의 중독성 강한 맵고 얼얼한 맛이 특징인 쓰촨 요리, 고급 요리의 대명사 광둥(广东) 요리, 양 꼬치가 일품인 신장(新疆) 요리 등 그야말로 음식 백화점을 방불케 한다. 사정이 이러하니 베이징에 처음 와서 관광지만 쫓아다니기에도 바빴던 사람들이 두 번째부터는 먹으러 온다. 말 그대로 식객(食客)이 되어 음식 기행을 오는 것이다.

첫 번째 다녀갈 때 느낀 아쉬움까지 보충하려는 욕심에 그들의 하루 일과는 새벽 길거리 아침 식사로 시작해 세 끼 식사, 오밤중 야식까지 각종 식당 순례로 이어진다. 크게 고민하지 않고도 맛있게 먹을 수 있는 음식이 많지만 이왕이면 중국이기에 맛볼 수 있는 것, 베이징이어서 더욱 특별한 곳을 선택의 기준으로 삼아 추천한다. 많은 사람들이 눈으로 본 베이징보다 맛으로 만난 베이징을 더 오래 기억하기 때문이다. 맛에 대한 기억은 머리가 아니라 추억이 되어 가슴에 남는가 보다.

197

영혼의 허기를 달래는

솔 푸드(soul food) 카오야와 자장면

음식을 먹는 것은 기본적으로 허기를 달래는 행위이다. 그런데 배부르게 잘 먹고도 알 수 없는 허전함에 시달릴 때가 종종 있다. 그럴 땐 기어이 밥 한 숟갈, 김치 한 조각이라도 먹어야 한다. 이는 육신의 배고픔과는 또 다른 차원의 허기, '영혼의 허기'다. 베이징 생활 몇 달 만에 처음으로 이런 허기를 느꼈다. 내 모든 에너지가 빠져나가는 듯한 무력감을 느끼는 이유를 알지 못하다가 우연히 먹은 김치찌개 한 그릇에 정신이 맑아졌다. 넓게는 한국 음식, 좁게 말하면 엄마의 밥상이 그리웠던 거였다.

이렇듯 허기진 영혼에 생기를 불어넣어주는 음식을 솔 푸드(soul food)라 한다면, 이 세상 사람 누구에게나 자신만의 솔 푸드가 있을 것이다. 베이징 사람들에겐 오리구이와 자장면이 그렇지 않을까 생각한다. 손꼽아 기다린 특별한 날을 더욱 돋보이게 만들어주는 오리구이, 하루하루를 살아가는 서민들에게 실질적인 에너지원이 되어주는 자장면 이야기를 해보려고 한다.

베이징의 대표 브랜드 카오야

베이징에서 살다 보니 지인들이 올 때마다 자의 반 타의 반으로 안내자 역할을 하게 된다. 희한한 것은 그들 대부분이 "만리장성엔 안 가도 좋다. 맛있는 집에만 데려다주오!" 이런 식의 특별 주문을 하며 음식점 순례에 집착하는 식객이라는 점이다. 코스는 그들의 내공에 따라 몇 개의 등급으로 나누어 진행한다. 내공이라 함은 중국 음식을 접해온 경험의 정도인데, 기초반에게 주로 권하는 것이 베이징

카오야다. 흔히 패키지 관광단의 식사 코스 정도로 생각하지만 정작 베이징 사람들에겐 어떤 의미가 있는지 직접 먹어보면서 베이징을 이해하는 1단계 체험 학습을 하는 것이다.

오리구이는 물과 불이 합심하여 만들어내는 황실 요리다. 억지로 사료를 먹여서 살찌운 오리의 내장을 꺼내고 뜨거운 물을 채워 넣어 그 열기로 속살을 익히는 동안 대추나무 장작불로 표면이 바삭바삭해질 때까지 고루 굽는다. 송나라 때 등장해 청나라 말기에 서태후의 입맛을 사로잡으면서 비로소 베이징 카오야(北京烤鴨, 북경 오리구이)라는 이름을 하사받았다.

황실에서만 요리되던 은밀한 오리구이가 전 세계에 알려지게 된 데는 저우언라이 총리의 공이 컸다. 해외에서 귀빈들이 방문하면 취안쥐더(全聚德, 전취덕)에서 연회를 베풀었다. 이곳은 1864년부터 오리를 굽기 시작해 지금까지 무려 140년 동안 황실의 조리법으로 오리를 구워온 대표적인 전문점이다. 만찬을 즐기는 유명 인사들의 모습이 보도되면서 알게 모르게 베이징은 오리구이, 오리구이는 곧 취안쥐더라는 등식이 성립되었다. 베이징 오리구이의 조리법은 화덕에 굽는 법과 삶는 방법이 있는데 취안쥐더는 화덕에 굽는 궁정 요리법으로 한다.

(위) 쟈징두 오리구이
(아래) 취안쥐더의 기념 카드

본점인 쳰먼점에서는 화덕에 굽는 모습을 손님이 직접 볼 수 있도록 통유리를 설치하고 그 위의 전광판에 일련의 숫자가 뜨도록 했다. 115,387,363. 현재 1억1538만 7363번째 오리가 구워지고 있다는 뜻이다. 창업 이래 누적돼 온 오리의 전체 숫자다. 2004년 7월 26일 창업 140주년 기념행사에서는 1억1500만 번째 오리가 베이징 야

원촌 분점에서 나왔다고 발표했다. 유명하다는 얘기를 말로만 들었을 때는 그러려니 했는데 구체적인 숫자까지 들이대니 지나온 역사에 왠지 모를 권위가 부여되는 것 같다.

이곳을 돋보이게 하는 풍경은 손님이 보는 앞에서 구운 오리를 조각조각 잘라내는 요리사들의 모습이다. 먹음직스럽게 구워진 캐러멜색 오리를 식탁으로 내오는 순간부터 돌기 시작한 군침은 요리사들의 능숙한 칼 놀림이 시작되면서 꼴딱꼴딱 넘어간다. 바삭바삭하게 구워진 껍질 부분, 부드럽게 익은 살코기, 그리고 기름을 쪽 뺀 지방층까지 세 가지 부위를 적절한 비율로 배합해 썰기도 하고 때로는 따로따로 분리해서 모두 108개의 조각을 만들어 낸다.

그 모습을 지켜보다 보면 음식에 대한 기억은 혀에만 저장되지 않는다. 그러니 테이블마다 요리사들이 한 사람씩 붙어서 진지하게 고기를 썰어내는 모습이 얼마나 고도로 계산된 마케팅 전술인지, 저절로 감탄사가 나오는 대목이다. 조각으로 분해된 고기가 식탁 위에 놓이면 기대했던 것보다 양이 적어 다소 실망한다. 보기에는 오리가 꽤나 빵빵했으니 그럴 수밖에 없다. 하지만 판단은 아직 이르다. 춘장에 찍은 고기와 파, 오이채를 밀전병에 얹고 돌돌 말아서 먹다 보면 의외로 배가 부르다. 많이 먹겠다는 욕심으로 전병에 싸지 않고 먹는다면 너무 느끼해서 오히려 더 못 먹는다. 오리 뼈로 끓인 맑간 오리 탕은 느끼함을 가시는 데 도움이 된다.

오리구이를 먹기 시작할 즈음 종업원이 봉투 하나를 내민다. 열어보니 일련의 숫자가 적힌 카드가 들어 있다. 전광판 위에 적힌 숫자다. 그러니 카드는 내가 먹고 있는 오리가 이 집에서 잡은 몇 번째 오리인지를 알려주는 증서인 셈이다. 모두 똑같은 걸 먹는 것 같지만 실은 하나밖에 없는 오리구이를 먹고 있다는 느낌이 들게 한다. 이 역시 대단한 상술 아닌가.

누군가가 취안쥐더에서 값비싼 오리구이를 먹는 동안 서민들은 동네의 허름한 구이 집을 기웃거렸다. 그런데 아무리 '동네표'라고 해도 서민들에겐 너무나 비싸서 그나마도 아무 때나 먹을 수가 없었단다.

"보통 사람들이 오리구이를 먹을 수 있게 된 게 아마도 20년 정도 됐을 거야. 1990년대에 들어서고 나서지."

베이징의 오래된 후통에서 나고 자란 친구는 한 해를 마감하는 연말에 그해의 처음이자 마지막 오리구이를 먹었다고 회상했다. 그날을 위해 부모님은 조금씩 돈을 모았고 마침내 그날이 되면 온 가족이 들뜬 하루를 보냈다. 남들이 사 가는 걸 구경하기만 했던 아빠도 그날은 당당하게 오리구이 가게의 손님이 되어 줄을 섰다. 젓가락을 입에 문 채 기다린 식구들은 막상 오리구이가 식탁 위에 놓이자 멀뚱멀뚱 바라만 봤단다. 그 순간의 감격보다는 또다시 기다려야 할 일 년이 너무나 아득했던 거다. 하지만 그것도 잠시. 개구쟁이 친구가 달려들면서 짧은 정적은 이내 깨졌다.

세월이 흐르면서 오리구이도 많이 보편화됐지만 여전히 많은 사람들에겐 귀한 음식으로 남아 있다. 취안쥐더에서 만난 어느 노부부는 쓰촨성(四川省)에서 왔단다. 맛이 좋으냐는 물음에 고개를 크게 주억거리며 "하오츠(好吃, 맛있다)"를 연발한다. 오리구이를 먹지 않으면 베이징에 오지 않은 것이나 마찬가지라는 말과 함께. 얼마나 오랫동안 간직해온 소망이었는지 그들의 흐뭇한 미소가 말해주고 있었다.

202

Information

취안쥐더 첸먼점(全聚德 前门店)
北京市前门大街30号
010 6701 1379/6511 2418
www.qmquanjude.com.cn

오리구이가 '빵빵한' 이유

오리구이용 오리는 일반 오리와 다르다. 톈야 (填鴨)라는 품종의 오리인데, 옛날 황제들이 사냥하다가 우연히 발견해 사육한 역사가 1000년이나 된다. 베이징 근교에는 이 오리만을 사육하는 농가들이 많다. 구이용 오리는 38일에서 40일 정도 된 것을 써야 하는데, 오리들은 일반적으로 35일가량 되면 잘 먹지 않고 자라지도 않는다. 구이용 오리를 만들기 위해서는 어느 정도 살을 찌우고 고기의 품질도 높여야 하기 때문에 이때부턴 일부러 사료를 먹여 키운다. 그래서 이런 오리를 톈야(填鴨), 다시 말해 강제 사육 오리라고 부른다. 구웠을 때 매끈하도록 털 하나 남김없이 손질하고 마지막으로 오리에 바람을 넣는다. 피부와 피하지방 사이에 바람을 넣어 오리의 주름을 쫙 펴주어야 골고루 잘 구워지기 때문이다.

베이징 오리구이의 고향은 베이징이 아니다?

베이징 카오야가 등장한 것은 남북조 시대까지 거슬러간다. 《식진록(食珍录)》이라는 책에 오리구이에 대한 글이 남아 있고 남송 시대에는 오리구이가 항저우의 음식이라 소개돼 있다. 지금까지 전해지는 원나라 역사책 《원사(元史)》에 의하면 원나라가 린안(临安, 지금의 항저우)을 무찌른 후 성에 있던 기술자 100명을 베이징에 데리고 오면서 오리구이 기술이 베이징에 전해졌으며 명·청대까지 이어지는 궁중요리가 되었다. 특히 건륭황제와 서태후가 유독 좋아했으며 그제야 정식으로 베이징 오리구이라 불렸다. 황궁에서만 먹을 수 있었던 오리구이는 서서히 민간으로 전해져 이제는 대중적인 음식이 되었다.

소박한 후통의 오리구이점, 리췬카오야

베이징에서 몇 년 동안 살면서 카오야 전문점을 여러 곳 가봤지만 이렇게 찾기 어려운 곳은 지금까지도 없었고 앞으로도 없을 거라 확신한다. 취안쥐더보다 저렴하면서도 맛도 절대 뒤지지 않는(어떤 이는 더 맛있다고 했다) 카오야 집이 있다는 말에 솔깃해서 따라 나서기는 했는데 보통 여정이 아니었다.

지하철 쳰먼역(前门站)에서 나와 구불구불한 후통 길을 얼마나 돌고 돌았는지 나중에는 길 외우는 것도 포기하고 그냥 앞사람 뒤꽁무니만 쫓아가기 바빴다. 그날 오리구이 먹으러 가면서 올림픽을 준비하며 도시 완전 개조에 올인한 베이징 정부가 얼마나 열심히 철거 작업을 하고 있는지 적나라하게 봤다는 게 또 하나의 성과라면 성과였다. 철거하느라 어수선한 순례 길 끝에, 마침내, 조용하고 평화로운 골목과 맞닥뜨렸다. 그 끝에 있는 리췬카오야(利群烤鸭). 복잡한 미로 속에서 행여나 그냥 지나칠까 걱정이 됐던지 벽 하나를 가득 채운 페인트 간판이 목적지에 도착했음을 알려주었다.

좁은 입구로 들어서니 벽에 사진 액자가 다닥다닥 걸려 있었다. 그동안 다녀간 국내외 유명 인사들인데, 홍보 효과를 노리기 위해 황금액자로 장식한 대형 음식점에 비한다면 너무나 초라하지만 여긴 그게 더 어울렸다. 그리고 곧

바로 나타난 화덕. 통유리 건너편이 아닌, 뜨거운 열기가 그대로 전해질 만큼 가까운 거리에 있는 화덕에서는 오리가 진한 갈색으로 구워지고 있었다.

이곳은 취안쥐더에서 오랫동안 오리를 구웠던 기술자가 10여 년 전에 독립해서 차린 전문점이다. 화려하지 않다. 고급스럽지도 않다. 하지만 소박한 베이징 전통 쓰허위안의 운치를 즐길 수 있으니 색다른 재미가 있다. 거기에 한몫을 더 보태는 것은 좁은 공간에 놓인 낡은 탁자들이다. 앉으면 앞 사람과 무릎이 닿을 만큼 좁지만 어차피 그 위에 놓일 그릇도 고만고만하니 무슨 상관이랴. 오히려 옹기종기 모여 앉아 진짜 베이징 토박이들처럼 오리구이 자체의 맛을 즐기는 데 집중할 수 있다. 그래서인가. 오리구이를 좋아하는 사람들은 이 집의 소박한 차림에 반해 마니아가 되곤 한다.

Information

崇文区前门东大街北翔凤胡同11号(正义路 남쪽 입구)
010 6705 5578/6702 5681

베이징 서민들을 살찌우는 밥, 자장면

이를 테면 이런 뜻이었을 것이다.

"어서 옵쇼~ (홀을 향해) 두 분 납셨습니다."

외국인들은 그 미묘한 차이를 잘 느끼지 못하지만 중국인들에게는 베이징 특유의 강한 억양이 꽤나 재미있게 들리는가 보다. 청나라 시대의 옷을 입고 요란하게 인사하는 종업원들을 다시 한 번 쳐다보며 웃는다. 언젠가 중국인 친구 셰(謝)와 밥을 먹다 자장면(炸醬面) 얘기를 꺼냈다. 그랬더니 셰는 눈을 동그랗게 떴다. 대체 자장면을 어찌 아는지 묻는 눈치다. 어릴 적 먹은 음식 중에 가장 맛있는 것이 자장면이었노라고, 특별한 날이면 온 가족이 먹던 특별식이었노라고 설명하니 그제야 고개를 끄덕인다. 한국에도 자장면이 있다는 것을 처음 알았다면서.

내가 중국이란 존재를 처음으로 인식하게 된 것은

코흘리개 시절에 먹었던 자장면을 통해서였다. 세상에서 제일 맛있는 자장면 파는 곳을 중국집이라 불렀으니 자장면은 곧 중국이고 당연히 중국 사람들은 그걸 먹을 거라 생각했다. 근거 없는 상상이었건만 신통하게도 꼭 들어맞는다는 걸 나 역시 그날 알게 됐다. 중국식 자장면 만드는 법을 자세히 설명하던 셰는 말이 나온 김에 직접 맛을 보는 게 좋겠다며 앞장섰다.

베이징에서 전통 자장면으로 유명한 전문점의 입구에서부터 요란한 인사를 받으며 실내로 들어갔다가 깜짝 놀랐다. 협소한 입구와는 달리 엄청나게 넓은 실내 규모에 놀랐고 그 넓은 공간을 꽉 채운 사람들이 와자지껄하게 떠들며 식사하는 모습에 다시 놀랐다. 바로 옆 사람이 하는 말조차 들리지 않을 만큼 실내는 시끄러웠다. 베이징 사람들 특유의 얼화(儿话, 혀를 안으로 말아서 발음하는 것으로 단어 끝에 습관적으로 'r' 발음을 붙인다. 이를테면 문[门]의 중국어 발음은 원래 Men인데 베이징 사람들은 Menr이라 말한다)가 사방에서 얼얼얼~ 하고 들려오니 귀가 다 얼얼했다. 게다가 주문을 받거나 음식 접시를 나르는 종업원들이 고래고래 소리치며 다니는 통에 남아 있던 정신마저 쏙 빠졌다. 난리통에 낙동강 오리알처럼 덩그러니 놓인 건 나뿐이다. 주변의 사람들은 그 분위기를 진정으로 좋아하고 즐기는 듯 보였다.

"원래 베이징 사람들은 이렇게 시끄러운 것을 좋아해. 사람 사는 기분이 나잖아. 옛날에는 어딜 가든 이렇게 복작복작댔는데 요즘 세상은 너무 차갑고 인정이 없어. 이런 데나 와야 옛날 기분을 느낄 수 있다니까."

귀에 대고 큰 소리로 말해야 하는 불편은 아랑곳하지 않고 셰의 표정에는 만족스러움이 가득했다. 오리지널 중국 자장면을 먹는 것이 목표였으니 내 몫으로 자장면부터 주문했다(보통 중국인들은 요리를 다 먹고 난 후에 주식으로 면 종류를 먹는다). 예의 그 요란함을 앞세워 등장한 종업원의 손에는 자장면 쟁반이 들려 있었다. 수타면이 담긴 큰 사발이 가운데 있고 자장 종지를 비롯해 오이, 완두콩, 양배추, 샐러리, 숙주나물 등 각종 야채가 담긴 작은 종지들이 빙 둘러

싸고 있었다.

　　자장면을 주문한 게 맞는
지 다시 한 번 확인한 후에 종지에 담긴 야채
들을 순식간에 면 사발에 넣었다. 그 손놀림이
어찌나 빠르던지 기인대회의 한 장면을 보는
것만 같았다. 이제 앞에 남은 것은 야채를 얹
은 면 사발과 자장 종지다. 간자장을 시켰을 때
면과 자장이 따로 나오는 것과 같은 상태가 됐
다. 자장을 넣고 비비기만 하면 되는데 어째 색
깔이 이상했다. 윤기가 자르르 흐르면서 새까
만 우리식 자장에 비해 허여멀건 것이 뭔가가
빠진 듯 허전해 보였다. 종지에 담긴 자장을 다
넣고 비벼도 만족스러운 태깔이 나오지 않는
것은 마찬가지였다. 중국 자장면이 원래 그런
가 보다 하며 먹었는데 아뿔싸, 너무나 짜서 도
저히 삼킬 수가 없었다.

　　할 수 없이 한 그릇을 더 시켜서 이번에는 조심조
심 적당히 넣고 비볐다. 시각적인 허전함 때문에 별 기대를 하지 않았
는데 맛은 의외로 괜찮았다. 손으로 쳐서 뽑은 수타면이라 쫄깃쫄깃했
고 된장 맛이 살짝 나는 춘장도 구수했다. 단맛이 많이 나는 우리식 자
장면과 비교하면 별 맛 없게 느껴지지만 그걸 달리 표현하면 담백함이
라 할 수 있겠다.

　　알고 보니 베이징 사람들은 자장면을 밥으로 먹는
단다. 중국 북방 지역 사람들에겐 쌀 대신 만두나 면 같은 밀가루 음식
이 주식이라는 건 알았지만, 그게 자장면일 것이라곤 미처 생각지 못했
다. 저녁에 재래시장이나 대형 마트에 가보면 막 뽑아낸 생면을 비닐봉
지에 담아 사가는 사람들이 꽤 있다. 셰는 그들 대부분이 자장면을 만
들어 먹는다고 했다. 우리가 집에서 밥을 지어 먹듯 베이징 사람들은
전통적으로 집에서 자장면을 만들어 먹는다는 거다. 주요 재료인 자장
은 기름을 넉넉히 부은 프라이팬에 돼지고기와 노란콩으로 만든 황장(黃

醬) 또는 톈멘장(甜面醬)을 넣고 볶아서 만드는데, 재료들이 적당하게 섞일 때까지 두어 시간 정도 쉬지 않고 저어야 한단다. 어릴 때부터 직접 만들어왔다는 걸 입증이라도 하듯이 세는 자장 만드는 법을 자세히도 알려주었다.

재미있게도 한국인이 밀집한 왕징(望京)이나 우다오커우(五道口)에서는 자장면의 본고장에 진출한 한국식 자장면과 철가방이 맹활약을 펼치고 있다. 칭화대학에서 언어연수를 할 때 기숙사에서 생활하는 친구들이 종종 배달시켜 먹는다는 얘길 들었다. 그들에게 중국에도 자장면이 있을까 없을까 슬쩍 물었더니 망설이지 않고 대답했다. 없다고. 이곳에서 살거나 유학 온 사람들조차 오리지널 중국 자장면에 대해서 잘 모르는 경우가 허다하다. 얘기는 들어봤지만 맛을 보지 못한 경우도 많다. 그러다 보니 한국 사람들끼리 중국에 자장면이 있을까 없을까를 두고 갑론을박하는 어이없는 상황이 벌어지기도 한다. 분명히 중국에는 자장면이 있다. 뿐만 아니라 자장면은 이들의 육신과 영혼을 살찌우는 일상의 밥이다.

Information

라오베이징자장면
(老北京炸醬面大王)

北京市西城区月坛北街13-2号
010 6851 1016

北京市崇文门外
010 6701 1116/6701 9393

혁명을 팝니다

레드 캐피털 클럽 & 레지던스

중국에 있다 보면 이곳이 공산당이 지배하는 나라임을 종종 망각하곤 한다. 휘황찬란한 도시에는 자본이 넘쳐나고 사람들은 무한경쟁 속에서 치열하게 살아간다. 자본주의 국가보다 더 자본주의스러운(!) 중국이라는 표현이 심심치 않게 쓰일 정도로 이 나라의 현실은 공산국가에 대해 갖는 고정관념에서 크게 벗어나 있다. 그럼에도 분명한 것은 중국은 엄연히 공산당이 지배하는 나라라는 점이다. 그리고 꽤 많은 보통 사람들이 공산 혁명을 일으킨 마오쩌둥에 대한 그리움을 마음에 안고 살아간다.

그는 톈안먼에 걸린 대형 초상화 속에, 모든 이의 주머니 속 인민폐에 있다. 또 자동차 룸미러에 매달린 펜던트 속에도 있다. 택시 기사들에게 존경하는 정치 지도자를 물어보면 열에 여덟아홉은 마오를 이야기한다. 그새 문화대혁명의 고통을 잊은 건가? 그건 아니란다. 다만, 지금이 그때만 못하기 때문이라고.

"과거보다 살기는 좋아졌지만 경쟁이 너무 치열하고 아무리 노력해도 돈을 벌기 힘들어. 차라리 모두가 가난했지만 생활이 단조롭고 마음 편했던 그 시절이 그립지."

그들의 넋두리가 충분히 이해된다. 현대화 과정을 단기 속성으로 마스터하고 있는 중국이다. 이상적인 것이라 여겨온 가치와 기준들이 손바닥 뒤집히듯 하루아침에 달라지고 아날로그 시대는 순식간에 하이테크로 직행했다. 천지개벽이다. 변혁의 소용돌이 한가운데로 떠밀려 정신적 스트레스를 고스란히 감내하며 살아가는 사람들은 반대급부로 마오를 추억하는 것 같다.

가난했지만 마음 편했던 그 시절로의 회귀를 갈망하는 사람들을 처음 본 건 광저우에서였다. 중국에서 가장 먼저 개혁·

개방의 문호를 열면서 상하이와 더불어 부유한 도시 1, 2위를 다투는 광저우에 홍위병 식당이 있다. "마오 주석 만만세"와 같은 구호가 벽에 가득하고 포스터가 덕지덕지 붙어 있다. 종업원들은 당시 홍위병이 입었던 군복을 입고 서빙한다. 나무로 투박하게 만든 탁자와 의자는 낡을 대로 낡아서 삐걱거렸고 손님들이 들고 있는 술잔과 밥그릇은 여기저기 이가 빠져 온전한 게 없었다. 농촌을 돌아다니며 일부러 구해온 것이라고 했다. 마치 그 시절 기록영화의 한 장면을 뚝 떼어 놓은 것처럼 모든 것이 낡고 촌스러웠다. 메뉴판을 채운 것은 참새구이처럼 가난하고 배고팠던 어린 시절에 먹던 음식들이다. 화려한 인테리어에 최고급 해산물 요리가 넘치는 광저우에서 참새구이를 먹기 위해, 깨진 그릇에 따라 마시는 바이주(白酒)의 낭만을 위해 중년의 손님들이 끝없이 몰려들었다.

베이징에도 이와 같이 혁명 시절을 모티브로 삼은 식당이 있다. 한데 이름이 '새로운 붉은 자본'이라는 뜻의 신홍쯔쥐러

부(新红资俱乐部, Red Capital Club)이다. 사회주의 계급혁명에서 타도의 대상으로 규정했던 자본가가 공산당원으로 입당하는 시대다. 사회주의 깃발을 꽂고 우회전하는 중국이라는 말처럼 모순은 이미 중국식 사회주의를 표방하는 순간부터 예견돼 있었는지도 모르겠다. 그런데 이젠 식당마저도 혁명(红)과 자본(资)의 만남이라니. 궁상이 줄줄 흐르는 것과도 거리가 멀다. 홍위군의 혁명이 아니라 국가 지도자들의 혁명 시대를 콘셉트로 했기 때문이다.

택시가 베이징 시내 중심부의 차오양먼네이따졔(朝阳门内大街)에서 남쪽으로 한 블록 아래 있는 골목으로 들어서자 눈앞의 풍경은 삽시간에 180도 바뀌었다. 아래 위에 붙어 있는 거리의 풍경이 이렇게 다를 수가. 번잡함과 적막함, 화려한 네온사인과 침침한 가로등, 기세등등한 고층 건물과 납작 엎드린 구닥다리 옛날 집의 이미지가 각각 2000년대와 1970년대를 대표하는 것만 같았다. 그 낡은 골목은 동스쥬탸오(东四九条)라는 이름의 후통이다. 꽤 긴 골목길을 따라 들어가니 어느 집 대문 앞에 덩치 큰 자동차 한 대가 서 있었다. 폐차장에 있는 게 더 어울릴 법한 차 안을 이리저리 기웃거리니 마오의 얼굴이 그려진 장식품이 매달려 있었다. 1950년대에 공산당 지도자들이 실제로 타고 다녔던 자동차가 세워져 있다더니, 혹시? 그렇다면 얘기가 달라지지. 문득 미리 입수한 정보가 떠오르면서 흉물스러운 고물차는 순식간에 역사적 가치를 지닌 유물로 격상됐다. 이런, 사람의 마음이라니.

베이징의 전통적인 가옥인 쓰허위안을 개조한 식당으로 들어서니 타임머신을 타고 1950~60년대로 돌아간 것 같은 착각이 들었다. 베이징 최대 골동품 시장인 판쟈위안(潘家园)이나 베이징의 인사동이라 불리는 류리창(琉璃厂)에 있을 법한 소품이 입구부터 가득했다. 그런데 오래된 척하는 모조품이 아니라 정말로 그 시절에, 그것도 중앙정부의 지도자들이 쓰던 진품이란다. 마오쩌둥이 직접 쓴 시

가 장식품으로 걸려 있고 그의 후계자였다가 하루아침에 망명자로 전락해 구소련으로 도피하던 중 의문의 비행기 추락 사고로 사망한 린뱌오(林彪)가 쓰던 의자도 있었다. 덩샤오핑(邓小平)의 딸이 찍은 아버지 사진도 걸려 있었다. '결책의(决策椅)'라고 부르는 소파는 공산당 지도부가 주요한 결정을 내릴 때 앉았던 의자이고, 커튼은 중난하이에서 가져왔으며 라디오는 저우언라이 총리가 외국어를 배울 때 쓰던 것이란다.

이곳의 요리는 이른바 중난하이 요리라고 불린다. 중난하이가 어떤 곳이던가. 우리의 청와대에 해당하는 곳으로 중국 정치의 1번지다. 그러니 중난하이 요리란 최고 지도자들이 즐기던 음식을 말하는데, 요리의 족보가 좀 복잡하다. 출발은 황제들이 즐기던 궁중 요리에서 시작됐다. 고급스러운 재료와 맛을 추구했다는 뜻이다. 거기에 1세대 지도자들이 평소 좋아했던 요리가 곁들여졌다. 후난성 출신의 마오쩌둥이 좋아하던 고향 음식과 덩샤오핑의 고향인 쓰촨성 음식이다. 또 외국 귀빈들을 자주 접대하는 곳인 만큼 그들의 입맛에 맞

게 너무 맵거나 짜지 않도록 순화했다. 그러니 산해진미 다 모아놓고 외국인 입맛에 맞게 변형한 것이 중난하이 요리라 하겠다.

양 많고 저렴한 것이 중국 음식이라는 선입견을 가졌다면 여기에선 접어 두어야 할 것 같다. 일반 식당에 비해 값이 비싼데 양은 그리 많지 않다. 대신 맛이 깔끔하고 정갈하다. 중국인 누구나 춘절 때면 먹는 쟈오즈(饺子, 교자)가 담백했다. 라이터를 켜는 순간 불꽃이 일면서 익게 만든 생선 요리는 볼거리까지 더해 특별한 외식에 대한 만족도를 더욱 높여주었다.

게다가 홍위병 복장으로 서빙하는 종업원들은 손님들의 기념 촬영 요청에 언제나 흔쾌히 응한다. 홍위병이 된 기분이 어떠냐고 물었더니 잘 모르겠단다. 다만 직

원들이 돌아가면서 그 옷을 입는데, 그런 날은 서빙 일보다 모델이 되느라 더 바쁘다며 웃는다. 손님들과 기념 촬영하는 게 즐거울 뿐 자기가 태어나기도 훨씬 전의 역사에는 관심조차 없어 보였다.

한여름 저녁 쓰허위안 마당에서 하늘을 보며 식사하는 운치가 꽤 괜찮다. 이왕이면 이런 곳에서 별을 보다가 스르르 잠이 들면 더 좋겠다는 생각도 든다. 뭐, 안 될 것도 없다. 식당에서 걸어서 10여 분 거리에 있는 동스류탸오(东四六条) 후통에는 같은 콘셉트로 꾸민 호텔 신훙쯔커잔(新红资客栈, Red Capital Residence)이 있으니 말이다.

베이징에 훌륭한 시설을 갖춘 호텔이 많지만 일부러 후미진 골목길까지 찾아가는 사람이 적지 않단다. 이 호텔에는 객실이 달랑 다섯 개밖에 없지만 그래서 항상 예약이 꽉 차 있다. 전통적인 베이징의 문화와 생활양식에 혁명 시절의 분위기까지 체험할 수 있으니 호기심 많은 여행자들이 어찌 그냥 지나치랴. 외국의 여행 잡지들

은 앞 다투어 '세계 50대 낭만적인 호텔'이니 '세계 TOP 101대 호텔'이니 하며 동양의 이색적인 문화를 체험할 수 있는 호텔을 소개했다. 낡은 옛집이지만 '의장님의 스위트룸', 에드거 스노를 기념한다는 '작가의 스위트룸' 같은 이름이 붙은 객실의 내부는 5성급 호텔 수준으로 꾸며져 있다(가난한 여행자에겐 안타까운 이야기지만 방값도 5성급 수준이다). 영국에서 왔다는 여행자들은 일반 호텔에서는 상상할 수도 없는 낭만과 베이징 사람들의 전통적인 생활 체험, 시내 중심지지만 차분하게 생각에 잠기거나 책을 읽을 수 있는 주변 환경을 장점으로 꼽았다.

그들이 햇볕을 쪼이며 책을 보는 마당에는 지하로 통하는 계단이 나 있

214

신훙쯔커잔
(Red Capital Residence)

다. 북방의 외적을 막기 위해 땅 위에 건설한 것이 만리장성인데 베이징 시내에는 지하에도 만리장성이 있다. 1960년대 후반 구소련과 대척하던 시기에 건설한 대피소인데, 도심 지하를 거미줄처럼 연결하고 있다. 세월의 흐름과 함께 지하 대피소는 술을 마시고 즐기는 공간으로 변신했다. 투숙객들은 어두침침한 동굴에서 와인 잔을 기울이며 자연스럽게, 의식을 하든 못하든, 또 하나의 중국 역사를 만나게 된다.

한 가지 흥미로운 건 호텔과 식당의 주인이 중국인이 아니라는 점이다. 미국인 변호사 로렌스(Lawrence)는 20년 넘게 중국에서 생활하면서 고유한 문화가 사라지는 걸 목격했다. 1999년에 쓰허위안 한 채를 사들여 혁명 콘셉트의 식당으로 꾸며 개업했고 그 성공을 발판 삼아 2001년에는 호텔까지 개업했다. 올림픽을 준비하면서 베이징에는 쓰허위안 호텔이나 식당이 대유행했으니 선견지명이 있는 사람이다. 그가 고용한 매니저는 인도네시아 국적의 화교다. 선조가 떠나갔던 모국이 기회의 땅으로 부상하자 되돌아온 젊은이는 깔끔한 중산

복(中山服)을 입고 있었다.

　　　　　　"우리는 문화대혁명을 홍보하는 것이 아닙니다. 중국의 역사를 알리고 싶은 겁니다. 문화대혁명도 중국 역사의 일부분이죠. 그 당시의 분위기를 재현해서 손님들에게 베이징의 옛 모습과 중국의 혁명을 알리고 진실한 모습을 보여드리고 싶은 거예요. 지금 베이징은 변화가 매우 심하지만 우린 식당의 문화, 중국의 문화, 특히 베이징의 후통 문화를 잘 보존하고 싶습니다."

　　　　　　오늘날의 중국을 들여다보고 해석할 수 있는 코드들이 다양하게 복합적으로 얽혀 있는 신훙쯔. 세월의 더께가 두툼하게 쌓인 옛집에서 밥을 먹거나 하룻밤 보내며 중국의 현대사 한 토막과 만나는 것은 특별한 체험이다. 전 세계 어디에서나 볼 수 있는 비슷비슷한 모습의 메트로폴리탄으로 변해가는 베이징에서 그나마 개성을 분명히 보여주는 곳 아닌가. 그것도 혁명이라는 이름으로 말이다.

신훙쯔쥐러부(新红资俱乐部, Red Capital Club) & 레지던스(新红资客栈 Residence)
010 8401 8886(예약 전용)
www.redcapitalclub.com.cn

클럽
北京市东城区东四九条66号
010 8401 6152

레지던스
北京市东城区东四六条9号
010 8403 5308
숙박 요금　싱글 룸 1162위안, 더블 룸 1548위안

황실 마케팅의 진수

쟈징두궁중연회와 바이쟈따위안

황제, 황후로 모십니다! 쟈징두궁중연회

"닌지샹(您吉祥, 만사형통하십시오)"

"황후마마 천세 천세 천천세!"

입구에 들어서자 청나라 궁중 복장을 한 아가씨들
이 한쪽 무릎을 살짝 구부리며 인사를 해왔다. 예상치 못한 상황이 당
혹스럽고 또 부끄러웠다. 황후마마라니! 그런데 나만이 아니다. 들어오
는 사람마다 당황해 얼굴은 발그레해졌지만 분명 웃음이 번졌다. 황제,
황후라며 극진히 모시는데 싫을 이유가 있겠는가.

쟈징두궁중연회(嘉靖都宮廷御宴) 식당은 명·청
대 황실을 재연한 식당이다. 이것만으로도 충분히 튀는데 고급스러운
서양식 바와 클럽, 레스토랑들이 모여 있는 빠하오공관(8号公馆)에 있
으니 더욱 눈길을 끈다. 종업원들은 그 시절의 시녀, 시종, 호위병, 공주
로 변장한다. 원한다면 손님도 변신할 수 있다. 벽에 걸려 있는 황제의
용포는 몇 달 동안 공들여 만든 100퍼센트 수공예품인데, 일정한 비용
을 지불하면 입고 식사할 수 있다. 누가 저걸 입을까 싶어 웃었더니 왕
(王)이 되는 손님들이 종종 있다고 한다.

음식은 단품으로 주문할 수도 있지만 황실 요리를
처음 먹어보는 사람에겐 종류와 가격 선택의 폭이 넓은 세트 메뉴가 좋
다. 1인당 199~999위안 하는 세트 메뉴에는 전채 요리, 탕, 오리구이,
주 요리, 후식이 포함되어 있다. 주문할 때는 테이블 위에 있는 나무 판
을 들어서 얼마짜리를 먹고 싶은지 알린다. 그러면 시종은 판을 들고
가면서 주문을 받았다며 주방에 대고 외친다. 색다른 체험은 이제부터
본격적으로 시작된다. 음식이 나올 때마다 조용히 놓는 법이 없다.

　　"소인이 황제님, 황후님께 인사드리겠습니다. 이것
은 제가 만든 완두콩과 강낭콩 과자입니다. 입에 넣자마자 녹고, 더위
를 이기게 해드릴 겁니다. 황제님과 황후마마, 맛을 보십시오."

　　　　과자 담은 통을 들고 나타난 종업원은 장황한 설명
을 하고서야 과자를 내놓는다. 서태후가 정심전(靜心殿)에서 피서할 때
밖에 돌아다니는 장사치의 소리를 듣고는 불러다가 먹었는데 맛이 좋
아 은 10냥을 하사하며 궁중에서 일하도록 했다는 일화가 전해지는 과
자란다.

　　　　"소인, 황후마마께 참배드리겠습니다. 황후마마 천
세 천세 천천세. 오늘 마마를 위해 소인이 특별한 궁중 요리를 준비했
습니다."

　　　　공손히 인사를 한 종업원이 곁에서 대기하고 있던
시녀들에게 요리를 나르라고 명령하자 이번엔 탕(湯)을 식탁 위에 내
려놓는다. 음식 하나를 올릴 때마다 무슨 예법이 그리도 복잡한지, 하

지만 여기선 겉치레가 싫지 않다. 황실에서만 전해지던 오리구이가 코스에서 빠질 리 없다. 오리구이를 담당하는 주방장이 굽기 전의 오리를 들고 나타난다. 베이징 오리구이의 명가로 널리 알려진 취안쥐더는 오리의 고유번호가 적힌 인증 카드를 함께 내놓으며 손님과 오리를 1대 1로 연결해주는데, 여기선 붓과 식용물감을 이용한다. 손님이 오리에 글씨를 쓰거나 그림을 그려 더욱 특별한 별식으로 기억되게 하는 것이다.

599위안짜리부터는 오리의 격이 달라진다. 장작불로 겉을 굽고 속은 뜨거운 물을 채워 익히는데, 이 가격대부터는 그냥 물이 아니라 10여 가지 약재를 달인 탕을 쓴다. 고급 요리가 더 고급으로 업그레이드되는 것이다. 대추나무 장작의 은은하면서도 향기로운 냄새가 밴 오리구이는 바삭바삭하고 맛있었다. 전통적으로 자장 소스에 찍어 먹는 요리인데, 여기선 매운맛을 좋아하는 손님을 위해 고추장 소스를 내놓는 것이 독특했다. 아무래도 한국인을 겨냥한 것 같았다.

"수도꼭지가 대체 어디 있는 거야?"

화장실에 갔더니 세면대 자리에 있는 건 놋으로 만든 세숫대야뿐이다. 어찌된 건가 싶어 두리번거리는데, 놋 주전자를 들고 나타난 시녀가 손에 물을 부어준다. 맙소사⋯. 하긴, 그 옛날에 수도꼭지가 어디 있겠어. 손을 닦는데 피식 피식 웃음이 새어 나왔다. 황제, 황후 체험의 결정판은 생각지도 못했던 화장실에 숨어 있었다.

음식을 다 먹고 보니 식탁 위에 골동품 동전이 담

긴 그릇이 놓여 있었다. 서비스를 잘한 종업원에게 집어주라는 것이니 일종의 팁이라고 할 수 있다. 크기에 따라 30위안짜리와 10위안짜리로 나뉘는데, 종업원은 월급 날 동전 수만큼 보너스를 받는단다. 손님이 기분 좋게 선심 쓰도록 배려한 주인의 마음 씀씀이가 돋보였다.

이렇듯 식당을 찬찬히 잘 살펴보면 치밀한 계산이 곳곳에 숨어 있다. 가장 공을 많이 들인 것이 소품과 인테리어다. 도금된 식기와 황금색 가구를 배치해놓아 황제의 권위와 무소불위의 권력을 보여주는가 하면 궁전의 화려한 천장을 그대로 재현하기 위해 화가들을 고용해 몇 날 며칠 동안 사다리에 올라가 일일이 그리게 했단다. 숫자 9와의 연관도 치밀한 계산에서 나왔다. 9는 가장 큰 홀수로, 오래 간다는 의미를 지니며 무엇보다 황제만이 쓸 수 있는 숫자였다. 이곳에는 명·청대 분위기로 장식한 방이 아홉 개 있고, 식사 비용에도 모두 숫자 9가 들어가 있다. 황제의 용포 판매가는 9999위안, 황후 것은 4999위안이다.

"인테리어 시간만 2~3년이 걸렸어요. 클래식한 중국을 보여주고 싶었거든요. 침대, 의자, 식탁 등 가구들의 역사는 짧게는 몇십 년부터 길게는 100년이 넘는 것도 있어요. 이런 건 하루 이틀만에 대량으로 주문할 수 있는 게 아니잖아요. 이번엔 이 가구, 다음엔 저 가구 이런 식으로 사다 보니 돈도 시간도 많이 들었답니다. 인테리어 비용으로 쓴 돈이 2000만 위안쯤 돼요."

베이징 토박이라는 30대 후반의 젊은 관리인은 어릴 때 보던 것들이 자꾸만 사라지는 게 아쉽다고 했다.

"사실 여기는 식당이라고만 볼 순 없어요. 문화를 체험하는 공간이죠. 베이징은 지금 너무 빨리 발전하고 있어요. 물론 이것이 우리의 강한 국력을 증명하는 것이지만 외국인들은 그들이 보고 싶어 하는 베이징의 옛 모습이 사라져 아쉽다고 말합니다. 중국 사람들이 버리는 것을 오히려 서양 사람들이 더 열심히 배우고 있어요. 이건 슬픔입니다. 자기 나라의 문화를 버리는 건 참으로 가슴 아픈 일이죠."

문화는 하루아침에 쌓이지 않는다. 하지만 버리는

데는 생각보다 많은 시간이 필요하지 않다. 그걸 알게 된 사람들이 늘어나는지 베이징에는 황제 만찬을 주제로 한 식당이 많이 생겼다. 물론 수단으로만 생각하는 장사치들도 적지는 않겠지만 호기심 많은 외국인이나 전통문화를 모르는 중국 젊은이들이 체험하기에는 좋은 장소다.

Information

자징두궁중연회(嘉靖都宮廷御宴)
北京市朝阳公园西门8号公馆内
010 6591 8008
영업시간 월~금요일 14:00~23:00, 주말 11:00~23:00

도심 속의 무릉도원, 바이쟈따위안

서울에서 지인이 온다는 연락을 받고 요리 공부를 하는 분께 식당을 추천해달라고 청했다. "거기에 가봐. 실패하는 걸 못 봤으니까."

요리에 분위기까지 손색없다며 소개해준 곳은 베이징의 IT 단지라 불리는 중관춘(中关村)에 있는 바이쟈따위안(白家大院, 백가대원)이다. 중관촌의 무릉도원이라 불린다더니 과연 눈앞의 풍경은 완전히 딴 세상이었다. 청나라를 배경으로 한 TV 시대극에서 방금 튀어나온 것 같은 시종들이 돌아다니고 굽이 높은 나무 신발을 신은 궁녀들이 공손하게 무릎을 구부리며 청조(清朝)의 인사법으로 예의를 표해왔다. 정원에는 저택의 역사를 짐작하게 하는 300년 된 고목이 있고 비와 해를 피하면서 산책할 수 있도록 장랑(长廊)도 구불구불 나 있었다. 조용하고 아름다운 정원과 청대의 복장, 소품, 건축 양식으로 시간을 거꾸로 돌려놓은 곳에 불시착한 것처럼 모든 것이 낯설고 묘했다.

이곳은 본래 청대 리친왕(礼亲王, 누루하치의 둘째 아들)의 화원이었는데 민국 초에 약방으로 유명한 퉁런탕(同仁堂, 동인당)에 팔리면서 '백씨네 대화원'이란 이름을 얻었다. 어린 시절을 이곳에서 보낸 작가 조설근(曹雪芹)이 훗날 《홍루몽》이라는 소설을 창작하는 데에도 깊은 영향을 주었단다. 2001년에는 드라마 〈조설근〉을 이곳에서 촬영하기도 했다. 300년 된 대저택이 식당으로 변모한 것은 2001년이다. 퉁런탕이 요식업에 진출하면서 만주족의 궁중요리와 몸에 좋은 약선 요리(药膳料理)를 위주로 하는 고급 음식점을 열었다.

미리 고백하자면 이곳에서 가장 어려운 것이 주문하는 일이다. 음식점의 급이 올라갈수록 요리 이름이 너무 거창해서, 이를테면 '여의주를 입에 물고 승천하는 용'과 같은, 메뉴판에 적힌 이름만 보고는 대체 어떤 음식인지 감도 오지 않고 주문하는 데도 애를 먹게 된다. 최근에는 메뉴판에 사진을 곁들이는 추세라 한자나 요리 이름을 몰라도 주문하는 데 큰 어려움이 없지만 이 집의 고지식한(!) 메뉴판에는 한자만 가득하다. 완성품을 예측할 수 있노라 자신했던 꽃 샐

러드는 생화에서 하나씩 떼어 담은 각종 꽃잎을 접시 가득 담은 것이었다.

사정이 이러하니 중국 요리에 대한 지식이 어느 정도 있거나 이곳에서 음식을 주문해본 사람이 동행한다면 상대적으로 수월하게 밥을 먹을 수 있다. 그렇다고 지레 겁먹고 포기할 필요는 없다. 외국인에게 가장 인기 좋은 메뉴를 추천해달라고 하면 된다. 밥은 그만두더라도 청나라 시대의 정원 구경이나 그 시대의 예법으로 공손하게 인사하는 하녀들을 만나 공간 이동, 시간 이동 체험을 하며 베이징의 색다른 맛을 보는 것도 괜찮겠다.

해삼요리, 제비집, 상어지느러미 탕처럼 고급 음식점의 필수 메뉴도 있긴 하지만 북방 산림지역에서 멧돼지나 곰, 사슴, 닭을 먹던 만주족의 습성을 보여주는 메뉴

가 많다. 곰 발바닥 요리를 비롯해 열 손가락으로도 다 꼽을 수 없을 만큼 다양하게 진화한 사슴 요리가 메뉴판에 가득하다.

청나라 복장의 궁녀들이 손님 곁에 서서 주문받는 모습을 보다가 재미있는 장면을 포착했다. 손에는 종이 주문서 대신 PDA 입력기를 들었고 귀에는 수신 이어폰을 꽂고 있었다. 시대를 완벽하게 돌려놓은 아날로그 풍경과 최신 디지털 기기의 만남이었다. 식당 규모로 보아 종종걸음 치며 바지런히 움직여야 할 것 같지만 누구도 서두르지 않는 이유를 그제야 알았다. 실제로 식당을 움직이는 것은 21세기 시스템이지만 눈에 보이는 것은 19세기의 속도이니 이 얼마나 독특한 조합인가. 식사를 마친 후 화원 구경을 시켜달라고 요청하니 궁녀들이 앞장서 정원 곳곳에 대해 설명해주었다. 햇살이 따사로운 봄에서 가을까지는 정원에서 식사를 할 수 있다.

식당을 빠져나오니 중관춘의 도로에선 자동차가 쌩쌩 달리고 노트북 가방을 든 직장인들이 땅바닥에 시선을 고정한 채

걷고 있다. 또다시 타임머신을 타
고 현실로 돌아왔더니 들어갈 때
느꼈던 낯섦보다 더 큰 생경함이
몰려왔다. 속도도, 눈앞의 풍경
도 문 하나를 사이에 두고 간극이
300년쯤은 차이나는 것 같다.

Information

바이쟈따위안(白家大院)
北京市海淀区苏州街15号乐家花园内
010 6265 8851/6264 4186
art.china.cn/bjdy/node_518601.htm

쯔진청을 바라보며 식사할 수 있는 곳

쯔친청에 들어가지 않아도, 톈안먼광장에 서지 않아도 쯔진청을 볼 수 있는 방법은 많다. 이를테면 담장 너머로 들여다본다든지 담벼락 따라 파놓은 해자에서 찰랑이는 물에 비친 궁전 기와를 바라보는 식으로 말이다. 분위기 있게 식사를 하거나 칵테일을 마시며 궁전을 바라볼 수 있는 기막힌 명당들이 주변에 꼭꼭 숨어 있다.

코트 야드 레스토랑

코트 야드 레스토랑(四合軒, The Court Yard Restaurant)은 베이징에서 가장 낭만적인 데이트 장소로 꼽히는 식당이다. 차분하고 고급스러운 분위기, 여기가 아니면 볼 수 없는 전망, 식사 뒤에 들릴 수 있는 갤러리까지 3박자가 다 맞아떨어진다. 역사적인 측면에서 보아도 결코 소홀히 할 수 없다. 변화하는 중국의 상징과도 같은 식당이기 때문이다. 문을 연 때가 1997년이니 베이징이 이제 막 세상 밖으로 나오려고 기지개를 펼 때이다. 커피 파는 곳을 찾기도 힘들 만큼 보수적인 땅에서 쯔진청 담벼락 밑에다가 식사를 하고 그림을 감상할 수 있는 갤러리까지 갖춘 서양식 고급 레스토랑을 차린다는 것이 쉬운 일은 아니었으리라. 하지만 미국 화교인 초기 투자자들은 이 상징적인 자리를 꿰어 찼다.

베이징 도시 한복판에 큰 물길이 있다는 걸 처

음 알았다는 사람이 의외로 많다. 외적의 침입을 막기 위해 파놓은 해자는 성벽을 따라 빙 둘러 있는데 폭이 52미터, 깊이가 6미터나 된다. 해자의 물이 찰랑이며 식당의 벽에 와 닿고 그 너머로는 쯔진청의 동쪽 대문인 동화먼(东华门, 동화문)이 웅장하게 서 있다.

식당은 청나라 시대 궁정의 부속 건물을 현대식으로 개조해 만들었다. 간결한 화이트 톤의 실내에 중국 현대 화가들의 작품을 걸어놓았는데, 동양식 건축물에 새로운 숨결을 불어넣은 서양식 디자인이 독특한 문화 접점 지대를 형성하고 있다. 서 있는 위치에 따라 눈앞의 경관이 달라진다. 지하에선 해자의 물이 많이 보이고 1층에서는 물과 쯔진청의 담벼락이 어느 정도 보인다. 단체 손님들의 예약석으로 준비된 2층에선 육중하게 서 있는 동화먼이 정면으로 다가오는데, 조명을 밝혀놓은 밤 풍경이 멋지다. 음식도 동서양이 만났다. 뉴욕에서 요리 공부를 한 수석 주방장은 아시아의 터치를 가미한 음식을 선보인다. 푸아그라와 송아지 갈비, 양고기 커틀릿 등이 대표 메뉴이며 계절마다 조금씩 변화를 준다. 메인 요리와 함께 하는 와인이 500여 종이나 되는 것이 이 집의 자랑거리이다. 매년 세계 100대 와인을 선정하며 영향력을 행사하고 있는 미국의 와인 전문 잡지 〈와인 스펙테이터(Wine Spectator)〉는 지난 2002년부터 이곳을 '세계에서 가장 훌륭한 와인 리스트를 보유한 식당'으로 인정하고 있다. 〈포브스〉

코트 야드 레스토랑 갤러리

도 2008년 2월호에서 아시아에서 가장 훌륭한 와인 리스트를 가진 레스토랑으로 꼽았다.

1인당 평균 지출액은 음료를 빼고 400위안 정도이다. 지금이야 베이징에서 웬만하다는 레스토랑들과 큰 차이가 없지만 이곳에 처음 찾아간 2005년에도 그 정도 비용이 들었다. 홈페이지에는 주방장의 요리 갤러리가 있으니 미리 음식을 보고 가는 것도 좋겠다. 저녁 식사 시간에만 문을 여는 데다 특별한 추억을 쌓으려는 사람들로 늘 만원이기 때문에 예약은 필수다. 지하에 있는 갤러리는 아마도 베이징 시 중심에 생긴 개인 갤러리 중에는 최초일 것이다. 물론 쯔진청에서 가장 가까운 갤러리이기도 하다. 마류밍(马六明), 순궈쥐안(孙国娟), 장춘양(张春旸) 등 중국 현대 화가들의 작품을 주로 전시하는데 2~3개월 주기로 작품을 교체한다. 때에 따라 초대전을 열기도 한다. 레스토랑이 저녁에만 문을 여는 데 비해 갤러리는 오전 10시부터 문을 열고 커피도 주문할 수 있다.

Information

东华门大街95号
010 6526 8883(식당), 6526 8882(갤러리)
www.courtyardbeijing.com

인 바(Yin Bar)

세계 각지에 현존하는 궁전 중에서 가장 규모가 큰 쯔진청은 전 인류의 문화유산이자 중국 최고의 관광자원이다. 하여 매년 수백, 수천만 명의 관광객이 이곳으로 모여든다. 정문인 우먼(午门, 오문)으로 들어가 총총 걸음으로 훑어본다 해도 후문인 션우먼(神武门, 신무문)에 도착하는데 세 시간쯤은 너끈히 걸린다. 이런 식일지언정 베이징까지 와서 쯔진청을 돌아보지 않고 가는 사람은 거의 없다. 그런데 숲에 들어가면 숲이 보이지 않는 법이다. 한 발 떨어져 바라볼 때의 감상은 안에 있을 때와 전혀 달라지기도 한다. 그렇다면 쯔진청을 달리 볼 수 있는 방법이란 무얼까.

바라보는 각도에 따라서 다른 느낌을 주는 건축물이 많다. 최근에는 그 점만 유독 강조하기 위해 자연스럽지 않게 디자인을 하기도 하지만 쯔진청은 그 반대다. 그곳에 있을 뿐인데 보는 자리에 따라 다른 감동을 준다. 북쪽에 있는 징산공위안(景山公园, 경산공원)에 오르면 쯔진청 전체를 볼 수 있다. 그처럼 거대한 건축물을 한눈에 보는 것이 마치 불가능한 일을 해낸 것처럼 가슴 벅차게 느껴진 적이 있었다. 그런데 이번에는 코앞이다. 카메라 망원렌즈를 끝까지 당긴 것처럼 모든 풍경이 가까이에 와 있다. 궁

전의 북쪽 구역(황제의 사생활이 이루어지던 영역으로, 침궁인 건청궁이 있다) 오른쪽 담장 너머에 있는 호텔인 더 엠퍼러(皇家驿栈, The Emperor)의 옥상에 올라서면 눈높이에 꼭 맞게 펼쳐진 궁궐 지붕들의 파노라마를 감상할 수 있다. 햇빛을 받아 반짝이는 황금빛 유리와 (琉璃瓦)가 연출해내는 스카이라인은 그 자체로 아름다운 풍경화다. 지붕만 보이는데도 그 아래의 모든 것을 다 보는 것 같은 묘한 힘을 발산한다. 게다가 오른쪽으로는 징산공위안이, 저 멀리로는 베이하이공위안(北海公园)의 상징인 바이타(白塔, 백탑)가 함께하니 이만한 감상 포인트를 찾기도 힘들 것 같다.

한낮의 인 바는 적막한 편이다. 내리쬐는 땡볕

을 고스란히 받으며 옥상의 노천 바에 앉아있기란 쉽지 않기 때문일 것이다. 대신 해가 질 무렵이면 빈자리를 찾아보기 힘들어 진다. 베이징에서 가장 멋진 해넘이를 감상할 수 있는 명당이란 걸 아는 사람들이 모여드는 거다. 훌륭한 풍경화를 감상하는 유일한 관객이 되고 싶다면 남들보다 두어 시간 정도 일찍 가면 된다. 태양이 적당히 기울어 그리 덥지도 않고 아직 해넘이까지는 시간이 남아 있으니 그 누구의 방해도 받지 않고 호젓한 상상에 빠질 수 있다. 영화 〈마지막 황제〉에 그린 궁전을 떠올려보기도 하고 소설 《연인 서태후》 속 서태후가 생활했던 공간을 그려보아도 좋을 것이다.

하루 종일 햇볕에 달구어졌던 황금빛 지붕에

붉은 기운이 돌기 시작하면 쯔진청의 얼굴은 또 달라진다. 600년 동안 매일 있었던 일몰이겠지만 그걸 바라보는 사람들에겐 그날의 일몰이 가장 특별하다. 여기가 아니면 볼 수 없는 일몰의식을 위해 건배! 오후의 풍광에 어울리던 커피 잔을 내려놓고 칵테일 잔을 든다. 인 바의 주 메뉴는 다양한 종류의 칵테일인데 중국의 황주를 섞어 만든 귀비취주가 인기란다.

Information

东城区骑河楼街33号(더 엠퍼러 호텔 옥상)
010 6523 6877

소수 민족의 문화를 맛보다

아판티 뮤직 레스토랑과 마지아미

테이블 위에서 춤을! 신장 음식점 아판티 뮤직 레스토랑

영화에 대한 관객들의 평가를 모른 채 극장에 가더라도 앞서 보고 나오는 사람들의 표정을 살펴보면 대충 짐작할 수 있다. 이런 짐작이 식당에서도 가능할까? 그렇다 치더라도 그건 음식에 대한 만족도에 국한될 것이다. '참 재미있다'라든가 '오랜만에 실컷 웃어봤군' 같은 항목은 애당초 식당 평가에 들어가지도 않을 것이다. 그런데 우린 그 식당을 나오면서 이렇게 떠들었다. "양 꼬치 맛도 일품이고 식당에서 이만큼 웃어보기도 처음이었어"라고.

아판티 뮤직 레스토랑(阿凡提家乡音乐餐厅)은 중국의 소수민족 가운데 하나인 신장(新疆, 신강) 위구르족의 음식과 문화를 맛볼 수 있는 식당이다. 신장 음식의 기본은 양고기다. 양의 각종 부위로 별의별 음식을 다 만들어내는 걸 실크로드로 여행 갔을 때 보았다. '먹었다'는 말이 아니라 '봤다'고 표현하는 건 양고기가 영 입에 맞지 않아 거의 구경만 해야 했기 때문이다. 어디를 가든 양다리 찜, 양고깃국, 거기에 양 볶음밥까지 내놓은 '양고기 풀 세트' 식탁이 차려지는 바람에 여행 내내 곤혹스러웠다.

우리나라 사람들로선 어릴 때 부터 자연스럽게 접해온 음식이 아니기에 양고기 특유의 냄새에 적응하기가 쉽지 않다. 그런데 베이징에서 살면서 차츰 양고기 맛을 보게 됐다. 보다 정확히 말하자면 양 꼬치를 먹었다. 뿐만 아니라 어느 정도 시간이 지나다 보니 베이징 생활에 재미를 붙이는 데 양 꼬치가 적지 않게 공헌했음을 인정할 정도가 됐다.

해가 뉘엿뉘엿 기울 즈음, 도심 속 후통이나 외곽의

후미진 길가에서는 꼬치에 꿴 양고기를 숯불 위에 올려 놓고 굽느라 대기 가득 희뿌연 연기가 피어오른다. 시각 적인 자극보다 더 강렬한 것은 연기에 섞여 공중을 떠다 니는 특유의 냄새다. 퇴근길 서민들의 허기를 자극해 삼 삼오오 둘러앉게 만드는 냄새의 마력은 매서운 칼바람이 부는 한 겨울에도 꺾일 줄 모른다. 그러나 양꼬치의 유혹 을 뿌리치기 힘든 계절은 뭐니 뭐니 해도 한여름이다. 쯔 란(孜然)이라는 향신료를 뿌린 양 꼬치를 한입 베어 먹고 얼음처럼 차가운 맥주를 들이켜는 맛은 그 무엇과도 바꿀 수 없는 베이징의 맛이다. 여기에 재미를 붙이고 나니 몇 번의 여름이 훌쩍훌쩍 지나가 버렸다.

　　　　아주 오랫동안 이 도시를 대표해 온 풍경을 바꾼 건 올림픽이다. 대기오염의 심각성에 대해 끊임없이 지적을 받은 베이징 시는 오염물질 배출원을 철 저히 봉쇄하겠다는 의지로 공장들을 베이징 외곽으로 이 전시켰다. 그러니 도심 한복판에서 시도 때도 없이 숯불 을 피워대는 양 꼬치 노점상을 단속하는 건 당연한 조치 였다. 길거리의 낭만은 서서히 사라졌고 양 꼬치는 환기 시설을 갖춘 식당 안으로 들어갔다.

　　　　아판티는 신장 식당이다. 그리고 양 꼬치를 판다. 그런데 이곳의 꼬치는 좀 특이하다. 종업원 들의 손에 들려 있는 건 1미터짜리 양 꼬치다. 때론 2미터 는 족히 돼 보이는 꼬치가 등장해서 사람들의 시선을 단 박에 사로잡는다. 단체 손님들도 하나면 충분할 정도로 푸짐한 초특대형 꼬치인 것이다. 그렇다면 맛은? 맛있다 고 소문난 집을 여러 곳 다녀봤지만 고기를 이처럼 통통 하게 썬 곳은 처음이었다. 그런데도 특유의 냄새가 나지 않고 굉장히 부드러웠다. 함께 짝을 이루는 맥주가 술술 넘어간다. 닭고기, 쇠고기, 양고기 등 각종 고기 사이사이 에 야채를 꿴 모둠 꼬치 맛도 괜찮다. 신장 식당의 대표 음식 중 하나인 난(Nan)의 맛도 일품이었다. 막 구워서 내온 빵은 겉이 바삭바삭하고 안이 정말 부드러웠다. 같은 난인데 어쩜 그렇게 다른 맛이 나는지. 거기에 토마토소스 스파게티와 비슷하게 생긴 비빔면, 중국에서 먹어본 과일 중에 최고의 단맛을 자랑하는 하미과 튀김 등 아판티에서는 무얼 시켜도 맛있었다. 이렇게 단품으로 주문하는 것도 괜찮지만 딱히 뭘 시켜야 할지 모를 때는 인원수에 맞춰서 적당한 세트 메뉴를 시키는 것이 좋다.

　　아판티는 작은 소품 하나까지도 신장 것으로 장식해놓아 토속적인 분위기가 물씬 풍긴다. 또 사각 모자를 쓰고 물담배 피우는 사람들의 문화도 체험할 수 있다. 그렇게 즐기다 저녁 7시 45분이 되면 민속 음악을 연주하며 등장한 악단과 함께 공연이 시작된다. 위구르족의 민속 가무는 흥겨웠다. 특히 배꼽을 드러낸 무희들이 엉덩이를 흔들며 현란하게 추는 벨리 댄스는 압권이다. 거기에 중국 서커스를 대표하는 우챠오(吳桥, 오교) 기예단의 아슬아슬한 공연과 소림 무술, 틈틈이 손님들의 참여를 유도하는 코너까지 다양하게 구성해서 지루하

게 느낄 틈을 주지 않는다. 완벽한 춤치인 나의 친구도 얼떨결에 무대 위까지 불려 나가 뻣뻣한 막대기춤을 춰야 했다. 그 때문에 함께 간 사람들의 집중도는 더 높아졌다. 무대 위의 무희들과 테이블의 고객은 이렇듯 부지불식간에 하나가 되어 함께 공연을 만들어가게 된다.

　　공연 내내 실컷 웃을 수 있긴 하지만 한 시간 반이 넘는 긴 시간 동안 식사에 집중하기가 힘들고 마주 앉은 사람과 얘기 나누는 것도 쉽지 않아 단점이 되기도 한다. 그러니 한번 가본 사람은 이런 계산까지 염두에 두고 공연 시간 전에 미리 만나 할 얘기를 웬만큼 끝낸다. 그리고 공연 시간엔 유쾌한 놀이에만 집중한다. 그때부턴 웃을 준비만 돼 있으면 오케이다.

　　공연이 막바지로 가면서 종업원들의 움직임이 분주해지기 시작한다. 테이블마다 돌아다니며 미리미리 계산도 하고 음식 그릇들을 말끔히 치우더니 식탁보까지 걷어낸다. 물론 그런 와중에도 손님들의 시선은 무대 위의 쇼에 집중돼 있다. 테이블이 어느 정도 정리되기를 기다렸던 사회자는 경쾌한 리듬에 맞춰 무대 밑으로 내려

온다. 그러고는 말끔하게 치워놓은 식탁 위로 성큼성큼 올라간다. 방금 전까지 밥을 먹던 바로 그 식탁 위로! 분위기가 순식간에 뒤바뀌는 순간이다. 짊어지고 온 스트레스를 다 풀어놓고 가라는 듯 음악 소리가 더 크고 빠르게 변하자 손님들까지 쇼의 무대로 변신한 식탁 위로 올라가 춤을 춘다. 이 모습을 처음 봤을 때의 충격이란. 우아하게 앉아 이국적인 춤이나 보며 즐기려다가 뒤통수를 한 대 얻어맞은 것 같았다. 밥 먹는데 뭐 그리 심각해? 즐겁게 먹고 웃다 가면 될 것을!

　　　　　두 번째 갔을 때 공연 내용이 그 전과 다르기에 매니저 하이중난(海中南)에게 어찌 된 건지 물어보았다.

　　　　　"오늘만 다른 게 아니에요. 매일매일 달라요. 조금씩 변화를 줘야 언제 오더라도 늘 신선하죠. 참, 크리스마스이브 때 파티를 열 겁니다. 그날은 30미터짜리 양 꼬치를 만들 거니까 꼭 오세요. 기네스북에 등재하려고 하는데 큰 문제는 없을 것 같아요."

　　　　　워낙 음식의 종류도 많고 지역 특성을 앞세운 식당들이 넘쳐나는 것이 이 나라지만 이제 중국의 요식업계도 변화를 요구 받고 있다. 안일하게 밥만 팔아서는 안 될 정도로 경쟁이 치열해졌다. 같은 꼬치지만 1미터, 2미터짜리 양 꼬치는 이곳을 더욱 특별한 곳으로 기억하도록 만든다. 끊임없이 색다른 이벤트를 열어 손님들을 단골로 만드는 기획력과 마케팅 능력은 음식 맛만큼이나 중요한 성공요소로 작용하고 있다. 세계 유수의 언론 매체들이 아판티를 베이징의 명소로 꼽는 이유, 월스트리트 저널에서 "만리장성만큼이나 유명한 식당"이라고 한 이유를 알 것 같다.

Information

北京东城区朝内大街188号 后栂棒胡同甲2号(中信建投 옆)
010 6527 2288/6525 1071
www.afunti.com.cn

라싸 밖에서 만난 라싸, 티베트 식당 마지아미

2006년 7월 1일, 칭장(靑藏) 열차 전 구간이 개통됐을 때 성격 급한 친구들은 득달같이 베이징 역으로 달려갔다. 해발 5000미터가 넘는 동토의 구간을 지날 때 자동으로 산소가 공급되는 최신식 기차에 몸을 싣기만 하면 48시간 후에 라싸에 도착한다는 말을 확인하러 간다고 했다. 중국에서도 오지 중에 오지인 라싸에 가기 위해 산 넘고 물 건너서 몇 날 며칠을 달려야 했던 또 다른 친구들은 열차 개통과 함께 티베트의 신비도 끝났다며 아쉬워했다. 세상이 점점 더 좁아지고 있다. 티베트에 닿는 시간이 짧아졌을 뿐만 아니라 군이 거기까지 가지 않더라도 티베트를, 라싸를 느낄 수 있는 방법은 다양하다. 베이징만 해도 티베트 식당이 몇 군데나 있다.

티베트의 중국식 명칭은 시짱짱주쯔지저우(西藏藏族自治州, 서장장족자치주)다. 중국은 56개의 민족으로 이루어진 다민족 국가라고 하지만 13억 인구의 92퍼센트를 차지하는 것은 한주(汉族, 한족)다. 그들을 제외한 55개 민족을 소수민족이라는 명칭으로 뭉뚱그려 부른다. 정부는 소수민족을 흡수하는 융화 정책을 폄과 동시에 공연 형태로 소수 민족의 민속 문화를 보여주는 걸 장려한다. 다분히 형식적이고 정형화된 것이다 보니 민간에서 실제로 행해지는 풍속과는 다소 차이가 나기도 하지만 어쨌거나 소수민족 식당에서의 민속공연은 실과 바늘처럼 짝을 이루어 유행하고 있다.

주변에 다녀온 사람들의 이야기만 무성할 뿐 아직 티베트에 가보지 못한 나로서는 그들의 문화를 느껴보겠다며 무턱대고 식당을 찾아갈 용기가 나지 않았다. 무엇보다 음식을 제대로 주문할 자신이 없었다. 이럴 때는 본토박이의 추천이 가장 확실한 법이다. 고민 끝에 라싸에서 베이징으로 유학 온 줘마(卓玛)에게 도움을 청하고 마지아미(玛吉阿米)에서 만나기로 했다.

식당 간판에는 특이하게도 여인의 얼굴이 그려져 있었다. 커튼을 젖히면서 고개를 살며시 내미는 이가 마지아미다. 6대 달라이라마의 시 구절 속에 나와 있는 이 단어를 직역한다면 '순결한

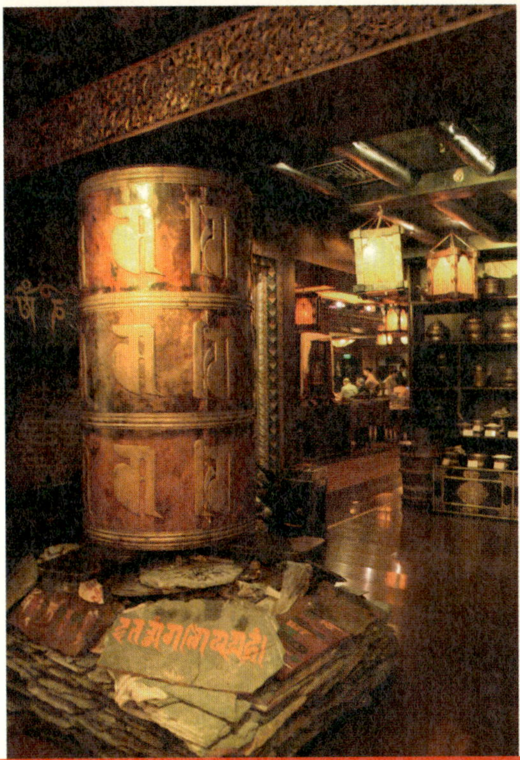

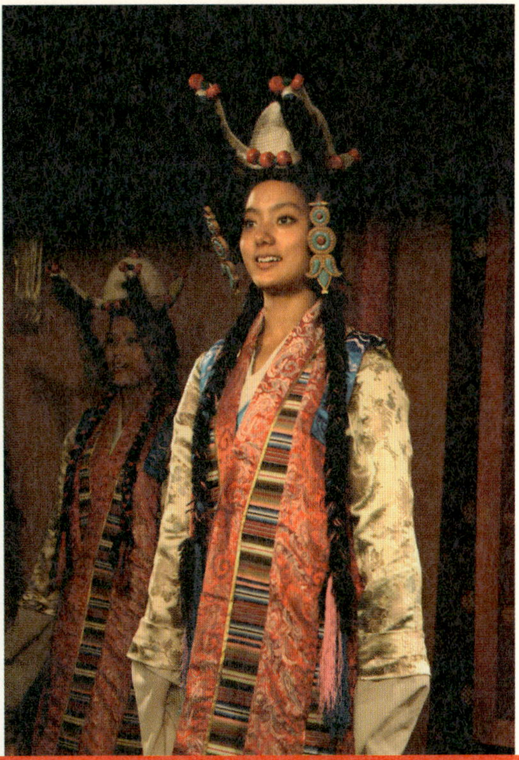

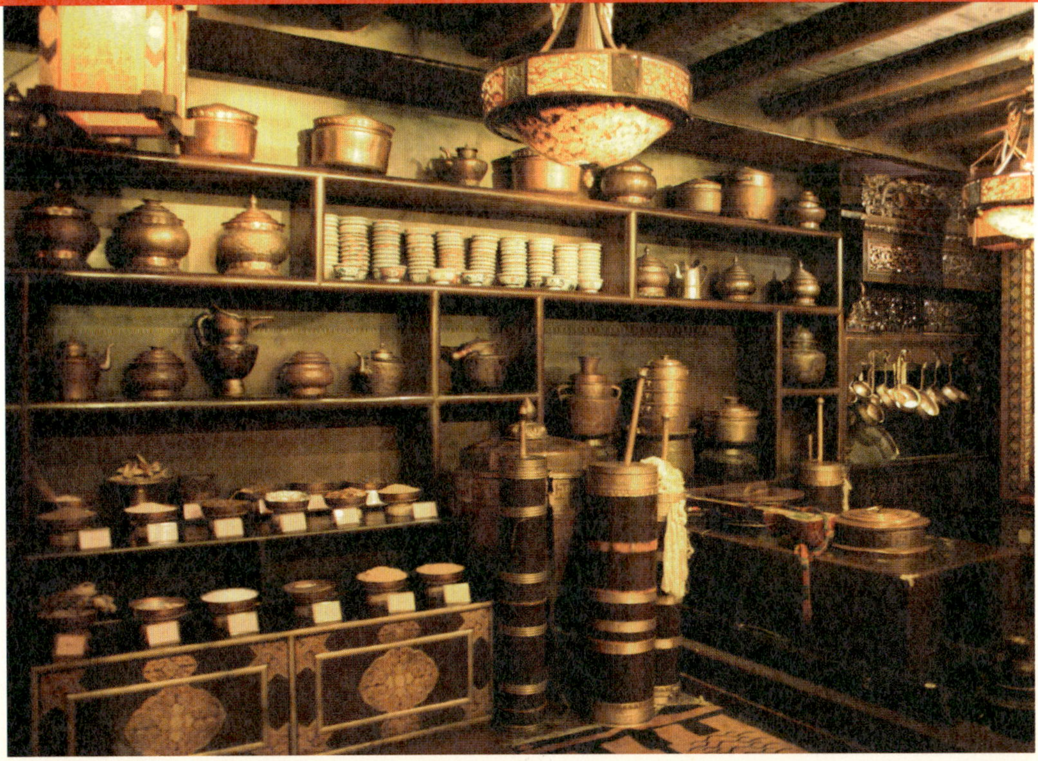

어머니'란 뜻이고, 전체적으로 보면 '순수한 사랑의 정인(情人)' 정도의 의미가 있다. 라싸에 본점을 두고 윈난성(云南省, 운남성)과 베이징에 지점이 있는데 세계적으로 인지도 높은 영문판 가이드북에 소개되면서 서양 관광객들이 많이 찾는 명소가 됐다. 바람처럼 구름처럼 떠다니며 살 것처럼 생긴 주인장은 오래전부터 수집해온 가구, 그림, 경전 통, 천에 그린 불화(佛畵)인 탕카를 비롯해 밥그릇까지도 고향에서 가져다가 꾸몄다. 티베트의 장식품들이 묵직한 무게감으로 마치 박물관에 들어선 것 같은 느낌을 준다면 특유의 향신료 냄새는 멀찌감치 떨어진 곳에서부터 후각을 자극하며 새로운 세계의 존재를 알린다.

"쟈시더레(扎西德勒)~"

반가운 티베트식 인사를 하며 줘마와 남자 친구 거러바쌍(格勒巴桑)이 나타났다. 두 사람 모두 고향을 떠나 베이징까지 유학 온 수재들이다. 음식 주문부터 모든 걸 부탁해야 하는 입장이었지만 내심 그녀도 오랜만에 먹는 고향 음식이 반가울 거라는 확신에 차 물었다.

"여기 자주 와?"

그녀의 눈이 대번에 똥그래졌다.

"무슨 말씀! 이렇게 비싼 델 어떻게 와."

"관광객들이 많이 가는 식당이 아니더라도 고향의 맛을 내는 소박한 밥집도 있을 거 아니야?"

"베이징에 있는 티베트 식당들은 모두 관광객을 대상으로 하지. 식재료를 티베트에서 가져오기 때문에 비용이 올라갈 수밖에 없거든. 우리 같은 학생들은 비싸서 못 가기도 하지만 맛도 고향에서 먹는 것만 못하니까 직접 해 먹어."

그녀는 자기 고향의 음식을 한 번도 먹어보지 못한 나를 위해 고루고루 주문했고, 푸짐한 밥상이 차려졌다. 거러바쌍은 칼을 집어 들더니 테이블 가운데 놓인 양고기부터 쓱쓱 잘라 내 앞에 놓았다. 수육 같은 것이었는데 향신료를 뿌리지 않아 양고기 특유의 냄새가 났다. 사양하는 건 예의가 아닌 것 같아 내 몫의 고기를 겨우겨우 다 먹었더니 다음엔 육회처럼 생긴 날고기를 권한다. 다져놓은 양고기를

먹기 좋을 만큼 손으로 떼어낸 뒤 뭉쳐서 짠바(糌粑 : 볶은 쌀보리를 갈아 만든 것)에 굴려서 먹는데 차마 그것까지 먹을 용기는 나지 않았다.

보기만 해도 속이 울렁울렁한데, 마침 우리의 김치에 해당하는 것이 나왔다. 새콤하고 매콤한 무가 일단 느끼한 속을 진정시켜주었다. 그 뒤부터는 대체로 먹을 만했다. 한족이 먹는 만두와 비슷한 것도 있었고 짙은 초록색의 국 같은 것도 나왔다. 바라바니(巴拉巴尼)라는 이름의 국은 시금치와 두부로 만들었는데, 담백하고 맛이 좋았다. 고기가 주식인 고산지대 사람들이 영양소의 균형을 맞추기 위해 꼭 먹어야 하는 음식이란다. 티베트의 주식인 빠(粑 : 보릿가루, 찹쌀가루 등으로 만든 떡)는 마치 미숫가루에 물을 조금 넣고 뭉쳐놓은 것 같

았다. 쥐마가 기숙사에서 만들어 먹는다는 것이 바로 이건데, 가루 형태의 짠바를 손으로 조물조물 거리면서 빠 만드는 법을 가르쳐주었다. 입에 넣고 씹어도 별다른 맛의 특징이 없다 싶었는데 오래 씹다 보니 서서히 고소한 맛이 났다. 우리가 보리차를 마시듯이 음식 사이사이에 끊임없이 마시는 쑤요우차(酥油茶 : 소나 양의 젖에 차와 소금을 넣어 만든 음료)도 고소했다.

밥을 어느 정도 먹고 배가 부를 즈음 짱주(藏族, 장족) 선남선녀들이 무대 위에서 노래를 부르기 시작했다. 가슴으로부터 끌어올린 음색이 남자의 것은 넓었고 여자는 높았다. 끝과 시작이 보이지 않는 드넓은 대지와 쨍 하게 푸른 하늘이 그들의 목소리에 그대로 담겨 있었다. 몸은 비록 조명기가 켜진 무대 위에 서 있지만 노래를 부르는 동안 그들의 영혼은 고원 위를 마음껏 뛰어다니는 것 같았다. 공연이 막바지로 가면서

손님들의 참여를 유도하는 춤판이 벌어졌다. 강강술래를 하는 것처럼 둥그렇게 선 사람들이 앞으로 뒤로 움직이다가 앞으로 세 걸음씩 옮겨 식당을 크게 한 바퀴 도는 춤이다.

　　　　　그날, 일면식도 없는 사람들이 앞뒤로 섞여 그 식당을 몇 바퀴나 돌았는지 모르겠다. 밥 먹은 게 어느 정도 소화될 때까지 돌고 또 돌았다. 볼 때는 간단하고 만만했는데 막상 해보니 순서 박자를 지키는 게 의외로 어려웠다. 조금만 멈칫했다간 다리가 꼬이기 일쑤다. 그런데 실수를 할수록 나도 모르게 웃게 된다. 그리고 그 웃음소리는 점점 커졌다. 먹고 마시고 다 함께 어울려 유쾌하게 춤추며 놀고. 쥐마는 그게 티베트 사람들의 삶이라고 귀띔해주었다. 땅이 주는 만큼 먹고 하늘이 허락한 만큼 거두면서 살아가는 사람들은 작은 즐거움에도 크게 웃는다고 했다. 그래, 이번에는 워밍업이다. 푸릇푸릇하게 풀이 자라난 초원에서 뺑뺑 돌다 다리가 꼬이면 그 자리에 철퍼덕 주저앉아 배꼽이 빠져라 웃을 날이 오겠지.

238 **Information**
———————

마지아미 젠궈먼점(玛吉阿米 建国门店)
北京市建国门外秀水南街11号二层
010 6506 9616

중국을 이해하는 첫 번째 관문, 중화민주위안

북쪽 공원으로 들어가자마자 물세례를 맞을 뻔했다. 한 무리의 청춘 남녀들이 물동이 주변으로 모이더니 편을 나누어 물을 뿌려대기 시작한 것이다. 옆에 서 있던 구경꾼들은 깜짝 놀라 달아나기도 했고, 몇 번의 물세례에 쫄딱 젖은 그들의 모습을 카메라에 담기도 했다. 음력 설 때 서로에게 물을 뿌리며 복을 기원하는 다이주(傣族, 태족)의 전통 명절인 포수제(泼水节)를 재현한 퍼포먼스였다. 뜨거운 태양에 달구어졌던 마당이 삽시간에 물바다가 됐고, 열기는 한풀 꺾였다. 구경꾼의 옷도 온전하진 못했지만 불평하는 사람은 없다. 잠깐의 물놀이가 재미나고 윈난성 시솽반나(西双版纳)에 산다는 다이주에 대해 조금이나마 알게 된 것을 더 즐거워하는 눈치다.

중국은 56개 민족으로 구성된 다문화 국가이다. 중국이라는 나라를 알기 위해서 가장 먼저 알고 이해해야 하는 부분이기도 하다. 공식적인 인구로 기록되는 13억 명의 대다수를 차지하는 건 한족이다. 그들이 인구의 92퍼센트를 차지하고 나머지 55개 민족이 8퍼센트에 속한다. 비율로 따졌을 때 얼마 안 되는 소수지만 이들에 대해선 매우 강력한 한족 동화 정책을 펴고 있다. 어느 민족이 됐든 한족의 말과 글을 쓰도록 교육해왔고, 그 결과 자기의 말과 글을 잃어버린 소수민족도 적지 않다. 그러니 중국이야말로 진짜 용광로(melting pot)라 하겠다. 소수민족의 고유문화를 존중하고 장려한다고는 하는데 국가의 통제 범위 안에 있을 때만 가능한 일이다. 가령 식당이나 공식적인 자리에서 민속 가무를 공연 형태로 볼 수 있다.

도식화되고 정형화되긴 했지만 박물관에서는 건축 양식이나 의복처럼 각 민족의 고유한 문화를 만날 수 있다. 아쉬운 점도 많지만 현실적인 한계가 훨씬 더 크다. 소수민족 연구에 일생을 바치겠다는 각오를 하지 않는 한 동서 길이 5200킬로미터, 남북 5500킬로미터, 면적이 956만7000제곱미터나 되는 중국 땅을 돌아다니면서 56개의 민족을 일일이 찾아다닐 수는 없는 노릇이다. 대신 중화민주위안(中华民族园, 중화민족원)을 둘러보길 권한다. 56개 민족의 문화를 비롯해 문물과 생활양식을 이해할 수 있도록 복원·수장·전시하는 대형 인문학 박물관인데, 1994년에 북쪽 공원을, 2001년에 남쪽 공원을 개방했다. 엄청난 규모의 올림픽공원 최남단에 있으며 베이징 건설의 중심축인 중축선 위에 세워졌다. 50만 제곱미터의 공간에 중국을 대표하는 경관 100여 개, 민족 특유의 건축물 200여 개를 복원해놓았다. 민가 건축, 종교 건축, 경관 건축은 디자인이나 건축 자재, 건축 방식 등 모든 면에서 복제의 기본 원칙을 엄격하게 지켰다고 한다. 거기에 저마다의 민속 문화를 보여주는 소수 민족 직원도 800명이나 된다.

북쪽 공원에서 규모가 가장 크고 볼거리도 풍성한 곳 중에 하나는 짱주(藏族)박물관이다. 많은 소수민족이 집 한두 채 정도로 설명되는 데 비해 여긴 작은 라싸(拉萨)라고 할 만하다. 라싸에서 가장 오래된 사원이자 티베트 인들의 정신적

기둥이라는 조캉사원(大昭寺) 일부분을 복원해 놓았다. 조캉은 '부처의 집'이란 뜻의 티베트 어로, 참배객들은 사원을 둘러싼 순례길을 돌면서 자신의 죄를 씻고 깨끗해진 몸과 마음으로 사원에 들어간다고 한다. 바로 그 순례길과 최대 시장인 팔각가(八角街, Barkor)도 재현해놓았다. 오색찬란한 천에 불경을 새겨놓은 룽다가 머리 위에서 펄럭이고, 돌리기만 해도 경전을 읽은 것과 같다는 마니차(转经)가 길게 늘어선 장랑(转经廊)도 있다. 곳곳에 돌무더기를 쌓아놓은 마니뚜이(玛尼堆)도 보이고 캉바(康巴) 지역의 민가도 볼 수 있다. 일정한 시간이 되면 티베트의 젊은이들이 전통 춤과 노래를 보여준다. 너른 광장에서 하는 공연이라 그런지 식당에서 보던 것보다는 훨씬 역동적이다.

아주 오래전에 선전(深圳)의 관광지에서 와주(佤族, 와족) 남자들을 처음 봤을 때 저들이 진정 중국 사람일까 생각했었다. 깊은 산림에서 막 튀어나온 것 같은 외모는 원시인의 그것이었다. 다듬지 않은 긴 머리, 몸의 일부분만 가린 천 조각, 동물의 뼈에 구멍을 뚫어 매단 목걸이가 경계심과 호기심을 동시에 자극했다. 그런 그들의 입에서 중국어가 튀어나왔을 때에 느꼈던 이질감이란. 윈난성의 깊은 산림에서 자연을 숭배하고 원시 종교를 믿으며 살아온 삶의 원형은 사라지고 야성을 잃은 야인(野人)들만 남아 있었다. 그걸 두고 옳다 그르다 가치 판단을 하는 건 어렵고도 민감한 문제이지만 자연스럽지 못한 느낌은 어쩔 수 없었다. 중화민주위안에서도 목청껏 노래 부르고 춤을 추는 와

와주

먀오주

와주

바이주

장주

나시주

주 청년들을 만날 수 있다.

먀오주(苗族, 묘족) 구역에 가려면 경사진 곳을 올라야 한다. 산악 지대에 사는 특성을 보여주는가 싶다. 이들을 생각하면 찰랑거리는 장식품이 잔뜩 매달려 있는 은빛 모자가 먼저 떠오른다. 험준한 산악 지대에 살고 있지만 화려한 모자 덕에 먀오주 여인네들은 늘 환하게 빛난다. 마침 전통 옷을 차려입고 기념 촬영을 하는 관광객이 있었는데 역시나 그 모자를 쓴 여인치고 안 예뻐 보이는 사람은 없다.

(위) 동주 화챠오
(아래) 챠오셴주 한옥

동주(侗族, 동족)라는 이름은 잘 몰라도 그들이 세워놓은 건축물은 알 수 있을 것이다. 대표적인 건축물 두 개가 눈에 띄는데, 구러우(鼓楼, 구루)와 화챠오(花桥, 화교)다. 상당히 화려한 지붕이 위로 갈수록 점점 작아지며 촘촘하게 층을 이룬 구러우는 못이나 연결 기구를 쓰지 않고 만든 구조물이다. 그런가 하면 광시성 청양(广西省 程阳, 광서성 정양)에 있는 화챠오는 1916년에 지었는데, 발상의 전환이 빛난다. 안전하게 건너기만 하면 되는 게 다리인 줄 알았는데 지붕을 얹어놓으니 낭만적인 산책로처럼 보인다. 휑하니 급하게 지나가버리면 아쉽겠다. 일명 풍우교(风雨桥)라고도 불린다는데, '비바람 다리'라는 직역보다 '바람과 비의 다리'

라고 하니 좀 더 분위기 있게 느껴진다. 피해가야 했던 바람과 비조차도 벗 삼아서 건너는 다리라. 동주는 솜씨만 좋은 게 아니라 운치도 즐길 줄 아는 사람들인가 보다. 진정한 명품은 시간을 뛰어넘어 인정받는 것이라는데 최근 미국의 어느 광고회사에서 '세계 12대 아름다운 다리'로 꼽으며 진가를 다시 한 번 확인해주었다. 지린성 연변조선족자치주의 한옥도 볼 수 있다. 마당이 있고 식당과 약방, 책방 등으로 꾸며놓았다. 북쪽 공원과 남쪽 공원은 민주따챠오(民族大桥, 민족대교)라는 이름의 구름다리로 연결돼 있다. 화강암, 대리석, 원목 등을 다양하게 사용해 여러 소수 민족의 건설 특징을 담았다고 한다. 남쪽 공원에서 처음 만난 것은 바이주(白族, 백족)박물관이다. 윈난성 따리(大理, 대리)에 거주하는 바이주 거리와 전통 민가, 극장, 찻집을 재현해놓았고 따리산타(大理三塔, 대리삼탑)도 세워두었다. 지역 특산물로 유명한 날염 공예품도 살 수 있다. 식물에서 얻은 염료로 천에 물을 들인 것인데, 10년 전에 따리에서 산 식탁보와 각종 장식보를 지금까지도 잘 쓰고 있다.

윈난성 리장(丽江)에 사는 나시주(纳西族, 납서족)는 동파문(东巴文)으로 유명하다. 예쁜 그림처럼 생긴 문자는 현존하는 상형문자 중 가장 오래됐으며 세계문화유산에도 등재돼 있다. 이들의 민가에선 전시돼 있는 동파문자를 볼 수 있고 글자를 쓰는 시연도 볼 수 있다.

생각지도 않았던 석굴을 한꺼번에 다 봤다. 롱먼(龙门, 용문), 둔황(敦煌, 돈황), 윈강(云岗,

나시주 동파문화관
윈강석굴
장주 전통춤

웨이얼주 이슬람 모스크
바이주 건축
외주 민속품

운강) 그리고 스중산(石钟山, 석중산) 석굴에 따주스커(大足石刻, 대족석각)까지 한곳에 모아놓았다. 현지에 있는 석굴을 보기 위해 일부러 찾아가는 사람들도 적지 않은데, 한 번 걸음에 유명한 석굴을 다 봤으니 은근히 뿌듯하다. 신장의 웨이얼주(维吾尔族, 위구르 족)박물관에는 쑤공타(苏公塔, 소공탑)와 이슬람 모스크 등을 만들어 놓았다. 실크로드 여행길에 벽을 숭숭 뚫어놓은 네모반듯한 건물을 무척 많이 봤는데, 건포도를 만드는 건조장이었다. 신장 포도는 당도가 높기로 유명해 전국 각지로 보내지는데 특히 건포도는 단맛의 결정체라 할 정도다. 그 포도 건조장을 여기에도 만들어놓았는데, 보는 순간 입에선 침이 사르르 돌았다. 남쪽 공원에는 북쪽 공원에서 볼 수 없었던 퍽퍽한 흙집들이 많다. 한겨울의 하얼빈이 영하 30도일 때 남쪽의 하이난다오는 영상 20도를 웃돈다. 중국이라는 나라 안에서도 지역에 따라 자연환경이 이렇게 차이가 나고 그에 따라 가옥 형태, 사용하는 건축 재료, 삶의 형태가 달라진다. 그 모두를 한자리에 모아놓고 보니 차이를 더욱 확연하게 알 수 있다. 자연스럽게 상대성에 대해서도 생각하게 된다. 어쩌면 이런 것들이 '있기도 하고 없기도 하고', '되기도 하고 안 되기도 하고'라고 말하길 즐기는 중국인을 만들지 않았을까. 칼로 무 자르듯이 시시비비를 분명히 가리려 하는 한국인들로서는 도무지 이해할 수 없는 중국인의 습성 말이다

56개 민족의 박물관이 있다지만 비중이 똑같은 건 아니다. 어느 박물관은 볼 것이 풍성하지만 어떤 곳은 초라한 집 한 채만 덩그러니 있기도 하다. 또 어떤 박물관은 그 민족 출신의 직원들이 공연을 하거나 공예품을 판다. 하지만 어떤 곳은 적막감만 맴돈다. 중화민주위안을 둘러보는 동안 건축물을 완성하는 마지막 점, 화룡정점은 역시 사람이라는 생각을 다시 한 번 확신하게 됐다. 사람이 있는지 없는지 여부에 따라 관심도와 집중도는 현저히 달라졌다. 많은 것을 모아놓은 곳인 만큼 철학이나 문학, 역사, 건축, 미학, 미술, 불교학 분야에 관심이 있다면 구경하는 재미도 훨씬 커질 것 같다.

중국 여행을 준비하는 사람들에게 가장 강조하는 것 중에 하나가 신발이다. 멋도 좋지만 편한 신발을 신으라고 강조한다. 어떤 곳을 구경하든 한번 나서면 최소 세 시간이다. 중화민주위안을 구석구석 보려면 아무리 적게 잡아도 예닐곱 시간은 예상해야 한다. 간간이 유람선 코스와 유람차 코스가 있으니 적절하게 이용하는 것도 도움이 되겠다. 나시춘(纳西村, 납서촌)에서 출발하는 유람선은 1킬로미터가량 도는데, 10분이 소요되고 요금은 10위안이다. 투쟈주(土家族, 투가족) 마을에서 출발해 남쪽 공원을 1킬로미터 정도 도는 유람차는 5위안에 탈 수 있다.

Information

北京市朝阳区民族园路一号
010 6206 3646/3647
www.emuseum.org.cn
개방시간   08:30~17:30
          (12월~다음 해 3월 남쪽 공원 폐쇄)
입장료   90위안

홍등을 밝힌 구이제 거리

눈물 쏙~ 나게 맵다!
맛있는 거리 구이제

"콜록콜록~ 갑자기 왜 이러지…."

퇴근길 정체 시간에 딱 걸려서 꼼짝하지 않는 택시에 앉아 있다가 결국 참을성을 던져버리고 내렸더니 난데없이 기침이 나오기 시작했다.

목적지인 구이제(簋街)까지 닿으려면 아직 좀 더 가야 하건만 느닷없이 공격해온 매캐한 냄새에 그대로 무장해제되고 말았다. 함께 내린 일행도 여기저기서 기침을 해대느라 순식간에 짧은 소란이 일었다.

한 번 먹으면 설사하고 두 번 먹으면 좋아하게 되고, 세 번째엔 결국 지독한 사랑에 빠지게 만드는 마라롱샤(麻辣龙虾, 매운 민물가재 요리)와 충칭(重庆), 쓰촨식 훠궈(火锅) 그리고 수이주위(水煮鱼) 등 매운맛의 진수를 보여주는 음식들이 한자리에 모여 있는 거리답게 입성의식 또한 눈물 쏙 나게 맵다.

1.5킬로미터 정도 되는 길에 150여 개의 음식점이 줄지어선 이 거리의 정식 명칭은 구이제(簋街)이다. 簋(구이)는 고대 중국에서 제사 음식을 담을 때 쓰던 그릇이니 음식을 파는 거리와 제법 잘 어울리는 이름이다 싶다. 하지만 사람들은 이 거리를 그릇 거리(簋街)라는 이름 대신 귀신 거리(鬼街)라고 부른다. 이 둘은 뜻이나 글자 모양이 완전히 다르지만 중국어 발음은 '구이제'로 똑같다.

버젓이 자기 이름이 있는데도 왜 귀신 거리라는 별칭을 갖게 되었을까 궁금해 이것저것 찾아보았는데, 책마다 자료마다 유래에 대한 설명이 조금씩 다르다. 그중 50대 이상 나이 든 분들의 증언을 중심으로 엮었다는 백과사전의 설명이 가장 그럴듯해 보인다. 청나라 때 베이징의 성문(城门)은 제각각 기능이 있어서 꼭 용도에 맞춰서 사용해야 했단다. 예를 들어 병사들이 성 밖으로 나갈 때는 더성먼(德胜门, 덕승문)을, 들어올 때면 용딩먼(永定门, 영정문)을 이용해야 한다. 둥즈먼(东直门, 동직문)은 주로 성안으로 목재를 나르거나 성 밖으로 시체를 내보낼 때 이용했다.

성문이란 자고로 안과 바깥을 분리시키는 성벽에서 유일하게 두 개의 공간을 이어주는 통로가 된다. 늘 오고 가는 사람으로 북적이다 보니 성문 근처에는 자연스럽게 시장이 형성되었다. 특히 잡상인들은 어두컴컴한 새벽에 모여 장을 열고 동이 틀 무렵이면 파하고 떠났는데 이때 잡상인들이 기름등잔에 불 밝히고 장사하는 모습을 멀리서 바라보면 마치 도깨비불처럼 보였다고 한다. 게다가 근처에는 관을 만드는 상가까지 있어 이곳을 귀신 시장, 구이스(鬼市)라고 부르게 된 것이다.

귀신 시장에선 장사꾼들이 각양각색의 물품을 취급했는데, 돈을 제대로 버는 집이 하나도 없었다고 한다. 유일한 국영 백화점마저도 장사가 안 돼 문을 닫을 정도였다. 그러다 한 사람이 식당을 열었는데, 손님이 많이 몰리자 주변의 상점들도 따라서 하나둘 식당으로 업종을 변경했고, 자연스럽게 음식점 거리가 형성되었다. 그런데 역시 희한한 일은 여전히 낮에는 손님이 없고 밤이 되어야만 우르르 몰려들었다고 한다. 먹자 귀신들이 밤마다 사람들의 발길을 이쪽으로 이끌었는지도 모를 일이다. 어쨌든

귀신 시장은 자연스럽게 귀신 거리가 되었고 1980년대 후반부터 베이징 사람들 사이에서 알려지기 시작했다. 그런데 대중의 입에서 이 거리의 이름이 자주 오르내리게 되자 지역 정부(우리의 구청에 해당)에서는 귀신이라는 단어가 좋지 않다며 개명하려고 했다. 그러나 풍수지리설에 대한 믿음이 강한 주인들이 반대했다. 괜히 이름을 바꿨다가 장사가 안 되기라도 하면 오히려 낭패기 때문이다. 지역 정부는 연구 끝에 구이(鬼, 귀신)와 발음이 같은 구이(簋, 제기)라는 단어를 사용해 구이제(鬼街)를 구이제(簋街)로 바꾸었다.

그런데도 사람들은 여전히 귀신 거리라고 부르길 좋아한다. 그것은 아마 거리에 늘어선 홍등(紅灯) 행렬 때문이 아닐까 싶다. 거리를 가득 매운 매콤한 냄새가 후각을 먼저 마비시켰다면 다음엔 머리 위에 일렬로 매달린 홍등이 황홀경을 연출해내며 눈을 사로잡는다. 해가 완전히 기울고 난 후 홍등이 내뿜는 붉은 기운 속으로 걸어가다 보면 마치 중국 고전 영화의 한 장면 속에 들어선 듯 오묘한 기분이 든다. 과연 구이제답다.

"이 거리에서 마라롱샤를 제일 잘하는 집이 어디예요?"

배낭여행을 온 듯한 청년이 가이드북을 손에 든 채 다가와 묻는다. 구이제를 찾게 만드는 가장 큰 이유는 역시 먹기 위함이고, 매운맛의 종합 선물 세트를 선사하는 이 거리에서도 가장 인기를 끄는 메뉴는 마라롱샤다. 매운맛이라면 사족을 못 쓰는 한국인조차 그동안 알고 있던

정을 보여주는 방법인데, 잠깐 구경만 하고 가려던 호기심을 '이것까지만 먹고 가야지'로 바꾸어놓았다.

옆 테이블에선 열 명도 넘는 사람들이 마라롱샤 먹기 대회에 출전한 선수들처럼 정신없이 먹고 있었다. 그 모습이 하도 희한해 물어보니 원저우(溫州, 온주)에서 온 일가친척들이라고 했다. 상인(商人)의 나라 중국에서도 돈 버는 재주가 뛰어나기로 유명한 사람들이 원저우 사람들이다. 베이징까지 와서 사업을 하는데 거의 일 년째 매주 목요일에 이곳에서 가족 회식을 한다고 했다. 남방 지역 사람들은 대체로 매운 음식을 잘 먹지 못하기에 맵지 않으냐고 물었더니 처음엔 충격 그 자체였단다. 너무 매워서 어질어질했던 것이 첫 번째 충격이고, 그 매운맛을 잊지 못해 또 오게 된 것도 그들에겐 놀라운 일이었다고. 그렇게 마라롱샤의 마니아가 됐단다.

매운맛과는 완전히 차원이 다른 얼얼함에 눈물 콧물 쏙 빼면서도, 입으로 들어가는 양에 비해 치러내야 하는 수고로움이 너무 크다고 투덜대면서도 끝까지 붙들고 먹는 것이 마라롱샤이다. 식당이 150개나 된다는 이 거리에서 '마라롱샤'라는 간판이 붙지 않은 데가 없을 정도이니 웬만큼 차별화된 호객행위를 하지 않는 한 손님을 끌어들이기가 쉽지 않아 보인다. 가장 독특했던 건 마당에 임시 주방을 차려놓고 요리 과

그게 어떤 건지 충분히 이해가 돼 맞장구를 쳤다. 나 역시 그 과정을 똑같이 거쳤으니까. 처음 이 요리의 존재를 알고 나서 어찌나 흥분했던지, 그해 여름의 저녁 약속 메뉴는 무조건 마라롱샤였다.

앞에 마라(麻辣)라는 이름이 붙은 것은 산초와 매운 고추가 들어 있다는 얘기다. 다소 가혹할 정도로 혀를 마비시키고 어찔어찔하게 만드는 매운맛은 충칭과 쓰촨 일대 요리의 특징인데,

쓰촨이 고향인 덩샤오핑은 "맵지 않으면 음식이 아니다"라는 말을 남길 정도로 매운맛 사랑이 각별했다. 자고로 한 지역에서 형성된 음식 문화는 그 나름대로의 이유가 있는 법이다. 그들이 매운 음식을 즐기게 된 것은 분지 지형이라는 자연 조건 때문이다. 산으로 둘러싸인 분지는 늘 습기를 머금고 있다. 이런 환경에서 풍토병에 걸리지 않고 몸속의 땀을 적당히 빼내기 위해 선택한 것이 매운 음식이다. 베이징 토박이들의 증언에 의하면 원래 베이징 사람들은 매운맛을 즐기지 않았단다. 그런데 점차로 매운맛에 중독되어가고 있으며 아무리 작은 동네에도 충칭, 쓰촨 식당은 꼭 있단다. 그런 식당만 집중적으로 모인 곳까지 생겼으니 그게 바로 구이제다.

마라롱샤를 주문하면 종업원들은 기본적으로 비닐장갑을 가져다준다. 손에 묻히지 말라는 배려겠지만 나로선 손끝에 전해지는 얼얼함을 조금이라도 막으라는 의미로 해석한다. 매운맛은 미각의 범주에 들지 않고 통증[痛]의 영역에 속한다는데, 그 말을 제대로 실감할 수 있다. 어찌나 매운지 입은 물론이고 껍질을 까먹는 동안 비닐장갑을 낀 손끝에까지 화기(火氣)가 전해질 정도다. 한국의 이열치열 못지않게 중국에도 마라롱샤를 먹으며 땀 빼는 이들이 꽤 있다. 이런 음식에는 얼음처럼 차가운 맥주가 찰떡궁합이다. 그리고 맥주 한잔으로 잠시 숨을 돌려가면서 먹는 마라롱샤는 여름이 제철이다. 롱샤는 크기에 따라 마리당 가격이 다른데 너무 작으면 기껏 고생해서 깐 것에 비해 먹

을 게 없으니 중간 가격 이상의 것을 주문해야 먹을 만하다. 사람마다 먹을 수 있는 양이 다르겠지만 매운맛을 즐기는 사람이라면 혼자서 20마리 정도는 너끈히 먹을 수 있다.

여러 가지 재료를 끓이는 육수에 담갔다가 꺼내 먹는 샤부샤부의 일종인 휘궈(火锅)의 인기도 식을 줄 모르지만, 카오위(烤鱼)의 맛도 일품이다. 생선을 한번 굽고 나서 매운 재료들이 들어 있는 국물에 자작자작 잠기게 놓고 끓여 먹는다. 먼저 생선을 다 먹고 나서 국물에 면을 비벼 먹는 맛이 일품이다. 식당에 따라 매운 맛을 1~3단계 정도로 구분해놓은 곳도 많이 있으니 너무 겁먹지 않아도 된다.

구이제의 식당들은 모두 24시간 영업을 한다. 워낙 오래 전부터 밤에 오는 손님이 많기도 했지만 최근엔 밤낮없이 일하는 사람들이 많아지면서 더더욱 밤손님이 많아졌단다. 한국에 비해 밤 문화가 크게 발달하지 않은 베이징에서 시간의 구애를 받지 않고 언제든 찾아가 먹고 즐길 수 있는 곳이라는 점도 마음에 든다. 매운 냄새, 매운맛으로도 모자라 홍등까지 동원해 눈마저 매운 듯 착각하게 만드는 구이제는 먹자 골목일 뿐만 아니라 색다른 베이징의 밤 문화를 즐기고 체험할 수 있는 문화의 거리이다.

Information

东城区东直门内大街
지하철 5호선 베이신챠오짠(北新桥站, 북신교역) 하차

베이징에서
즐기는
문화 체험

200년도 더 된 전통 극장에서 경극을 감상한다. 100년 넘은 영화관에선 중국 영화 한 편을 본다. 독특한 건축물로 이슈가 된 국가대극원에서 세계적인 음악가의 연주를 감상한다. 문화에 관심 많은 사람들이 이런 코스로 베이징 여행 일정을 짠다면 3박 4일로도 모자랄 것이다. 경극을 볼 수 있는 극장도 다양하고 영화 박물관 하나만 구경하는 데도 하루는 족히 걸린다. 게다가 저마다의 특색을 갖춘 음악 공연장도 한 둘이 아니다. 물건은 소유한 사람에게 머물기 십상이지만, 문화는 그걸 즐기는 사람들이 함께 공유할 수 있다. 그것이 문화가 가진 힘이다. 더욱이 그 땅의 사람들을 알고 이해하는데 핵심 키워드로 작용하기도 한다. 중국을 경제나 정치의 논리가 아닌, 문화로 만나는 것은 어떨까.

중국 문화의 정수

'경극'을 경험하다

중국의 외형이 아무리 모던하게 변한다 해도 그들을 이해하는 데 필요한 결정적인 문화 코드는 쉽게 바뀌지 않는다. 중의학(中医), 중국화(中国画)와 함께 중국의 3대 국수(国粹)로 꼽히는 징쥐(京剧, 경극)는 수백 년에서 수천 년에 걸쳐 완성되어 온 문화의 정수다. 많은 사람들이 이것을 통해 중국을 만나고 또 호기심을 갖는다.

한국과 중국이 수교한 지 얼마 안 되던 시절에 중국이라는 나라를 인지하는 데 적지 않게 영향을 준 것이 영화 〈패왕별희(覇王別姬)〉였다. 칸영화제에서 황금종려상을 거머쥐며 세계무대에 등장한 천카이거 감독의 영화를 접했을 때 사람들은 수교가 단절돼 있던 중국이 겪은 격동의 현대사를 경극 배우들의 인생을 통해 들여다봤다. 그리고 호기심을 갖기 시작했다. 쟁쟁거리는 음악에 맞춰 기이한 발성으로 노래하고 말하며 독특한 손짓과 표정으로 춤을 추더니 현란한 무술까지 선보이는 경극을 직접 보고 싶어 했다. 그리하여 중국 단체 여행 코스에는 중국 문화의 정수라는 광고 문구와 함께 경극 관람이 포함되기에 이르렀다.

베이징의 여러 극장에선 매일 저녁 다양한 형태의 경극 공연이 무대에 오른다. 관객은 세계 각국에서 온 관광객이기도 하고, 경극을 아끼고 사랑하는 중국인들이기도 하다.

중국을 대표하는 경극 극장 메이란팡따쮜위안

홈페이지에서 공연 정보와 시간을 확인하고 저녁 무렵에 극장에 갔다가 낭패를 봤다. 지하철역 입구까지 길게 늘어선 줄이 심상치 않아 보이더니 역시나 그날 공연 표는 일찌감치 매진된 상태

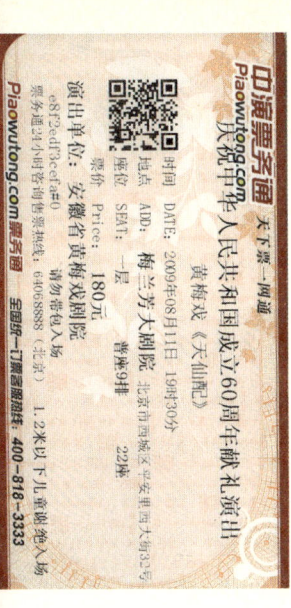

였다. 공연이 있는 저녁 시간에는 예약도 받지 않는다기에 다음 날 아침에 다시 가서 예약해야 했다. 경극을 가볍게 봤다가 혼쭐난 것 같아서 속이 뜨끔했다. 그렇게 큰 극장을 채울 만큼 관객이 많겠냐고 생각한 게 사실이었다. 예약한 날에 갔을 때도 역시 줄은 길게 늘어져 있었다. 관객은 대부분 나이가 지긋한 사람들이었지만 어른을 모시고 온 젊은 사람이나 혼자 줄 서 있는 청년들도 적지 않게 보였다. 외국인들은 거의 보이지 않았는데 관광객을 대상으로 하는 극장이 아니기 때문일 것이다.

　　　　중국국가경극원에 소속된 메이란팡따쥐위안(梅兰芳大剧院, 매란방대극원)은 경극 예술의 대가로 불리는 메이란팡의 이름을 그대로 붙이면서 중국을 대표하는 경극 극장이란 이미지를 확보했다(로비에선 그의 전신 조각상도 볼 수 있다). 주로 경극 작품이 무대에 오르지만 지방극이나 국내외 뮤지컬, 무용극 등 다양한 분야의 예술 작품을 소개하기도 한다. 특히 무대에는 고정 승강기 여섯 대와 임시 승강기 세 대를 설치해 다양한 무대효과를 낼 수 있도록 했다. 객석은 총 1068석인데 가장 비싼 좌석과 가장 싼 좌석의 가격이 각각 2080위안과 50위안일 정도로 차이가 크다.

　　　　대극원 복도에는 경극에 등장하는 인물들의 마네킹을 전시해두었는데, 무대 위의 배우들을 자세히 보기 어려웠던 터라 무척 반가웠다. 독특한 분장과 화려한 의상을 하나하나 뜯어보며 이해의 폭을 넓힐 수 있어 고마웠고 기념 촬영을 하는 데에도 훌륭한 배경이 되어주어 좋았다.

　　　　메이란팡따쥐위안은 베이징 시 서쪽 중심부에 있다. 중국의 월 스트리트라 불리는 진룽제(金融街, 금융가) 북단이기 때문에 근처에는 금융기구 총본부가 스무 개나 있고 정부 기구도 19개가 포진해 있다. 또 언제나 활기 넘치는 시즈먼 쇼핑가와도 가까워 명실상부한 정치·문화·상업의 중심 지역이다. 간결하면서도 평범치 않은 건축 디자인은 이런 환경 속에서도 단연 돋보인다. 외관은 부채 모양의 기본 골격에 유리로 외벽을 처리했는데 간결하면서도 현대적인 이미지를 돋보이게 했다. 반면 실내는 눈이 시릴 정도로 빨간 기둥과 벽, 거기에 박혀 있는 황금색 원형 목재조각 등 고전 건축물에서 차용한 형식을 과감하게 적용했다. 전통과 현대를 적절하게 조합했다는 생각이 든다.

홈페이지에서는 대략적인 공연 정보와 함께 좌석을 직접 고를 수 있게 돼 있지만(가장 저렴한 좌석은 일찌감치 매진 표시가 뜨곤 한다) 모든 공연 정보를 다 소개하는 것은 아니다. 일례로 내가 관람했던 〈톈시엔페이(天仙配)〉는 안휘성의 지방극이었는데 홈페이지에는 정보가 없었다. 예약할 때 직원에게 얘기했더니 전화로 문의하면 공연 정보를 상세히 알려준다고 한다. 찻집을 비롯해 경극 DVD나 CD를 살 수 있는 음반 가게, 작은 기념품 가게도 갖추었다.

Information

北京市西城区平安里西大街32号
010 5833 1288
www.mlfdjy.cn

중국에선 종종 'OO회관'이라 이름 붙은 곳을 볼 수 있다. 중국인의 독특한 협력정신을 보여주는 대표적인 사례가 이런 '회관'이란 얘길 들은 적이 있다. 한마디로 말해 타지에서 살아가는 같은 고향 출신들이 상시적으로 만날 수 있는 동향 회관 같은 곳이다. 누군가 사업을 준비하거나 경제적으로 어려울 때 십시일반으로 도움을 주는 역할도 한다. 이런 전통은 해외로 진출한 화교 사이에서도 그대로 이어져서 후발 주자들이 비교적 쉽게 정착하는 배경이 되곤 한단다. 개인주의가 철저한 중국인들이 어떻게 이런 면을 갖게 되었는지 정말 궁금한 대목이다.

어쨌거나 후광후이관(湖广会馆, 후광회관)은 후난성(湖南省)과 후베이성(湖北省) 출신들이 1807년에 창건해 200년 넘는 역사를 자랑한다. 예로부터 회관은 경극을 공연하는 주요 무대가 되기도 했다. 새해 첫날 모여 인사를 나눈 후에 함께 경극을 감상하기도

康衢倍舞踏宫商 一片依然白雪阳春

初把法华教许仙

하고 특별한 기념일이나 축하연이 있을 때에도 경극단을 초빙했다고 한다. 세계 10대 목조 건물 극장 중에 하나로 꼽히는 후광후이관에는 대극장과 작은 규모의 베이징시 희극박물관 그리고 식당이 있다. 특히 대극장은 2층에서도 관람할 수 있는 객석과 기둥이 있는 네모난 무대 그리고 라이브로 연주하는 악단까지 영화 〈패왕별희〉나 〈매란방〉에 등 장하는 전통적인 극장 분위기를 그대로 보여준다.

옛날과 달라진 것이라면 경극의 내용을 모르는 사 람이 보더라도 어느 정도 이해할 수 있도록 무대 위 전광판에 대략적 인 스토리와 노래 가사가 그때그때 자막으로 뜬다는 점이다. 매일 저녁 7시 반부터 공연이 시작되는데, 무대와 객석의 거리가 멀지 않고 무대 바로 옆에서 라이브로 연주하는 악단이 있어 영화로 보던 경극과는 달 리 생동감이 넘쳤다. 〈추강(秋江)〉, 〈손오공의 천궁 대소란(孫悟空大鬧 天宮)〉, 〈나한과 오공의 대결(羅漢斗悟空)〉 등 몇 가지 작품을 반복적 으로 무대 위에 올리는데, 날짜를 잘 맞춘다면 오리지널 〈패왕별희〉를 볼 수도 있다.

회관 내부에 있는 식당은 식사만 하기 위해 오는 사람도 적지 않아 늘 만원이다. 음식 맛도 괜찮고 가격도 적당해 공연 을 보기 전에 조금 일찍 가서 식사를 하는 것도 좋겠다. 그리고 회관 구 석구석을 돌아보며 전형적인 중국 건축물의 운치를 즐기다가 공연을 보는 거다. 이렇게 한 번 걸음에 음식과 건축물, 경극까지 적어도 세 가 지 이상의 중국 문화를 접하는 것도 흔치 않은 기회이다. 게다가 후광 후이관은 정치적으로도 매우 의미 있는 장소이다. 봉건 시대에 종지부 를 찍고 임시대총통에 취임해 중화민국(中華民國)의 성립을 공포했던 쑨원이 자주 찾던 곳이다. 그는 이곳에서 국민당 제1기 대회를 소집하 고 국민당의 성립을 선포했으니 쑨원과 역사에 관심 있는 사람이라면 더욱 특별하게 느껴질 것이다.

티켓 가격은 180위안, 280위안, 380위안, 680위안 으로 네 가지이며 전화 예약이 안 되고 현장에 가서 직접 구매해야 한다. 티켓 가격에는 공연을 보면서 간단하게 주전부리 할 수 있는 베이징 전 통 간식과 언제든지 물을 새로 채워주는 차 한 잔 값이 포함돼 있다. 홈

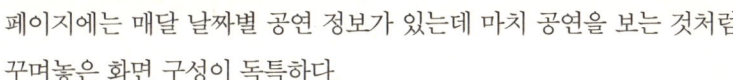

페이지에는 매달 날짜별 공연 정보가 있는데 마치 공연을 보는 것처럼
꾸며놓은 화면 구성이 독특하다.

Information

北京市虎坊路3号
010 6351 8284
www.beijinghuguang.com

중국의 전통 오락거리를 즐긴다, 라오서차관

중국에는 중앙TV인 CCTV를 비롯해 전국의 지역
방송과 위성 TV 등 모두 3000여 개의 채널이 있다. 그러니 시청률이 소
수점 이하로 떨어지는 건 그리 이상한 일도 아니다. 중국에서 대히트를
치며 드라마의 한류 시대를 주도한 〈인어 아가씨〉의 시청률도 3~4퍼센

트였다. 그런데 분산됐던 채널 선택권을 단 하나로 모으는 프로그램이 있다. 음력 섣달 그믐날 저녁 8시부터 시작해 다 함께 새해를 알리는 카운트다운을 외친 후 대단원의 막을 내리는 〈춘제완후이(春节晚会, 춘절만회)〉인데, 시청률이 90퍼센트를 넘는다. 인구가 5000만인 우리나라에서도 시청률 50퍼센트면 나라가 들썩이는데, 13억의 중국에서 90퍼센트이니 보통 인기가 아니다. 우리의 제야 특별 방송처럼 인기 가수들의 축하연도 있지만 프로그램의 대다수를 차지하는 것은 서커스, 곡예, 마술, 상성(相声)처럼 중국인들이 전통적으로 즐기던 오락거리들이다.

　　　라오서차관(老舍茶

馆, 노사차관)에서 공연을 보는데, 〈춘제완후이〉가 떠올랐다. TV에 나온 볼거리들이 골고루 등장하는가 싶더니 급기야는 손 그림자극을 보여주던 화면 속 주인공들이 그 모습 그대로 무대에 등장해 깜짝

놀라기도 했다. 중국인이라면 누구나 좋아하는 상성도 볼 수 있다. 우리의 만담처럼 오로지 말로 관객들을 울리고 웃기는데, 택시를 타보면 기사들 대부분이 라디오에서 흘러나오는 상성을 듣고 있을 정도로 베이징 사람들의 사랑을 받는 오락거리다.

　　　외국인이 알아듣기에는 말의 속도가 너무 빠르고 정서적으로 이해하기도 쉽진 않지만 그토록 긴 대사를 줄줄 외는 것이 신기해 마냥 쳐다보게 된다. 이곳에서는 경극도 볼 수 있다. 그런데 앞의 두 극장과 달리 볼거리가 화려하고 풍부한 하이라이트 일부만 소개하는 정도이다. 내용도 모르고 말을 알아듣기 힘든 사람들이라면 한 시간 넘게 꼬박 앉아 듣는 것보다 이 정도의 맛보기가 적당한 듯하다. 유

**라오서차관에 있는
전통 차관의 모형**

독 외국인 관람객이 많은 것도 이 때문이지 싶다.

　　　　얼굴에 쓴 가면을 눈 깜짝할 사이에 다른 것으로 바꿔 감탄을 자아내는 변검(變脸)과 박진감 넘치는 소림 무술까지 무대 위의 볼거리는 잠시도 눈을 뗄 수 없게 만든다. 그런데 볼거리는 무대 위에만 있는 게 아니다. 이곳 역시 좌석마다 베이징 전통 먹을거리와 차가 한 잔씩 제공되는데, 잔이 빈 것을 본 종업원은 멀리 떨어진 곳에서도 주전자를 기울인다. 물을 한 방울도 흘리지 않고 잔을 채우는 재주가 신통하고 재미있어 물을 따를 때마다 사람들의 시선이 그쪽으로 쏠렸다.

　　　　예로부터 베이징에는 수많은 수차관(书茶馆, 서다관)들이 있었다. 찻집이니 물론 차를 마시는 곳이지만 사람들이 이곳을 찾는 더 큰 이유는 평서(评书 : 쥘부채, 순수건, 딱딱이 등의 도구를 사용해 책 내용을 알아듣기 쉽게 이야기해주는 것)를 듣기 위함이었다. 다객들은 책 이야기를 들으면서 차를 마시고 정신을 가다듬었다. 어찌 보면 찻집에서 차를 마시는 것이 부수적인 수단이 된 것인데, 지금도 공연을 보는 동안 목을 축이는 정도로 여겨지니 별로 달라진 건 없는 듯하다. 1988년에 지은 이 찻집의 이름은 중국의 현대소설가이자 문학가, 희극예술가인 라오서(老舍, 1899~1966)와 연관이 있다. 그의 본명은 수칭춘(舒庆春, 서경춘)이다.

사범대학에 다닐 때 자신의 성씨인 舒를 두 글자로 쪼개어 서위(舍予, 사아)라는 자(字)를 만들었는데, 여기엔 '사심과 이익을 버린다'는 뜻이 담겨 있다. 훗날 이름 앞에 老를 붙여 라오서(老舍)라는 이름으로 집필하며 수많은 작품을 남겼다. 해학적이고 풍자적인 글을 썼던 초기에 비해 중일전쟁 이후로는 주로 애국적인 소설이나 희곡에 전념했다. 초기 대표작으로 유명한《낙타상자(骆驼祥子)》를 비롯해《라오서문집》, 희곡《차관(茶馆)》등을 발표했다. 그중《차관》에 등장하는 찻집을 그대로 재현한 것이 바로 라오서차관이다.

입구에선 베이징 전통 의상을 차려입은 왕 서방이 서 있다가 손님이 올 때마다 온 동네 사람들이 다 들을 정도로 요란하게 환영인사를 한다. 깊은 환대에 모두들 유쾌한 기분으로 들어가 신나게 구경한 후에 흡족해져서 나오게 되는 곳이 바로 여기다. 매일 저녁 7시 50분부터 9시 20분까지는 온갖 잡기를 다 보여주는 하이라이트 공연을 하지만 매주 수요일에는 오후 2시부터 4시 반까지 별도의 경극 공연을 무대에 올린다.

Information
_____

北京市前门西大街3号楼3层
010 6304 6334
www.laosheteahouse.com

대규모 경극 전문 공연장, 리위안쥐창

쳰먼호텔 안에 있는 이 극장은 호텔 측과 베이징 경극원이 연합해 1990년에 세웠다. 소극장을 연상시키는 라오서차관의

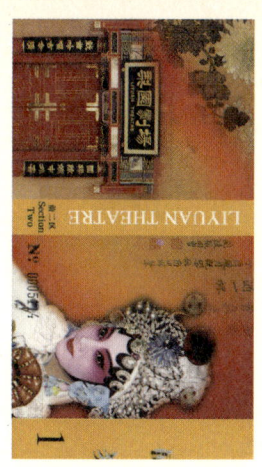

소박한 분위기에 비해 리위안쥐창(梨园剧场, 이원극장)은 극장식 쇼를 보여주는 곳처럼 무대를 비롯해 모든 것의 규모가 크고 화려하며 분위기도 한층 현대적이다. 객석 800석을 둘러싼 실내 벽에는 경극에 등장하는 대형 가면 여덟 개가 걸려 있는데, 이것들이 경극 전용 극장의 분위기를 한껏 살려준다. 관객 대부분이 외국인인데 한국 단체여행객도 이곳을 많이 찾는다. 공연 작품은 후광후이관과 비슷하다.

무대가 워낙 커서인지 배우들의 움직임이 크고 특히 무술이나 창 싸움 등 몸을 움직이는 화려한 볼거리가 나올 때는 더욱 박진감 넘친다. 무대 옆에 있는 스크린에선 노래 가사와 주요 대사의 영어 자막이 뜬다. 공연은 매일 저녁 7시 반부터 시작되고 티켓 가격은 200위안부터 시작해 280위안, 380위안, 480위안, 580위안까지 있으며 간식과 차가 제공된다. 공연장 밖의 전시관에는 200여 년의 경극 역사를 보여주는 물건들이 진열돼 있고 기념품 매장에선 옷을 비롯해 탈, 악기, 그림 관련 상품을 구매할 수 있다. 또 경극 옷을 입거나 탈을 쓰고 기념사진도 찍을 수도 있다.

Information

北京市宣武区永安路175号 前门饭店一层
010 5166 4621/2182
www.liyuantheater.cn

경극이란?

'징쥐(京劇, 경극)'라는 말은 베이징의 '징(京)'과 연극의 '쥐(劇)'가 결합된 단어다. 다시 말해 베이징을 중심으로 발전한 연극이라는 뜻이다. 서양에서는 베이징 오페라[peking opera]라고 부르지만 대사와 노래 이외에도 동작과 무술 등이 중요한 구성요소로 등장하기 때문에 오페라라는 단어만으로는 설명이 부족한 종합 예술이다.

《경극》이라는 책에 따르면 1989년에 출판된 《경극극목사전(京劇劇目辞典)》에 실린 경극 제목이 무려 5300여 편이나 된다고 하니, 우리가 알고 있는 몇 편의 제목은 극히 일부에 불과할 뿐이다. 경극에는 생(生), 단(旦), 정(淨), 축(丑) 등 네 개의 정형화된 캐릭터가 주요 배역으로 등장한다. 특히 여자 배역인 단 역은 여자가 무대에 오를 수 없었던 봉건 사회의 금기 때문에 예쁘장하게 생긴 남자 배우가 맡았었다. 그러나 여성 해방 운동의 영향으로 사회적 영향력이 커진 1930년대부터는 여자도 경극 무대에 설 수 있게 되었다.

경극은 배역만이 아니고 손동작과 표정, 의상, 분장 등에서 모두 정형화된 공식을 따르고 있다. 200년 전인 청나라 때 생겨난 경극은 역사의 흐름과 함께 주요 관객층도 변해왔다. 초기에는 주로 궁중 인사 등 상류 계층이었다가 경제가 발전하면서 상인들이 주요 관객으로 등장했다. 그러다가 1900년대로 접어들면서 신식 교육을 받은 교사와 학생들이 새로 편입되었는데, 특히 여성의 극장 출입이 이때부터 허락되었다. 대중적으로 점점 인기를 끌던 경극은 명배우 메이란팡이 활약하던 1920년대에 번성기를 맞았고 중일전쟁과 문화대혁명 시기에 꽃이 꺾이는 불운을 겪었다. 경극과 경극 배우들에 대해 다룬 영화 〈패왕별희〉와 〈매란방〉을 보면 좀 더 폭넓게 이해하는 데 도움이 된다.

메이란팡지녠관

메이란팡(1894~1961)은 중국에서 전설적인 경극 배우로 꼽힌다. 여덟 살 때부터 경극을 배워 열한 살에 처음으로 무대에 섰는데, 주로 청의(정숙한 현모양처나 절개 있는 열녀 역할이며 노래를 주로 한다)와 도마단(말 탄 여장군 역할이며 노래와 무술 동작을 병행한다) 역할을 맡았다. 단순히 인기 있는 배우를 뛰어넘어 미국, 구소련, 일본 등 세계 각국을 다니며 경극을 통해 중국을 알리는 문화사절 역할을 톡톡히 했던 인물이다. 특히 찰리 채플린은 메이란팡을 가리켜 '예술적 솔 메이트(soul mate)'라고 했다. 그가 1930년에 미국 뉴욕으로 공연을 떠난 일화는 영화 〈매란방〉에도 잘 그려져 있다.

평생 대중의 사랑을 받으며 살아온 경극의 대가가 생의 마지막 10년을 손자 손녀들과 조용하고 안락하게 보낸 고거는 현재 '메이란팡지녠관(梅兰芳纪念馆, 매란방기념관)'으로 바뀌어 개방되고 있다. 입구에 걸려 있는 '메이란팡지녠관'이라는 글씨는 덩샤오핑이 직접 쓴 것이다. 전형적인 베이징 쓰허위안 안에는 무대에 오를 때 입던 의상과 소품 등 부인과 자녀들이 국가에 기증한 진귀한 문물, 문헌 자료가 전시돼 있다. 특히 그림과 글씨에 조예가 깊었던 그가 남긴 작품은 경극 배우 이면의 모습을 상상하게 해 특별하다. 메이란팡은 1949년에 중화인민공화국이 성립된 후 전국문화연합회, 연극협회의 부주석으로 활동했고 중국연극연구원의 원장 직을 맡기도 했다.

Information

北京市西城区护国寺街9号
010 8322 3598
www.meilanfang.com.cn
개방시간　09:00~16:00
　　　　　(매주 월요일 휴관, 화 · 금요일 오후
　　　　　무료입장)
입장료　　10위안

중국 영화와 만나는 두 가지 방법

따관러우극장과 중국영화박물관

중국 영화의 탄생지 따관러우극장

1895년 12월 28일, 뤼미에르 형제는 파리에 있는 그랑카페에 모인 사람들에게 처음으로 영화를 소개했다. 그로부터 채 일 년도 되지 않은 1896년 여름에는 상하이의 전통 찻집에 모인 사람들이 영화라는 신기한 볼거리와 처음 대면했다. 중국은 인도와 더불어 아시아 국가 중에 가장 먼저 영화를 받아들인 나라이다. 초기의 영화는 분량이 1~2분 정도로 짧았다고 한다. 당시 상하이의 전통 찻집이나 오락 공연장에서는 잡기나 민속 가무, 전통극 등을 보여주는 중간 중간에 흥미를 끌기 위한 수단으로 영화를 상영했다는 대목이 《중국 영화의 이해》에 나온다. 1902년에는 베이징에서 처음으로 영화 시사회가 열렸고 마침내 1905년에 중국 최초의 영화인 〈딩쥔산(定军山, 정군산)〉이 등장했다. 당시 영화를 상영한 따관러우(大观樓)에는 몰려드는 인파로 인산인해를 이루었다고 한다.

역사가 100년 넘는 상점들이 모여 있는 따자란(大栅栏)에는 청대 말기의 건축풍으로 지어진 영화관이 있다. 상영 중인 영화 제목이 스크린 위로 흘러가고 그 아래 모인 관객들이 영화를 고르는 모습은 여느 극장과 다를 바 없는 풍경이지만 여긴 중국 영화의 탄생지이다. 또 중국의 영화 역사를 고스란히 보여주는 산증인이기도 하다.

1층 로비에 들어서면 왼쪽에 모자를 쓴 남자의 조각상이 있다. 중국 영화의 개척자인 런칭타이(任庆泰)다. 일본에서 배워 온 사진 기술로 '펑타이(丰泰)사진관'을 개업해 활동하다 중국에 영화가 유입되자 서양인들의 영화 촬영을 도왔다고 한다. 그러다가 자신이 직접 영화를 제작하기에 이르렀는데 그것이 바로 중국 최초의 영화

(위) 따관러우극장 내부
(아래) 따관러우극장 입구

인 〈딩쥔산〉이다. 당시 '경극 대왕'이라 불리
며 큰 인기를 누리던 경극 배우 탄신페이(谭鑫
培)가 공연 레퍼토리 중 하나인 〈딩쥔산〉의 칼
춤과 격투 장면을 고정 돼 있는 카메라 앞에
서 연기했다고 한다. 당대의 인기 배우가 등장
하는 경극을 영화라는 새로운 그릇에 담아 소
개하는 작업은 대성공을 거두었고 런칭타이는
그 후로 7편의 경극 영화를 더 제작했다.

　　　　중국 최초의 제작자이자
촬영감독, 영화감독인 런칭타이가 남긴 또 하
나의 발자취는 중국 최초의 영화관인 따관러
우극장을 세운 것이다. 원래는 마쓰위안(马思

远)이라는 찻집이었는데 1905년에 이름을 따관러우로 바꿨고 1907년부터는 본격적으로 영화관이란 이름도 붙이게 된다. 흥미로운 것은 이 극장의 변천사가 바로 지난 100여 년간 이어져온 중국 영화의 거대한 흐름이자 발전사라는 점이다. 1905년에 〈딩쥔산〉을 제작하고 상영한 데 이어 1907년에는 〈마풍녀(麻风女)〉란 외국 영화를 상영했는데, 당시에 객석이 모두 찼다고 한다. 또 남녀가 따로 앉아야 한다는 영화관 규정을 최초로 바꿔 남녀 동석을 시행한 극장으로 기록돼 있다. 1931년에는 중국 최초의 유성영화인 〈가녀 홍모란(歌女红牡丹)〉을 상영했고, 1941년에는 프랑스에서 35미리미터 고정식 영사기를 도입하면서 설비 수준을 한 단계 높였다. 1948년에는 최초의 컬러영화 〈생사한(生死恨)〉을 상영했다. 1960년에는 베이징에서 처음으로 입체와이드스크린을 갖추고 〈마술사의 기이한 만남〉을 상영했는데 장장 48개월간 100만 관객을 모으는 기록을 세웠다. 1986년에 600만 위안을 투자해 70밀리미터 스테레오영화를 상영할 수 있는 전문관으로 변신했고 2005년에 다시 개조 공사를 해 지금의 다기능 시설을 갖춘 상영관으로 거듭났다. 이렇

266 듯 무성영화에서 유성영화로, 일반 스크린에서 입체와이드 스크린으로 중국 영화계가 걸어온 길이 따관러우영화관의 기록 속에 고스란히 담겨있다.

실내에는 옛 영화의 포스터와 옛 영화인들의 흑백 사진이 빼곡하게 걸려 있고 수십 년 전에 사용했던 영사기나 필름의 실물을 그대로 전시해놓아 작은 영화 박물관에 들어선 것 같다. 티켓 가격은 국내 작품은 25~50위안, 해외 수입 영화는 50~120위안으로 차이가 나는데 조조나 야간에는 50퍼센트 할인해준다.

3대에 걸친 세 여인의 이야기를 장쯔이가 1인 3역으로 연기한 영화 〈모리화〉의 표를 끊어 극장 안으로 들어가니 CGV나 메가박스에 있다고 생각해도 무방할 만큼 좌석, 음향 시설, 스크린 크기 등에서 별 차이가 없었다. 단지 뒷자리에서 솔솔 풍겨오는 달콤한 팝콘 냄새가 이곳이 베이징임을 말해주었다(우리의 짭조름한 팝콘과는 달리 중국인들은 연유 맛이 나는 달콤한 팝콘을 즐긴다).

최근 중국에선 여러 개의 스크린을 갖춘 멀티플렉

스 극장이 유행처럼 생겨나고 있다. 뿐만 아니라 최고급 시설을 갖춘 5성급 영화관, 최신식 4D영화관까지 젊은 층을 공략한 특색 있는 극장들이 속속 등장하고 있다. 문제는 가격인데 대졸자의 초봉이 3000위안 정도라는 걸 고려한다면 50위안이 넘는 티켓 가격은 부담스러울 수밖에 없다. 그러다 보니 10위안이면 살 수 있는 불법 DVD가 유통되기도 한다. 그러나 이런 감상이 극장에서 보는 맛과 같을 순 없기에 알뜰 영화광들은 매주 화요일을 기다려 극장에 간다. 이날은 베이징에 있는 모든 극장이 시간대와 상관없이 50퍼센트 할인한다.

Information

北京宣武区前门外大栅栏街36号
010 6303 0551

중국 문화 콘텐츠의 힘 중국영화박물관

세계에서 규모가 가장 큰 영화 박물관은 베이징에 있는 중궈띠엔잉보우관(中国电影博物馆, 중국영화박물관)이다. 중국 영화 탄생 100주년을 기념하기 위해 지어 2007년 2월부터 개방한 이곳은 건축 면적 3.8만 제곱미터에 길이만 해도 2970미터나 된다. 이젠 이 나라의 건축물 규모에 어느 정도 익숙해졌다 싶었지만 웅장하다는 말로도 설명이 부족할 만큼 초대형인 박물관 앞에서 또 다시 어쩔해지고 말았다. 그리고 문득 궁금해졌다. 무엇을 과시하고 싶은 것일까. 배포? 영화 예술 산업에 대한 자부심? 정부의 전폭적인 지원? 두서없이 떠오르는 의문점을 안은 채 박물관으로 들어섰다.

은막의 스타를 떠올리게 하는 별 모양의 입구로 들어서면 왼쪽에는 전시 구역이, 오른쪽에는 영화관 구역이 있다. 전시 구역에는 중국 영화가 걸어온 100년 여정을 담은 전시관 20개가 있는데, 디자인이 아주 독특하다. 로비에서 천장까지 중앙을 텅 비워놓고 벽을 따라서 나선형 길이 4층까지 이어져 있다. 밋밋해 보일 수 있는 벽은 빨강, 파랑, 노랑, 초록색의 조명으로 시시각각 변화를 주는데, 면적이 워

낙 넓어서인지 전시관 전체를 화려하게 만드는 효과가 있었다. 그런데 시각 자극이 너무나 강렬해 시간이 지날수록 몽환적인 느낌으로 바뀌어갔다. 뭐, 그것도 나쁘진 않았다. 어차피 영화라는 것이 꿈같은 것이니까.

　　　　스크린보다 더 화려하게 다가온 첫 이미지에 비해 스무 개의 전시실은 하나하나가 알토란 같은 자료로 가득 찬 보물 창고였다. '영화의 발명'이라는 이름이 붙은 첫 번째 전시관에는 춘추 시대의 손 그림자극에 대한 설명부터 시작해 초기 영화에 대한 소개와 도구들이 전시돼 있다. 그중에서도 사람들이 가장 관심 있게 본 것은 뤼미에르 형제가 파리의 그랑카페에서 영화 상영하던 모습을 재현해놓은 밀랍 인형이다. 특별히 파리뤼미에르연구센터에 의뢰해 원래의 모습과 똑같은 비율로 제작했다는데, 마치 눈앞에서 일어나는 일처럼 실감 나게 만들어놓았다.

　　　　두 번째 전시실에선 중국 영화의 탄생에 대해 볼

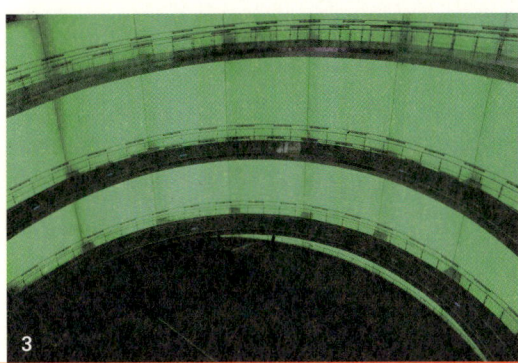

1_ 〈딩쥔산〉 촬영 당시 모습
2_ 〈가녀홍모란〉 소개관
3, 4_ 스크린만큼이나 화려한
전시관

수 있다. 첫 영화 〈딩쥔산(定軍山)〉을 촬영하던 상황을 1:1 비율의 밀랍인형으로 재현해놓았다. 책에서 만나 상상 속에 머물렀던 예순의 노배우 탄신페이(譚鑫培)와 중국 영화의 개척자 런칭타이가 눈앞에 나타난 것이 흥미진진해 한참을 머물며 바라보았다.

　　　　3전시실은 혁명전쟁 시기의 중국 영화를 주제로 한다. 1932년부터 1949년까지는 중일전과 내전으로 혼란스러운 시기였지만 상하이를 중심으로 하는 영화 산업은 황금기였다. 당시 번화했던 상하이 거리의 모형과 함께 최초의 유성영화, 좌익진보 영화의 탄생에 대해 소개하고 있다.

　　　　4전시실과 5전시실에서는 각각 새 중국의 영화 발전과 개혁·개방 이후의 중국 영화를 소개한다. 흙으로 빚은 영화 속의 인물상 100여 개와 2005년까지 제작된 중국 영화를 접할 수 있다. 그밖에 중국 애니메이션의 발전 역사를 한눈에 볼 수 있는 애니메이션관(6전시실), 어린이 영화(7전시실), 과학교육영화(8전시실)에 대한 자료들이 별도의 전시실에 잘 정리돼 있다.

우리나라 사람들이 중국 영화를 생각할 때 먼저 떠오르는 것은 대륙의 영화보다 홍콩 영화들일 것이다. 어릴 때부터 보고 자란 것이 리샤오룽(李小龙, 이소룡)이나 저우룬파(周润发, 주윤발)가 등장하는 영화였으니 어쩌면 9·10전시실이 가장 반갑고 익숙할지도 모르겠다.

이곳에는 1897년부터 2005년까지 제작된 홍콩, 마카오, 타이완 영화가 소개돼 있다. 공중부양하듯 높이 떠 있는 리샤오룽의 액션 연기 장면을 포착한 〈정무문〉도 볼 수 있고 홍콩 느와르 시대를 연 〈영웅본색〉 등 친숙한 영화의 포스터와 배우들 사진이 아련한 추억을 자극한다.

나머지 전시실 열 개는 4층에 있는데 영화 제작과 전문 지식에 대한 것이 주를 이룬다. 촬영에 대한 소개(11전시실), 영화 미술(12), 해저나 고속 촬영, 마이크로 촬영과 같은 특수 촬영(13), 전통 영화 특수 효과(14), 디지털 영화 특수 효과(15), 녹음(16), 편집(17), 인화(18), 만화영화(19), 각양각색의 영화(20)가 별도의 공간에서 전문적으로 다뤄지고 있다. 원론적이고 딱딱한 내용들이라 특별히 관심을 갖는 사람이 아니라면 다소 지루하게 느껴질 수도 있지만 더빙실에서 음향효과를 넣는다거나 촬영 과정에 참여해보는 등 직접 체험할 수 있는 장치를 다양하게 설치해 관심도와 참여도를 높였다. 이처럼 전시실 스무 개를 돌면서 영화 1500편, 각종 사진 자료 4300장을 보다 보면 중국 영화계가 걸어온 100여 년의 흐름을 자연스럽게 이해할 수 있다.

전시관만 구경하는 데도 시간이 꽤 걸렸다. 조금만 더 꼼꼼하게 봤다면 폐관 시간까지 꽉 채웠을지도 모른다. 중국의 박물관들은 대개 오후 4시 전후에 문을 닫기 때문에 볼 것이 많은 곳에 갈 때는 일찌감치 서둘러야 한다. 이곳도 마찬가지다. 더군다나 영화관 구역에는 아이맥스 영화관, 디지털 영화관을 비롯해 극장이 다섯 개나 있다. 영화관의 종류가 많으니 관객의 선택 폭도 그만큼 넓어져 좋다. 시설이 훌륭한 데다 가격까지 저렴한데, 일반 영화는 20~30위안, 아이맥스 영화도 50~60위안이면 볼 수 있다. 기획전이 있을 땐 옛 영화나 보기 힘든 영화를 상영하기도 하니 영화광이라면 홈페이지에서 미리 정보를 확인하고 찾아가면 좋을 것이다.

박물관에 들어설 때 가졌던 의문점을 다시 생각해 보았다. 자국의 영화 산업에 대한 자신감과 정부의 전폭적인 지원 그리고 끝을 알 수 없는 배포. 모두가 정답인 것 같다. 영화 몇 편을 보았던 경험으로 중국영화를 상상했다가 예상 외로 풍부한 콘텐츠에 놀랐다. 기록의 힘이 얼마나 큰지는 시간이 지나봐야 알 수 있는데 100년이 넘는 영화 역사를 자료와 함께 일목요연하게 정리해내는 인프라도 부러웠다. 이런 것들을 마음껏 자랑하고 싶어 하는 욕망도 인정한다. 그리고 하나 더 새롭게 느낀 것은 디자인이다. 크기가 큰 건축물 치고 디자인이 괜찮다고 느낀 적이 별로 없었는데, 여긴 입구부터 전시관에 이르기까지 영화라는 주제를 잘 살리고 있다. 나중에 확인해보니 서울 삼성동 코엑스몰을 설계했던 미국의 디자인 설계 기업 RTKL과 베이징시 건축디자인연구소가 공동으로 설계한 작품이라고 한다.

현재도 그렇지만 미래에는 문화가 더욱 중요한 시대가 될 것이다. 중국영화박물관은 중국인들이 자국의 문화 콘텐츠를 어떻게 인식하고 관리하는지 들여다볼 수 있는 좋은 본보기가 될 듯싶다.

Information

北京市朝阳区南影路9号
010 6431 9548
www.Cnfm.org.cn
개방 시간　09:00~16:30(15:30 매표 정지, 매주 월요일 휴관)
입장료　　20위안

베이징의 음악 감상 명소

　　'베이징에서 웬 음악 감상?'이라고 생각할지도 모르겠다. 어디에서 어떤 음악을 감상한단 말인가? 국가대극원에 가보면 깃발을 든 가이드 뒤로 한 무리의 서양 관광객들이 입장하는 것을 쉽게 볼 수 있다. 그런데 막상 공연장에 들어가보면 그들이 어디에 앉아 있는지 보이지도 않는다. 넓은 공연장을 빼곡히 채운 관객은 대부분 중국인들이다. 중국에 클래식 애호가가 얼마나 될지 생각지도 않았다가 그 광경에 내심 놀란 경험이 있다. 베이징에 전문적인 특성을 갖춘 공연장이 잘 갖추어져 있는 것도 애호가들이 적지 않기 때문일 것이다.

중국 예술의 전당 궈쟈따쥐위안

　　궈쟈따쥐위안을 겉만 보고 떠나는 것은 반쪽짜리 구경이다. 공연장은 모름지기 공연을 봐야 진가를 알 수 있다. 지하철 톈안먼시짠(天安门西站, 천안문서역)에서 내려 지상으로 빠져나오면 둥근 돔이 보이지만 입구로 들어가려면 다시 계단을 내려가야 한다. 세계 최대의 공연장에 앉기까지는 지상과 지하를 몇 번 오르내려야 하는 수고로움이 따른다.

　　궈쟈따쥐위안에는 공연장 세 개가 있다. 2398석으로 규모가 가장 큰 오페라하우스는 발레나 오페라처럼 규모가 큰 공연을 올린다. 무대에는 발레리나의 발을 보호하는 특수 바닥이 설치되어 있는데, 중국에 있는 이 같은 시설 중에 면적이 가장 넓다. 중앙의 오페라하우스를 중심으로 오른쪽에는 음악홀이 있다. 화이트 톤의 기본색과 파이프오르간의 금속 재질이 어우러져 깔끔하면서도 모던한 이미지를 준다.

　　2019석 규모의 연주회장 벽에는 피아노 건반 모형이 조각돼 있고 천장은 은은하게 물결이 퍼져나가는 모양이다. 한창 연주를 듣다가 고개를 젖혀 천장을 보게 됐는데, 마치 선율이 물결을 타고 저 멀리까지 퍼져나갈 것만 같았다. 1035석을 갖춘 희극원에선 연극이나 중국의 전통극, 뮤지컬, 민족 음악, 무용 공연을 주로 올린다. 벽면에는 특수 가공 처리와 방화 처리를 한 절강산 실크가 장식돼 있다.

발레 공연도 있었고 보다 많은 대중에게 공연 감상의 기회를 제공한다는 취지로 마련한 교향악축제도 있었지만 나의 선택은 바이올리니스트 안네 소피 무터의 연주회였다. 바흐의 '바이올린 콘체르토 2번 E장조'와 비발디의 '사계' 전 악장을 감상했는데, 역시 현장에서 느끼는 생생한 감동은 아무리 음질 좋은 음반이라도 채워줄 수 없다는 것을 실감했다. 객석을 비롯해 음악홀 전체를 넓게 볼 요량으로 2층 테라스 좌석을 선택했는데도 바로 코앞에서 연주하는 것처럼 선율 하나하나가 귓가에 감겼다.

길쭉한 타원형의 음악홀에는 6500개의 관으로 이루어진 중국 최대 크기의 파이프 오르간이 있다. 또 무대 뒤에도 객석을 마련해 사방에서 공연을 감상할 수 있다. 앉거나 일어설 때 날카로운 쇳소리가 나지 않는 의자는 프랑스에서 공수해 왔다고 하니 세세한 부분까지 신경을 많이 썼다. 그중에서도 가장 신경 쓴 것은 음향 설비다. 마이크를 사용하지 않고도 무대 위에서 종잇장 찢는 소리가 관중석에 도달할 만큼 최대한 자연음에 가깝게 했다고 한다.

이 연주회 티켓 가격의 최고가는 880위안, 최저가는 180위안으로 가격 면에선 한국과 별 차이가 없었다. 물가나 임금 수준에 비해 부담스러운 가격이지만 2000석이 넘는 음악홀에서 빈자리를 찾아볼 수가 없어 놀라웠다. 제 값 다 주고 표를 사는 중국인은 거의 없다는 얘길 나중에야 들었다. 어떤 경로를 통해서든 싸게 구해 그 자리에 앉는다는 거다. 그렇다 한들 공연을 보고자 하는 그들의 열정의 값어치까지 깎이는 건 아닐 터이다.

지난 2007년 12월 31일과 2008년 1월 1일에 신년 음악회를 열면서 귀쟈따줘위안은 음악당으로서의 본연의 임무를 수행하기 시작했다. 세계적인 지휘자 오자와 세이지가 중국국립심포니오케스트라를 이끌었고 소프라노 캐슬린 배틀, 중국을 대표하는 피아니스트 랑랑을 비롯해 세계적인 음악가들과 오케스트라가 참여했다. 개관

기념 빅 이벤트는 영국, 미국, 독일 등 세계 여러 나라에서 TV로 중계할 만큼 큰 이슈가 됐다.

한 해에 진행하는 연주회 숫자를 꼽아봤더니 2009년 한 해 동안 오페라 13회, 발레 21회, 경극 41회, 클래식 연주 216회, 무용 12회, 연극 25회였다. 개관 초기에만 해도 너무나 비싼 입장료로 인해 일부 가진 사람들을 위한 '그들만의 전당'이라는 비판도 있었고, 연주회가 뜨문뜨문 열리면서 아까운 공간을 놀리고 있다는 비판에 직면하기도 했지만 대중적인 공연이나 5월 음악회, 오페라 페스티벌 등 다양한 기획 프로그램을 꾸준히 개발하고 있다. 특히 주말 음악회나 고전 예술 강좌와 같은 프로그램은 저렴한 비용으로 음악과 가까이 할 수 있어서 인기가 좋다. 보통 사람들이 보다 쉽게 고전 음악을 접하고 이해하는 것을 목적으로 하는 주말음악회는 중국교향악단, 베이징교향악단, 중앙오페라단, 중앙발레단 등이 연합해 매주 일요일에 개최한다. 고전 예술 강좌는 각 예술 분야의 강사들과 이야기를 나눌 수 있는 자리이다. 이를 테면 스코틀랜드 무용가들을 초청한 자리에선 주요 작품에 대한 해석이나 안무 방법, 무용의 시각적 효과에 대해 일반인이 이해하기 쉽도록 강의, 영상, 즉석 무용 공연과 같은 다양한 방법으로 이야기를 풀어나간다. 이러한 기획 프로그램들은 일반인이 쉽게 참여할 수 있도록 참가 비용을 40위안으로 책정하고 있다. 이 밖에도 책, 음반, 악보 등의 소장 자료가 풍부한 예술자료센터가 있어 예술애호가들이 광범위한 자료들을 직접 접촉할 수 있다.

그러나 국가를 대표하는 예술의 전당이니만큼 역시 세계적인 음악가들이나 무용단, 발레단, 오페라단의 공연이 중심이 된다. 한국에서 보기 힘든 공연도 꽤 있으니 베이징 여행길에 문화 체험을 해보는 것도 좋을 것이다.

Information

中国北京市西城区西长安街2号
010 6655 0000
www.chncpa.org

274

중국의 음악 성전(聖殿) 베이징콘서트홀

귀쟈따쥐위안에서 서쪽으로 조금만 더 가면 베이징인웨팅(北京音乐厅, 베이징콘서트홀)이 나온다. 입구보다 10미터쯤 더 튀어나온 처마와 이를 떠받치는 여섯 개의 기둥은 건축물을 진취적으로 보이게 하고 상자처럼 네모난 외관은 더욱 야무져 보이게 한다. 낮 시간 동안에는 푸르면서도 옅은 회색빛이 도는 유리 외벽이 맑고 깨끗한 이미지를 주는 데 비해 실내 조명이 모두 켜진 밤에는 무척 화려하다.

원래 영화관이던 곳을 1960년부터 음악당으로 사용했다. 문화대혁명이 끝난 후 음악계 원로들은 베이징에서 음향 효과가 가장 좋은 전문 음악당으로 만들자는 청원을 했다. 개조 공사가 마무리 되던 1986년 이후 20년 가까운 세월 동안 중국의 음악 성전(聖殿)이라 불리며 베이징을 대표하는 음악홀로 활약

해왔다. 그리고 2003년에 다시 한 번 전면적인 개조 공사를 해 지금의 모던하고 현대적인 스타일을 갖추었다.

원래 1182석이던 관중석이 개조 후 1024석으로 줄어들었고, 그 면적은 고스란히 넓어진 무대와 넉넉한 객석으로 돌아갔다. 베이징콘서트홀에는 합창단까지 아우르는 중국국가교향악단이 전속돼 있는데 100명으로 구성된 교향악단과 합창단원 100명이 동시에 설 수 있을 만큼 무대가 넓어졌다. 한국인과 중국인이 함께하는 양금 연주회에 초대받아 간 적이 있다. 좌석 앞뒤 공간에 여유가 있어 편했고 무엇보다 깔끔한 외관만큼이나 군더더기 없는 실내 인테리어가 인상적이었다. 모든 좌석 밑에는 환풍기가 설치돼 있어 실내 공기도 쾌적했다.

베이징의 대표적인 음악홀로 활약할 만큼 음향시설이 좋았지만 최근 개조공사로 수준이 한층 더 높아졌다. 눈에는 보이지는 않지만 연주회의 질과 성공 여부를 좌우하는 데 결정적인 역할을 하는 것이 바로 음향 시설이다. 무대 위쪽에 투명한 승강식 음향 반사판 16개를 설치했다. 미국의 전문 기관에서 디자인한 반사판은 각도에 따라 관중석에 도달하는 잔향 시간을 달리 한다.

수없이 실험한 결과 관중이 없을 때는 2초, 관중석이 찼을 때는 최적 시간인 1.7초에 도달하도록 잔향 시간을 조절해 선명하고 맑은 음질이 연주회장에 고루 퍼지게 되었다. 이렇듯 깨끗한 음향은 세계적인 음악가들에게도 매력적으로 작용해 그들을 무대로 이끌었고 베이징콘서트홀을 국제 음악 예술 교류의 중요한 거점으로 자리매김하게 했다. 해마다 200여 차례 개최되는 연주회는 20위안부터 1200위안까지 티켓 가격이 천차만별이지만, 대체로 국내 연주자의 공연이 저렴한 편이다.

Information

北京市北新华街1号
010 6605 7006
www.bjconcerthall.cn

궁전 음악당 중산공위안인웨탕

중산공위안(中山公园, 중산공원) 안에 있는 이 음악당을 생각하면 길을 잃고 헤맸던 기억이 먼저 떠오른다. 공원 마당에서 야외 음악회가 열린다는 정보를 입수하고 길을 나섰다. 아름다운 선율이 공원을 가득 채운다는 말도 운치 있게 들렸지만, 하루 동안의 소명을 다한 태양이 뚝 떨어지기 직전에 마지막으로 뿜어내는 붉고 푸른 기운이 뒤섞인 하늘과 음악의 조화가 더 없이 감격적이더란 말에 귀가 솔깃했다.

정보라고는 쯔진청 서쪽에 있다는 것이 전부였지

만 별 걱정도 없었다. 번듯한 이름까지 있는데 못 찾으랴 싶었던 거다. 그런데 아무리 서쪽으로 가도 공원이 보이질 않았다. 중난하이도 벌써 지나쳤다. 하도 이상해 교통경찰에게 물었더니 한참을 지나쳐 왔다는 것이다. 오묘한 색으로 하늘을 물들인다던 태양은 이미 자취를 감추고 없었다. 세월이 한참 흐른 뒤에 다시 한 번 중산공위안인웨탕(中山公园音乐堂, 중산공원음악당)에 찾아가기로 했다. 같은 자리에서 출발하면서 주변을 꼼꼼하게 살폈다. 그런데 웬일인가. 출발하자마자 바로 도착한 것이다. 쯔진청 옆이라는 말에 어느 정도 거리가 있을 거라는 예측이 완전히 빗나갔다. 중산공위안은 세계에서 가장 완전하게 보존된 고대 궁중 건축물인 쯔진청의 일부였던 것이다. 음악당의 영어 이름도 'The Forbidden City Concert Hall'이다.

이곳은 명·청대에 황제가 토지신(土地神)과 오곡신(五谷神)에게 제사를 지냈던 곳이다. 1911년에 일어난 신해혁명(辛亥革命)으로 중국 최초 공화정부인 중화민국이 탄생하면서 일반인에게 공원으로 개방했다. 중화민국의 대총통이었던 쑨원이 1925년에 베이징에서 사망하자 바이뎬(拜殿, 배전)에 유체를 안치하고 그의 호를 따 중산탕(中山堂, 중산당)이라 부르면서 공원 이름도 중산공위안이 되었다. 현재 바이뎬에는 쑨원의 일생을 한눈에 볼 수 있는 문물들이 전시돼있다.

공원 안에 음악당을 세운 것은 1942년인데, 지난 1999년에 베이징시정부가 막대한 자금을 들여 재건하면서 소유권과 경영권을 분리했고, 음악당 전문 관리 회사가 경영을 맡으면서 다양한 색깔의 음악회를 유치해오고 있다. 한 해 동안 서양 고전 음악뿐만 아니라 재즈, 월드뮤직, 현대 무용 등 장르는 넘나드는 공연이 200여 차례 무대에 오른다. 특히 프랑스 피아노축제, 여름 뮤직 페스티벌, 어린이날 기념 음악회처럼 기획 프로그램이 다양하다.

공연을 보러 간 그해 5월에는 재즈 페스티벌이 열렸다. 대중에게 재즈를 알리고 온몸으로 체험할 수 있는 기회를 제공하기 위해 마련된 축제는 닷새 동안 이어졌다. 중국을 대표하는 베이징 시티 재즈 오케스트라(Beijing City Jazz Orchestra)를 비롯해 프랑스, 독일, 미국, 오스트리아 등 해외 각국에서 초청 받아 온 팀까지 모두 15개 팀이 참가했다. 모던 팝을 가미한 밴드, 대형 브라스 스윙 재즈 밴드, 뉴에이지 풍의 재즈 악단 등 개성 넘치는 참가 팀이 다양한 색깔의 재즈를 보여주었다. 중국에 살면서 특정 클럽을 제외하고는 재즈를 만날 기회가 별로 없었던 터라 무척 흥미로웠다. 예상대로 관객은 대부분 청년들이었다. 우리나라에서도 보기 드문 스무드 재즈(smooth jazz)를 고집하는 기타리스트 지아이난(贾轶男)이 이끄는 모던 팝 밴드(Modern Pop Band)와 교과서적인 스탠더드 재즈를 선보이는 오스트리아의 재즈 그룹 필립 니크린 트리오(Philipp Nykrin Trio)가 한 무대에 차례로 섰다. 서로 다른 성향의 재즈를 한 무대에서 보게 되는 것도 색다른 즐거움이었다. 중국 팀이 무대에 오르자 객석의 반응이 뜨거웠다. 그에 비해 두 번째 팀은 상대적으로 차분하게 무대에 올랐는데, 공연이 시작되고 얼마 안 돼 객석이 술렁이기 시작했다. 연주자들의 머리 위에 있는 조명기에 불이 붙은 것이었다. 놀라운 것은 연주자들의 집중력이다. 객석의 산만한 분위기가 느껴졌을 텐데도 두리번거리기는커녕 오히려 더 집중해 연주를 했다. 무대로 오른 직원들이 조명기를 내려 소화기로 불을 끌 때까지도 연주는 중단되지 않았다. 연주가 모두 끝난 뒤 그들의 열정과 매너에 모든 관객이 기립박수를 보낸 것은 당연한 일이었다.

이곳의 티켓 가격 역시나 30위안부터 1300위안까지 천차만별이다. 하지만 일반적인 공연이라면 최고 가격이 380위안 정도이고 30위안에도 멋진 공연을 볼 수 있다. 홈페이지에 공연 정보와 가격 정보가 상세하게 나와 있다. 중산음악당에 갈 때는 시간에 딱 맞추기보다 한두 시간 정도 여유를 갖고 가보자. 연못가에 장랑(长廊)이 있어 산책하기 좋고 화원과 화초 온실도 있으니 음악 감상을 하기 전에 한 박자 쉬어가는 여유를 즐길 수 있다. 음악회 티켓이 있으면 3위안 하는 공원 입장료를 따로 내지 않아도 된다. 문 하나만 나서면 사람들이 바글바글한 톈안먼광장이라는 게 믿기지 않을 정도로 공원은 차분하고 조용하다.

Information

北京西长安街中山公园内
010 6559 8285/8306
www.fcchbj.com
교통　　지하철 1호선 天安门西站(톈안먼시짠) 하차

실내악 전문 공연장 진판인웨팅

베이징에서 가장 번화하면서도 유서 깊은 거리 중에 하나인 왕푸징따졔(王府井大街, 왕부정대가) 북쪽에 작고 아담한 음악당, 진판인웨팅(金帆音乐厅, 금범음악청)이 있다. 아날로그 냄새를 물씬 풍기며 호기심을 자극하는 이 오래된 건축물은 원래 교회당이었는데 청소년에게 음악을 보급하고 전문적인 교육을 하기 위해 훗날 음악당으로 재탄생 했다. 실내악 연주를 전문으로 하는 공연장이다 보니 450석 좌석 중에 무대에서 가장 먼 곳의 거리가 15미터를 넘지 않는다.

여기서 베를린 윤이상 앙상블의 연주회를 보았다.

그때가 2005년이었으니 세월이 한참 흘렀다. 윤이상평화재단은 한국이 낳은 세계적인 작곡가 윤이상(1917~1995) 선생 서거 10주기에 맞춰 평양-베이징-서울 순회공연을 열었다. 특히 베이징 공연은 윤이상을 중국에 처음으로 소개한다는 의의가 더해졌다. 순회공연에 나선 연주단은 윤이상 선생의 친구와 제자들이 주축이 돼 1996년에 창단한 단체이다.

279

나이 지긋한 교수부터 교향악단의 젊은 단원까지 세대의 폭이 넓은데 해마다 멤버를 바꾸어가며 수차례씩 윤이상 음악회를 열어오고 있었다.

독일 국적의 연주자들은 1963부터 1994년 사이에 작곡된 작품 일곱 곡을 연주했다. 첫 곡 〈중국의 그림Ⅳ : 플루트 독주를 위한 목동의 피리〉 연주가 끝나자 숨죽인 채 집중하던 관객들의 박수가 뜨겁게 쏟아졌다. 고국에 대한 그리움을 가슴에 안은 채 이국땅에서 타계한 윤이상 선생의 곡을 연주하는 독일인들을 보며 가슴 먹먹하고 만감이 교차하던 기억이 지금도 생생하다. 그 자리가 베이징 하늘 아래였기에 더 그랬는지도 모르겠다.

베이징에서 대표적인 연극 공연장으로 꼽히는 서우두쥐창(首都剧场, 수도극장) 바로 옆에 붙어 있는 진판인웨팅의 티켓 가격은 60위안에서 180위안 정도로 다른 공연장에 비해 저렴하다. 화려한 시설을 갖춘 최신식 공연장에 비하면 한참 뒤떨어진 구식이지만 이런 게 귀해진 세상이니 모래 속의 진주를 찾은 것처럼 반갑기만 하다.

280   **Information**

北京市东城区王府井大街24号
010 6525 0615

진판인웨팅 무대에 오른
'베를린 윤이상 앙상블'

베이징 특색 쇼핑구

여행자 가운데에는 쇼핑 일정을 전혀 잡지 않는 이들도 있다. 관광 명소를 한 곳이라도 더 보아야지 쇼핑 따위로 시간을 낭비할 수는 없다는 것이다. 그러나 어떤 의도로 어디에 가서 무엇을 보느냐와 관계없이 쇼핑이라는 단어 자체를 부정적인 편견 속에 가둬두는 건 안타까운 일이다. 쇼핑이야말로 그 지역의 자연환경, 산업, 생활 수준과 습관, 가치관까지 모두 아울러 볼 수 있는 기회이기 때문이다. 하다못해 동네 슈퍼마켓이나 시장이라도 바지런히 돌아다니다 보면 쇼핑이 문화 체험의 옷을 입기도 한다. 올림픽을 개최하면서 국제적인 도시의 면모를 갖추게 된 베이징에는 전통 재래시장을 대신해 세계적인 브랜드나 명품으로 채워진 쇼핑몰이 급격히 늘어나는 추세다. 그러니 베이징의 특색을 잘 간직한 시장을 찾아가는 것은 단순한 쇼핑 이상의 가치와 의미를 갖는다.

유서 깊은 시장통

따자란에서 류리창까지

세월의 흔적이 고스란히 남아 있는 정감 어린 시장통 따자란

아직 베이징 지리에 익숙하지 않았을 때에 쳰먼따 제(前门大街) 입구에서 인력거를 타고 류리창(琉璃厂)까지 간 적이 있었다. 다른 길이 없었던 건 아닐 텐데 지름길을 고집하느라 그랬는지 인력거 아저씨는 구불구불한 시장통으로만 인력거를 몰아 나를 무척이나 난감하게 만들었다. 난전 사이로 난 좁은 길을 빠져나가며 쉴 새 없이 "비켜요, 비켜"를 외쳐댔으니 승용차를 몰고 남대문시장에 들어가 경적을 눌러대는 꼴이었다. 사람들의 따가운 시선을 온몸

따자란 입구

으로 받아내야 하는 건 그 일을 업으로 삼은 아저씨가 아니라 땀 한 방울 흘리지 않고 뒷자리에 앉아 있는 나였다. 당혹스러움과 민망함이 복잡하게 얽혀 얼굴도 제대로 못 드는데 시장통은 왜 그리도 긴 지. 그런데 시간이 지날수록 내리깔았던 눈으로 풍경이 하나씩 들어왔다. 베이징에 그토록 허름하고 좁은 시장이 있다는 것이 신기했다. 나중에 알고 보니 그곳이 베이징에서 가장 오래된 재래시장인 따자란(大栅栏, 대책란)이었다.

원래 자란(栅栏, 울타리)이란 명칭은 명ㆍ청대에 성내의 안전과 도난방지를 위해 주요한 후통(골목) 입구마다 울타리를 쳐놓고 일정한 시간이 되면 문을 닫아 출입을 통제했던 데서 유래했다. 성문 바로 바깥에 있는 따자란은 청나라 순치왕 때 처음 조성됐는데, 세월이 흐르면서 점점 규모가 커지고 거래도 왕성한 상업거리로 발전했다. 그러자 관아에서는 범죄를 예방하기

위해 입구에 대형 울타리를 쳤고 지역 주민들은 원래의 동네 이름 대신 '따자란'이란 이름을 사용하게 됐다.

낡고 좁은 후통에 형성된 시장에는 베이징 사람들의 주식인 빠오즈(包子)부터 옷, 신발, 일용 잡화에 이르기까지 서민들이 먹고 입고 살아가는데 필요한 품목은 웬만큼 다 갖춰져 있다. 일반적으로 재래시장은 백화점이나 대형 마트와는 다른 흡입력이 있기 마련이다. 정제되지 않은 투박함이나 사람 살아가는 냄새, 부대낌과 활력 등의 집합체로서 말이다. 뜻밖에도 여기엔 한 가지 매력이 더 있었다. 바로 규모다. 베이징의 건축물들이 과장된 덩치로 시선을 사로잡거나 주변과의 조화 대신 기선을 제압하는 쪽을 택하곤 하는데(실제로 몇몇 재래시장마저 규모가 어마어마하게 크다), 이 시장통에는 손바닥만 한 구멍가게가 가득했다.

따자란은 서민들의 삶이 켜켜이 쌓인 후통과 여러 갈래로 연결돼 있다. 워낙 골목이 많아 갈 때마다 많이 헤맸지만 잘못 든 길이 지도를 만든다는 말처럼 새로운 길은 매번 또 다른 따자란을 보여주었다. 골목마다 고만고만한 크기의 가게가 참 많다. 비디오방, 노래방은 없어도 동네 아저씨들을 불러 모으는 마작방이나 바둑방이 있다. 국수를 끓이고 물만두를 삶느라 김이 모락모락 피어오르는 식당 위에는 여행자들의 숙소 간판도 걸려 있다. 주의 깊게 둘러보니 여관이나 유스호스텔 간판이 의외로 많다. 번듯한 호텔 대신 허름한 동네의 허름한 숙소를 택한 여행자들이 제 몸뚱이만한 배낭을 메고 돌아다니는 모습도 심심치 않게 보인다.

그들보다는 훨씬 헐겁고 여유롭게 배회하다가 아주 낯익은 간판 하나를 발견했다. 사쿠라다. 윈난성 리장(漓江)에서 본 숙소와 이름이 똑같아 혹시나 싶었는데 주인이 같다고 한다. 실내에는 여러 나라의 여행자들이 삼삼오오 모여 식사를 하고 있었다. 그들 사이에 섞여 밥 먹고 차를 마시고 있자니 묘한 기분이 들었다. 안 그래도 떠남에 대한 갈망이 자라나던 차였는데, 내 몸의 방랑 세포들이 꿈틀대며 저들처럼 여행자가 되라고 부추겼다. 어차피 멀리 떠나지도 못할 처지이니 그 틈에 끼어 여행자 기분이라도 내볼 요량으로 숙박 문의를 하니

다음 달까지 예약이 꽉 찼단다. 당연한 얘기지만 같은 공간이라도 여행자의 시선으로 바라보면 모든 것이 달라 보인다. 그들에겐 시간이 유한하기 때문이다. 그러다 문득 '내일 당장 베이징을 떠나게 된다면…' 하는 생각이 들자 이미 오래 전에 내 삶의 일부분이 되었다고 여긴 베이징이 새삼 낯설게 여겨졌다. 이곳에 살기만 할 뿐 아직 보고 느끼지 못한 것이 너무 많은데, 남들은 일부러 돈 들여서도 오는데, 몸을 이곳에 두고도 난 또 다른 세상을 꿈꾸고 있던 것이다.

"내 삶의 터전부터 순례하는 여행자가 되어보자고."

배낭여행객들 사이에서 잠시 흔들렸던 마음은 사쿠라를 나설 즈음 진정되었다. 오래된 골목을 돌아다니다가 말로만 듣던 류삐쥐(六必居, 육필거)를 발견했다. 춘장, 간장, 장아찌 같은 반찬과 양념류를 파는 반찬 가게인데, 만만하게 볼 일이 아니다. 우선 창업 연도가 1530년으로 무려 470여 년의 역사와 전통을 자랑한다. 게다가 이 집의 맛을 잊지 못하는 전 세계 화교들이 엄청난 양을 주문해서 먹는다고 한다. 규모가 그리 크지 않아 그저 그런 구멍가게인 줄 알았는데 알고 보니 실속은 따로 챙기는 기업이었다.

따자란이 단순한 재래시장 이상의 의미를 갖는 것은 이 가게처럼 역사와 전통을 간직한 가게들 덕분이다. 반찬, 신발, 비단, 약, 오리구이 등 한 가지 주력 품목을 짧게는 100여 년에서 길게는 수백 년 동안 만들어오면서 명성을 쌓고 소비자의 신임을 얻은 기업들이 이곳에 밀집돼 있다.

우리나라에서 우황청심환으로 잘 알려진 약방 통런탕(同仁堂, 동인당)의 역사는 청나라 강희 8년인 1669년에 시작되었다. 188년 동안 황실 약방에 약을 대면서 명성을 얻었지만 거기에 만족하지 않고 인심 좋게 퍼주는(!) 마케팅으로 인지도를 넓혀갔다. 과거시험 때가 되면 전국 각지에서 온 응시자들에게 감기약이나 소화제 등을 선물하는가 하면, 특히 돈 떨어진 낙방생들을 무료로 치료해주고 약까

수제 신발의 명가, 네이롄성

지 지어주는 등 선심을 아끼지 않았다고 한다. 이를 기억했던 선비들이 나중에 관직에 올랐을 때 통런탕을 기억하고 물심양면으로 도운 것은 당연한 결과였다.

맹자의 후손이 1893년에 창업한 루이푸샹(瑞蚨祥)은 대표적인 비단 명가로 꼽힌다. 제대로 된 비단 옷 한 벌 마련하고 싶다는 지인을 따라갔다가 맞춤 과정을 보게 됐는데, 가격이 다소 비싸긴 했지만 그만큼 고급스러웠고 몸에 딱 떨어지게 잘 만들어주었다. 1949년 건국기념식 때 톈안먼광장에 게양된 대형 오성홍기의 원단이 바로 이 가게 것이라고 한다. 중국인들 사이에선 '옷은 루이푸샹, 신발은 네이롄성'이란 말이 전해진단다.

비단옷의 명가가 루이푸샹이라면 1853년에 창업한 이래 전통적인 작업 방식을 고수해온 네이롄성(內聯升, 내연승)은 신발의 명가다. 바닥이 32겹이나 되지만 날듯이 가볍고 검정 비단으로 된 신발 등은 단단하면서 보풀이 일지 않는다. 창업 때부터 고관대작을 주요 마케팅 대상으로 삼아 고급 브랜드의 이미지를 다져왔으며 마오쩌둥, 저우언라이, 덩샤오핑과 같은 국가 지도자들이 단골손님이었다고 한다. 2층으로 올라가면 수공으로 신발 만드는 과정도 직접 볼 수 있다. 따자란 일대가 흥미진진한 것은 이렇듯 세월의 나이테가 남아 있다는 점이다. 과거의 흔적을 깨끗하게 밀어버리고 현대적인 옷으로 갈아입느라 여념 없는 베이징에서 시간의 단절을 피해 간 몇 안 되는 곳 중 하나다. 마치 잘 구운 크루아상처럼 400년 전의 삶 위에 200년 전의 숨결이, 100년 전의 손때 위로 50년 전의 애환이 겹겹의 층으로 쌓여 있다. 세월 위에 덧대어진 세월이 자연스럽게 하나가 되어 오늘의 따자란이 되었다.

그런데 난전들이 빼곡히 모여 있던 이곳의 일부가 먼지 속으로 사라져갔다. 올림픽을 앞두고 쳰먼따졔 일대의 보전 재개발 작업이 시작되면서 뒷골목이라고 할 수 있는 이 거리의 낡은 건물들이 철거 대상이 된 것이다. 올림픽을 앞두고 무자비하게 철거를 자행한 서울이 겹쳐져 씁쓸했다. 역사 속의 교훈은 늘 그 자리에 있지만 누구나 찾아내는 건 아닌가 보다.

286

중국의 인사동, 류리창

따자란에서 계속 서쪽으로 가면 류리창으로 연결된다. 곧잘 서울 인사동에 비유되는 건 골동품이나 문방사우, 옛 그림과 고서적 등을 파는 전통 문화 거리라는 점 때문이다. '베이징 시 역사 문화 보호 거리'인 류리창의 길이는 500미터쯤 되는데 중간에 남북으로 가로지르는 난신화거리(南新华街)가 있어 동과 서로 나뉜다. 동쪽 거리는 주로 골동품을, 서쪽 거리는 주로 책을 파는 상점이 있다. 청나라 시대의 고건축물을 모방해 지은 건물 59채와 다시 짓거나 복원한 옛날식 점포 54채가 있다. 영화 세트장이 연상될 만큼 인공의 냄새가 강하지만 베이징을 처음 방문한 사람들에겐 그 조차도 이색적으로 보인다고 한다. 역사가 100년이 넘는 가게들이 즐비하니 그들의 권위에 은근히 묻어 가는 게 아닌가 싶다.

성문 바로 바깥에 위치한 류리창은 원나라 때부터

도자기 가마가 있던 곳인데, 명나라 때 쯔진청을 건축하면서 유약 바른 기와 즉, 류리와를 만들면서 유리 굽는 공장이라 불리게 됐다. 그러니 역사가 700년도 넘는 거다. 뿐만 아니라 일찍부터 많은 문인, 학자, 예술인들이 모여들면서 베이징 최고의 문화 거리로 자리를 잡았다. 명나라 때 최초로 서점이 생겼고 청나라 건륭제 때는 사고전서를 만들면서 각종 도서와 문방사우를 파는 시장이 형성됐다. 과거시험에서 떨어진 서생들이 고향으로 돌아갈 노잣돈을 마련하기 위해 이곳에 책이며 벼루 등을 내다팔면서 거래도 활발했다고 한다.

그 당시 얼마나 번성했는지는 연암 박지원의 《열하일기》에 잘 묘사돼 있다. 박지원은 청나라 황제인 건륭제의 칠순 잔치를 축하하는 사절단을 따라서 방문했는데, 그때가 1780년이다. 조선을 떠나기 전에 연경(지금의 베이징)에 먼저 다녀간 지인들을 통해 류리창에서 반드시 들러봐야 할 서점의 이름을 받아 적어 온다. 이것으로 봐서 당시 조선의 선비들 사이에서도 여긴 선진 문물을 접하는 통로였던 것 같다. 말로만 듣던 곳에 도착한 박지원은 엄청난 규모에 놀란다. 정양면에서부터 쉔우먼에 이르는 일대는 각양각색의 유리기와를 만드는 공장과 점포가 즐비했는데, 점포 수가 무려 27만 칸이나 되었다. 세상의 진귀한 물건이 다 모여든다고 묘사했으니 그 옛날 이 거리는 얼마나 흥성했을 것인가.

재미있는 것은 연경에 오다가 들른 선양(沈阳, 심양)에서 정보를 주고받는 대목이다. 연암이 골동품과 문방사우를 사고 싶다고 말하자 청나라 사람은 류리창에서 살 수 있다고 알려준다. 그러면서 진짜와 가짜를 분간하기가 쉽지 않다는 말과 함께 가짜 골동품의 내력과 제조 방법에 대해 아주 자세히 설명하는 대목이 나온다. 250년 전이나 지금이나 그럴듯한 가짜 골동품을 파는 것은 여전했던가 보다. 당시의 정보가 지금도 얼마나 유용할지는 모르지만 잘 새겨둔다면 연암의 후손으로서 눈 뜨고 코 베이는 일은 면할 수 있지 않을까 싶다. 실제로 1990년대만 해도 가뭄에 콩 나듯 어쩌다 진짜 골동품을 사는 횡재를 얻기도 했다지만 처음부터 가짜라 생각하는 것이 여러모로 마음 편할 것 같다.

　　박지원이 들어가 구경했을지도 모를 가게들도 여전히 이 거리에 남아 있다. 청나라 때 과거시험 용지를 맡아서 납품한 문방사우 전문점 룽바오자이(荣宝斋, 영보재), 함풍제 때부터 지금까지 종이와 벼루를 전문적으로 파는 보구자이(博古斋, 보구재), 건륭제가 직접 가게를 차려주고 이름까지 지어줬다는 칭미거(清秘阁, 청비각) 등 쟁쟁한 옛 점포들이 그 이름 그대로 이어오고 있다.

　　오래 버텨왔다고 해서 마냥 평탄했던 것만은 아니다. 류리창은 1900년에 들이닥친 8국 연합군의 약탈을 피하지 못했다. 독일이 이 거리를 점령하자 많은 가게들이 문을 닫고 피난을 떠났다. 그렇게 역사적인 풍랑이나 파산의 위기와 같은 우여곡절을 겪고도 살아남은 승자들이 오늘날까지 장사를 하고 있다. 그중 룽바오자이는 동양화를 그리는 지인의 부탁으로 종종 들르게 된 곳이다. 원래 문방사우를 파는 곳이었는데 고급 서화(书画)까지 취급 품목을 확대했고 지금은 고급 복제화도 판다.

그런데 최근 이 거리에서 유독 눈에 많이 띄는 것이 있다. 바로 마오쩌둥의 캐릭터를 응용한 상품들이다. 아무리 유서 깊은 거리지만 골동품보다는 가격 면에서 부담 없고 휴대하기 간편하며 누구나 다 알아보는 중국의 대표 인물을 관광 상품으로 파는 것이 더 나았을지도 모르겠다. 마오의 어록이 담긴 홍위병 수첩이나 마오 인형이 박혀 있는 손목시계, 붉은 별 모양의 배지가 달린 인민군 모자, 가방 등 공장에서 막 찍어낸 게 분명한 물건들을 일부러 문지르거나 색을 바래게 해서 마치 그 시대의 유물처럼 보이도록 한 상품이 가득하다. 심지어는 심심풀이 시간 때우기용으로 애용하는 트럼프에도 마오가 등장한다. 전국의 어느 관광지를 가든 손을 높이 쳐들거나 은근히 미소 짓는 그의 모습을 볼 수 있으니 마오쩌둥을 이용한 상품의 경제 규모도 만만치 않을 것 같다. 관광 상품으로 부활해 인민들의 주머니를 두둑하게 만들고 있는 마오쩌둥. 그는 죽어서야 인민들의 배를 부르게 해주고 있다.

류리창을 걷노라면 다양한 국적의 관광객들 말고

도 길거리에 앉아 장기를 두거나 지나가는 사람들 구경하는 노인들을 볼 수 있다. 이 노인들은 대체 어디에서 왔을까. 한눈에 보기에는 번듯하게 리모델링한 상업 거리지만, 찬찬히 구석구석 살펴보면 오래 묵은 먼지 냄새가 폴폴 풍기는 골목들이 숨어 있다. 거리의 중심부가 돈을 벌기 위해 출퇴근하는 사람들의 영역이라면 뒷골목은 세대에 세대를 이어가며 나고 자란 사람들이 삶을 이어가는 터전이다. 다시 말해 류리창은 동네 노인들의 앞마당이자 사랑방인 셈이다. 역사가 오래됐지만 박제된 박물관이 아니고, 깃발을 앞세운 외지인들이 밀물처럼 몰려 왔다 썰물처럼 빠져나가기가 무섭게 텅 비어 버리는 관광지만도 아닌 이유가 여기에 있다. 변한 것은 엎어지고 뒤집어져온 국명(国名)일 뿐, 민초들의 역사는 이 거리를 따라 면면히 이어져오고 있다.

베이징 전통 상업 거리 첸먼따졔

따자란과 첸먼따졔(前门大街, 전문대가)는 서로 붙어 있다. 하나는 뒷골목 시장통이고 하나는 번듯한 상가 밀집 도로이다. 첸먼에서 시작해 남쪽으로 1.6킬로미터가량 이어진 첸먼따졔는 베이징을 대표해 온 상업 거리이다. 원나라 때부터 지켜져 오던 전조후시(前朝后市, 관청은 궁궐 남쪽에 시장은 북쪽에) 원칙에서 벗어나 전문적인 상업 거리로 발전했고 1420년에는 명나라가 베이징을 수도로 정하면서 더욱 활기를 띠었다. 청나라 때는 장날이 생겼고 생선 가게, 과일 가게, 포목상, 곡식 가게, 보석 가게를 비해 취안쥐더(全聚德), 두이추전병가게(都一处烧麦馆) 같은 100년 이상의 전통을 이어온 가게들도 밀집돼 있었다. 광서27년(1901년)에는 이 거리에 기차역까지 생기면서 더욱 번화해졌고 1950년대에는 상가가 800여 개나 되었다. 이 거리가 생기고 나서 겪은 변화 중 가장 급격한 것은 베이징올림픽을 코앞에 둔 시점에서 벌어진 보전 재개발 사업일 것이다.

복닥복닥하던 상가 거리는 청조(清朝) 말, 민국시대의 상업 거리로 재탄생했다. 2층짜리 상가 건물이 일렬로 도열한 모습은 우리 인식 속에 저장돼 있는 거리의 개념을 뛰어넘는다. 차량이 없는 보행자 전용 도로의 폭이 20미터나 되다 보니 길이라기보다 어마어마하게 넓고 긴 광장에 가깝다. 갖다 놓은 화분도 규모에 걸맞게 초대형이다. 그런데 규모에만 관심 갖다 보면 커다란 이미지 하나만 남게 될 수도 있다. 이런 곳일수록 현미경 같은 시선이 정보를 얻는 데는 더 유용하다.

전통적인 거리에 걸린 외국의 아이스크림 가게 간판이 재미있다. 청나라 시대의 궁중 시녀 복장을 하고 호객행위를 하는 아가씨도 관광객의 카메라 세례를 받았다. 거리 조성 사업과 함께 리모델링한 취안쥐더나 두이추는 기념 촬영 장소로 애용되고 있었다. 찬찬히 구경하며 다니다 보니 건물 바깥에 주소와 함께 붙어 있는 낡은 사진이 눈에 들어왔다. 아니, 사진은 말끔했다. 사진 속의 것들이 오래되고 낡았는데, 원래 그 자리가 어떤 곳이고 무엇을 팔던 곳이었는지를 보여주었다. 누가 생각해낸 아이디어인지 감탄이 절로 나왔다. 설명하는 글을 줄줄이 써 놓은 안내판보다 훨씬 효과적으로 정보를 전달했다. 뿐만 아니라 눈에 보이는 실체만을 전부로 알고 돌아갈 뻔한 사람들이 이 거리의 역사를 알 수 있도록 도와주었다.

도로 가운데에는 선로가 놓여 있다. 1920년대부터 1966년까지 베이징의 주요한 교통수단이자 대표적인 풍물로 기억되던 궤도전차가 다니는 길이다. 전차가 움직일 때마다 운전기사가 동으로 만든 종을 '당당' 울린다고 해서 이름 붙여진 당당처(铛铛车, 당당차)가 복원돼 거리를 누비는데 교통수단이라는 본연의 임무보다 기념 촬영 소품으로 더 인기가 많다.

문화대혁명으로 파괴된 베이징의 민속 문화가 이 거리에서 부활했다는 것에 정부도 시민들도 만족해한다는 보도를 보았다. 30만 제곱미터에 달하는 방대한 지역에 대한 도심 보전 재개발 작업의 마스터플랜을 담당한 것은 한국인 건축가 승효상이다. 그리고 상하이 신텐디(新天地, 신천지)의 설계자로 잘 알려진 벤저민 우드(Benjamin Wood)와 중국의 대표 건축가 장용허 등이 세부 설계를 맡았다.

승효상은 800년 동안 사람들이 살았던 땅이니만큼 남아 있는 삶의 흔적을 보존하자, 새로 짓더라도 흔적을 남겨야 사람들이 과거를 기억하고 미래를 엮을 수 있다, 건축이란 지문(地文, landscript) 곧 '땅에 쓰는 글자'라고 설득해가며 새로운 가이드라인을 제시했다. 그에게 첸먼 일대의 후통은 건축 공간의 박물관이라 할 만큼 흥미진진한 곳이었다. 하지만 아쉽게도 메인 스트리트인 첸먼따제 정도만 원래의 마스터플랜대로 진행이 됐고 나머지 지역은 개발자들의 입장과 요구대로 바뀌어가고 있다. 우리나라가 올림픽을 준비하며 겪은 전철을 똑같이 밟으면서. 그는 그 점이 아쉽다고 한다.

첸먼따제 입구

보행자 전용 거리로 바뀐 첸먼따제

历史老照片

사진 한 장으로 말해주는 이 거리의 역사

중국 최대의 만물 시장

판쟈위안골동품시장

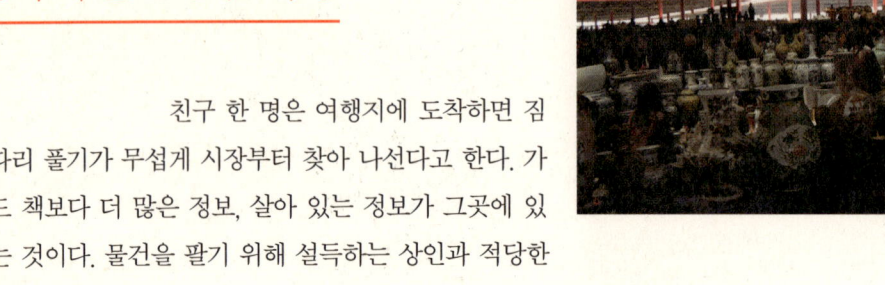

        친구 한 명은 여행지에 도착하면 짐 보따리 풀기가 무섭게 시장부터 찾아 나선다고 한다. 가이드 책보다 더 많은 정보, 살아 있는 정보가 그곳에 있다는 것이다. 물건을 팔기 위해 설득하는 상인과 적당한 가격으로 흥정하려는 손님 사이의 미묘한 신경전을 보며 사람들을 파악하고, 진열된 물건으로 지역의 특산품도 알게 된단다. 더군다나 그곳이 온갖 잡동사니가 모여 있는 벼룩시장이라면 더욱 흥미진진해진다.

        그가 베이징에 왔을 때 첫 번째 방문지로 판쟈위안골동품시장(潘家园旧货市场, 반가원구화시장)을 꼽은 것은 당연한 일

이었다. 골동품이라면 도자기나 오래된 그릇 같은 것부터 떠올리겠지만 중국에 있는 골동품 시장 중에 규모가 가장 큰 이곳은 말 그대로 '없는 것 빼고 다 있는' 만물시장이다. 베이징을 순환하는 도로인 동3환로 남쪽에 있는데 면적이 4만 8500제곱미터이다. 남대문시장의 대지 면적이 주변 상가 지역까지 포함해 4만 2000제곱미터 정도라니 규모를 짐작할 수 있을 것이다. 1992년에 처음 생길 때만 해도 민간 차원에서 골동 예술품을 거래하는 정도였지만, 점점 규모가 커지더니 이젠 단순한 시장을 넘어서서 전통문화를 전파하는 거점이 되었다.

        오랜만에 갔더니 철골 주차장도 새로 생겼고, 그 앞엔 파라솔로 햇빛을 가린 노점상들이 자리 잡고 있었다. 시장이 아니었던 곳을 정비해 노점상 구역 하나를 더 만들어놓았다. 주차장에 올라가 내려다보니 어찌나 넓은지, 여기만 구경하고도 지쳐 다른 구경은 엄두도 못 내게 생겼다. 하지만 시장은 크게 노점상, 고가구, 석공예품 등 여섯 개의 구역으로 나뉘어 있고 노점상 구역을 제외하면 나머지는 상가에 입점한 상점들이다. 관심 있는 구역의 위치를 미리 확인해두고 전체

적인 동선을 짠 다음에 움직인다면 상점 4000개, 상인만 해도 1만 명이 넘는 거대한 시장을 효율적으로 구경할 수 있을 거다.

판쟈위안에 처음 간 사람들이 가장 먼저 구경하는 곳은 대게 노점상 구역이다. 일일이 가게에 들어가지 않아도 구경거리가 한 눈에 다 들어오니 별다른 고민 없이 발길을 이쪽으로 돌리게 된다. 얼핏 보기엔 무질서한 것 같지만 구역에 따라 취급하는 품목이 다르다. 불상 같은 종교 관련 골동품, 민속 공예품, 그림이나 서예와 같은 예술작품, 인테리어 장식품, 사람 키보다 더 큰 대형 도자기 화병, 실제로 쓰였던 것인지 알 수 없는 옛날 동전까지 별의 별 종목으로 세분화돼 있다. 흥미로운 것은 진품을 살 확률이 거의 없는 고대 골동품들이 마치 방금 발굴한 것처럼 흙먼지가 묻어 있거나 깨지고 흠집이 난 채로 진열된 것이다. 파는 사람이나 구경꾼이나 가짜라는 것을 뻔히 알고 있을 텐데도 그리 해놓은 걸 보면 서로 기분이라도 내자는 건지 싶어 웃음이 난다.

수십 년 전에 썼던 타자기, 사진기를 비롯해 선풍기나 낡은 가방 같은 소소한 생활용품들도 이젠 골동품이 돼 좌판에 나와있다. 원래 주인은 어떤 사람이었을까, 상상하며 구경하는 재미도 쏠쏠하다. 어찌 보면 누구나의 집에 있었던 물건들이라 얼마나 팔릴까 싶었는데 인테리어 소품으로 이용한다는 사람, 추억을 되새기려는 어르신 등 관심 갖고 흥정하는 이들이 의외로 많았다. 유명 작품을 똑같이 모사한 그림이나 글씨, 무명 사진가의 작품이 걸려 있는 구역을 지나는 동안에는 갤러리의 관객이 된 듯 발걸음이 사뭇 차분해지기도 한다.

1만여 명의 상인 중에는 지방에서 온 소수민족이 절반 이상 된다. 만주족, 회족, 묘족, 위구르족, 장족 등 다양한 출신의 소수민족 상인들이 내놓은 물건은 주로 자기 민족의 고유 의상이나 민속 공예품 또는 종교와 관련된 물건들이다. 그러다 보니 시장은 소수민족 전시장을 방불케 하는데, 박물관에선 느낄 수 없던 생동감까지 더해져 흥미롭다.

이곳에도 이른바 '마오쩌둥 상품'이라 부를 만한 것만 모인 구역이 있다. 색다른 점이라면 인물이나 특정한 상황을 묘사한 사기 인형 제품들이 다양하게 갖춰져 있는 것인데, 실감 나게 만들

어놓아 구경하는 재미가 쏠쏠했다.

　　　　주차장 옆으로는 책을 파는 구역이 꽤 넓게 자리 잡고 있다. 원래 책을 팔던 상인들은 시장 제일 안쪽의 담벼락을 따라 길게 늘어서 있었다. 그땐 들고 온 책을 제각각 풀어놓아 여기저기 쌓여 있었는데, 지금은 일정하게 구획을 정해놓고 분양하듯 상인들에게 내준 모습이었다. 이전이 훨씬 벼룩시장다운 활기와 북적거림이 가득했지만, 일률적으로 정리해놓으니 중고 서점의 규모가 한눈에 들어오고 책을 구경하기에 수월해졌다. 상인들도 나름의 전문 분야가 있는지 소설책만 내놓거나 각종 잡지의 과월호만 수북이 쌓아놓은 사람도 있었다. 그 밖에도 시중에서 절판된 책, 미술이나 건축 관련 전문 서적, 골동품의 최신 경매 목록 수록집, 유명 작가들의 화보집 그리고 어느 집 안의 가보로 내려왔을 법한 케케묵은 고서적까지, 종류로 보나 물량 면으로 보나 대단한 규모의 헌책방 코너였다.

　　　　재미 삼아 또는 기념 삼아 한두 권씩 사 가는 사람들도 있지만 손수레에 책을 가득 실어놓고 값을 흥정하는 사람들도 적지 않게 보였다. 나도 이리저리 뒤적거리다가 피카소의 드로잉 작품집을 발견했다. 50위안 부르는 것을 30위안에 사겠다고 했다. 폐장 시간이 되기도 했고 앞 사람이 한꺼번에 많이 산 터라 주인장은 별말 없이 깎아주었다. 저렴하게 흥정한 데다 마음먹고 차분하게 찾아보면 희귀한 보물도 건질 수 있겠단 생각에 기분이 한층 좋아졌다. 이런 게 바로 시장의 매력이 아닐까.

　　　　중국인들은 물건을 살 때 부르는 값을 다 주고 사는 경우가 별로 없다. 주인이 먼저 물건 값을 부르면 손님은 사고자 하는 가격을 얘기한다. 각자의 기대치와 허용치에 도달할 때까지 이 과정이 되풀이된다. 이를 일컫는 말이 타오쟈환쟈(讨价还价)다. 말 그대로 번역하면 가격을 흥정한다는 뜻인데, 우리가 하는 것 이상으로 이들에겐 몸에 밴 습성이다. 중국어를 가르치는 책에서도 타오쟈환쟈를 할 줄 알아야 중국 생활에 제대로 적응한 것으로 묘사할 정도다. 값이 싸든 비싸든 상관없이 단 한 푼이라도 깎는 것이 거래의 재미라고 생각하는 사람들이니 시도해볼 만한 일이다. 다만 만물시장 판쟈위안에는 가격

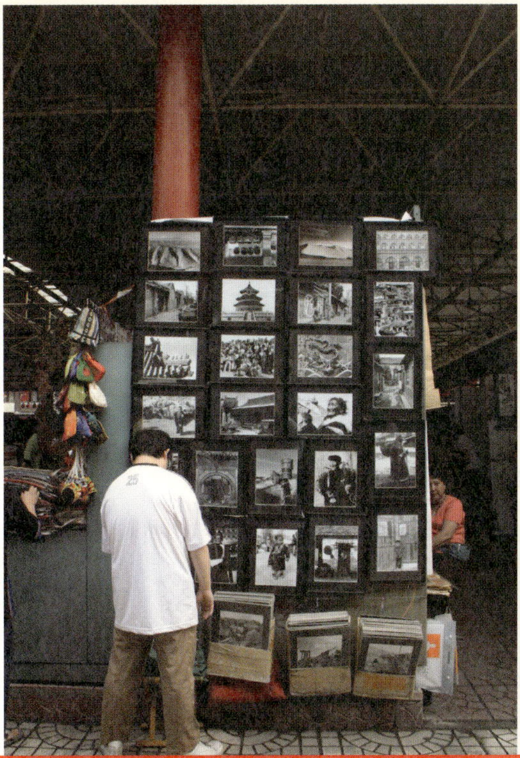

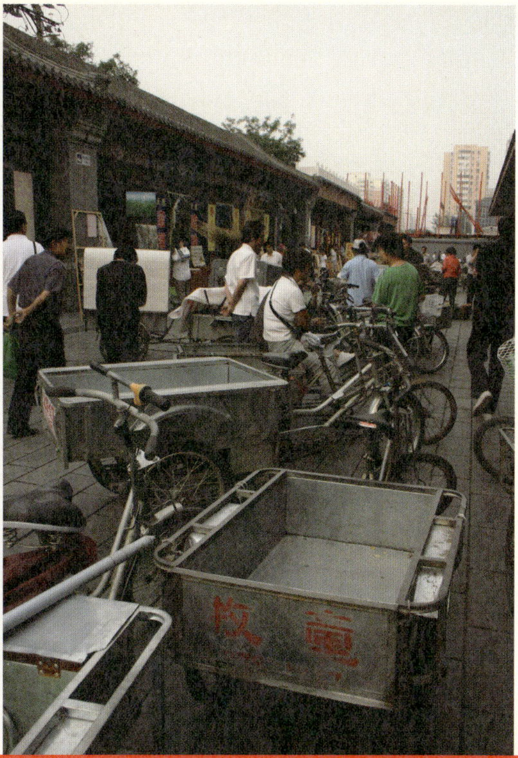

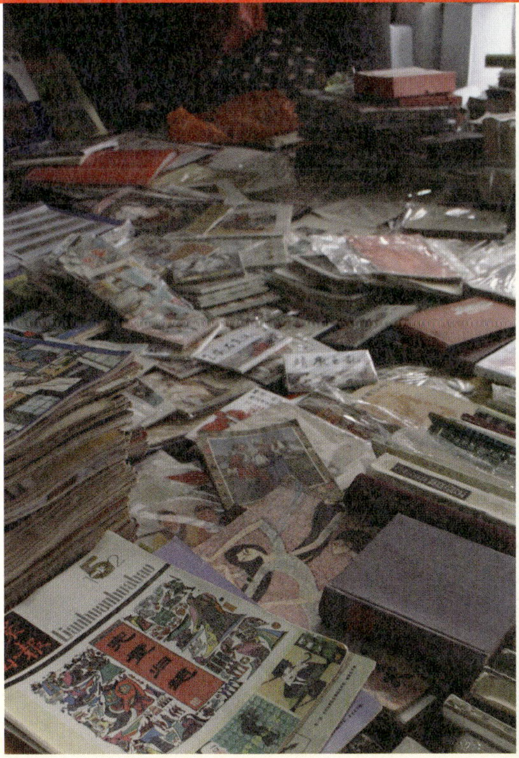

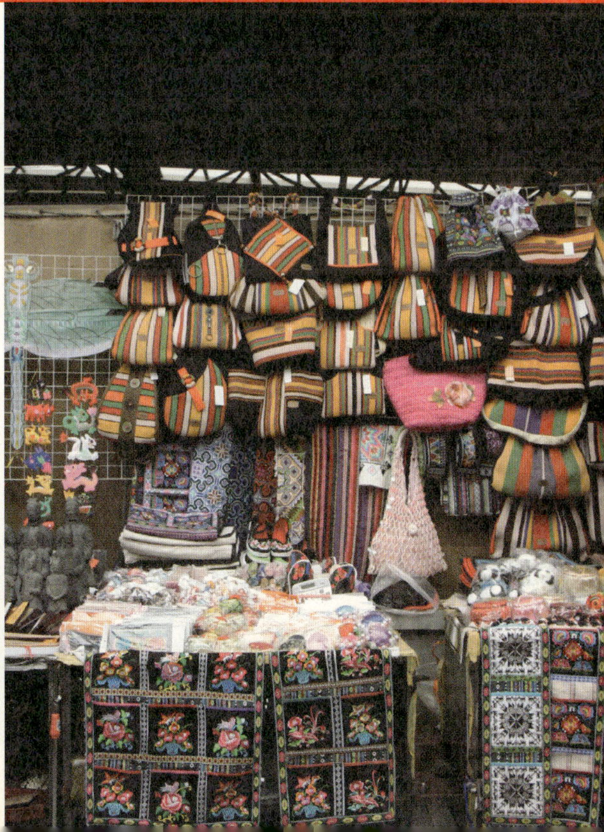

이 제법 나가는 물건들도 많다. 그러니 무조건 싸게 부르는 것이 능사가 아니라는 점은 명심해두어야 한다.

젊은 사람이든 나이든 사람이든 열띠게 흥정을 하느라 왁자지껄한 난전에서 잠시 빠져나와 조금 전까지 서 있던 곳을 바라보니 참으로 엄청난 풍경이란 생각이 든다. 그런데 이런 볼거리를 놓치지 않으려면 주말에 가야 한다. 365일 열리는 상설 시장이지만, 시장의 절반을 차지하는 노점은 주말에만 열린다. 허베이(河北)에서 왔다는 한 상인은 물건 값을 흥정하려는 내게 자릿세도 내야 하니 너무 많이 깎지는 말라고 했다. 이틀간의 자릿세를 내면 남는 게 별로 없단다. 주중에는 뭘 하느냐고 묻자 이곳에 와서 팔 공예품을 일일이 수작업으로 만든단다. 시장은 보통 아침 8시 반에 문을 열고 저녁 6시에 닫지만 그녀처럼 외지에서 상인들이 대거 몰려오는 주말에는 새벽 4시 반부터 개방한다.

방송 촬영을 위해 문을 연다는 시간에 맞춰 간 적이 있었다. 밤새 달려온 상인들이 어둠을 가르고 하나둘 나타나 물건을 펼쳐놓기 시작하더니만 한 시간도 채 안 돼 노점이 빽빽하게 찼다. 그리곤 아침 해가 떠올랐다. 그 많은 사람들이 그토록 짧은 시간에 발산했던 생명력을 지금도 잊을 수가 없다.

판쟈위안에는 팔 사람과 살 사람 외에 또 한 무리의 사람들이 있다. 바로 손수레를 끄는 사람들이다. 무겁고 부피 큰 물건들을 날라다주는 이들은 5분 대기조처럼 기다리다가 콜이 오면 달려간다. 짐을 가득 실은 손수레들이 움직이기 시작하면 안 그래도 복잡한 시장이 더 복닥복닥해진다. 그래도 누구 하나 불평 없이 길을 내준다. 이런 조각조각의 풍경이 모여 중국에서 가장 멋진 골동품 시장을 완성해낸 것이다. 노점상 구역을 둘러싸고 있는 상가들은 전문적으로 특정 물건만 취급하는 상설 시장이다. 노점에서 본 것들이 대부분 여기에도 있지만 가격이나 품질 면에선 차이가 난다.

의자 하나에 수만 위안하는 고급 가구도 있고 오래된 자개장이나 도자기류의 골동품, 나무와 돌을 섬세하게 조각한 공예품, 전통 악기, 오래돼 낡기는 했지만 주인이 꽤나 애지중지했을 법한 진공관 오디오 세트 등 진귀한 볼거리가 풍부하다. 요즘에는 알록달록한 원색의 접시 세트라든가 장식 효과를 노린 수납장 등 현대적인 감각을 가미해 인테리어 소품으로 재탄생시킨 작품들이 환영받으면서 이를 취급하는 매장도 늘어나는 추세다.

Information

北京市朝阳區華威里18號
010 5120 4699
www.panjiayuan.com

주차장 앞에 새로 조성된
노점상 구역

부활한 가구의 메카 가오베이뎬쟈쥐스창

몇 년 전에 나비장이 유행했다. 밋밋한 가구를 각양 각색의 나비로 장식해 화사하게 꾸민 나비장은 집집마다 하나쯤 장만 해놓아야 할 소품처럼 여겨졌고, 그 바람은 베이징에 사는 한국인들 사이에서도 예외가 아니었다. 들어보긴 했지만 가보지 않았던 가오베이뎬쟈쥐스창(高碑店家具市場, 고비점가구시장)을 처음 찾아간 때도 그 즈음이었다. 베이징의 동쪽 변두리에 있는 가구시장은 예상했던 것보다도 규모가 훨씬 컸고, 거래되는 가구의 종류도 무척 다양했다. 나비장은 그때그때 유행 따라 갖춰놓은 상품들 중 한 가지일 뿐이었다.

1킬로미터에 이르는 거리 양쪽으로는 가구 상점 300여 개가 모여 있는데, 명·청대에 제작된 고가구부터 중화민국 시절에 만들어진 가구, 1930년대 상하이에서 유행하던 장식장과 소품, 다양한 세라믹 제품과 현대적인 분위기의 인테리어 소품까지 가구에 대해 생각할 수 있는 모든 것들이 다 있는 거리였다. 특히 고가구의 비중이 컸다. 골동품 시장 물건들이 가짜가 대부분이라지만 이곳의 고가구는 멀게는 명·청대에서 가깝게는 중화민국 시절에 만든 진품이 30퍼센트 정도 된다. 나머지 70퍼센트가 진짜를 모방한 복제품이다.

이 시장을 가오베이뎬 팡구(倣古)시장이라고도 부르는데 팡구라는 말에는 옛 기물이나 옛 예술품을 모방한다는 의미가 있다. 다시 말해 옛날 가구를 그대로 본뜬 가구를 판매한다는 뜻이다. 복제품의 비중이 크기 때문에 많은 상점이 인근에 공장을 두고 직접 제작까지 겸하고 있다.

자그마한 공장의 문이 활짝 열려 있기에 들여다보니 일꾼들이 한창 작업에 열중하고 있었다. 잠깐 구경하고 싶다고 말하니 사진도 찍으라며 흔쾌히 허락해주었다. 가구에 쓰이는 장식 조각품을 전문적으로 만드는 공장이었는데, 밑그림이 그려진 원목을 하나씩 앞에 두고 있었다. 어떤 이는 망치로 조각칼을 두드리고 또 어떤 이는 스무 가지쯤 되는 조각칼을 늘어놓은 채 이것저것 바꾸어가며 작업에

몰두했다. 일일이 수작업으로 해야만 되는 일이 쉽지 않아 보였다. 또 다른 공장에는 문짝의 모양을 갖춘 물건들이 차곡차곡 쌓여 있었는데, 마무리 단계 손질을 하는 건지 남자가 앉아서 꼼꼼하게 사포질을 하고 있었다. 1차 작업을 끝낸 물건들이 본래의 나무가 가진 허연 속살을 그대로 드러낸 채 트럭에 실려 있는 모습도 볼 수 있었다. 고가구 특유의 은은한 색을 내기 위해 또 다른 작업장으로 가는 듯했다.

일반적인 경우라면 헌것보다 새것이 더 비싸기 마련이다. 하지만 이곳에선 낡은 구닥다리일수록 값어치가 나간다. 그런데 그 값어치라는 것이 보통 사람들이 생각할 수 있는 범위를 훨씬 뛰어넘는 수준이다. 판매장을 기웃거리다가 어릴 때 할아버지 댁에서 본 책상과 비슷한 걸 보고는 값을 물었더니, 8500위안이란다. 별다른 장식도 없이 단조롭고 평범하게 생긴 게 너무 비싸다고 하니 똑같은 걸 만들면 2000~3000위안에도 살 수 있단다. 제작 기간을 열흘 정도 주면 집까지 배달도 해준단다. 새 나무를 가지고 옛날 물건처럼 만든다는 것이 흥미로웠다. 물어보는 상품마다 1만 위안 밑으로 떨어지는 게 별로

없었다. 비싸다며 계속 놀라자 명나라 때 제작된 침대가 있는데 7000만 위안이라며 충격 요법을 쓴다. 물론 제작된 시기가 오래됐다고 반드시 비싼 것은 아니다. 관건은 어떤 목재를 사용했느냐에 달렸다.

성장 속도가 느리기 때문에 더욱 귀한 대접을 받는 자단목(紫檀木)은 재질이 견고하고 촉감도 부드러워 황실의 귀족들만이 사용했던 가구 재료다. 이런 걸 쓰면 가격은 10만 단위로 훌쩍 넘어간다. 자단목 궁중의자 값이 60만 위안, 책상은 70만 위안이다. 터무니없이 비싸다는 생각에 실제로 거래되는 가격이냐고 물었더니, 자단목의 은은한 향이 마음을 안정시키는 효과가 있다고 알려지면서 건강에 관심 많은 사람들이 너도나도 사들인다는 말로 대답을 대신했다. 1990년대 이후 급속한 경제 발전과 함께 돈 많은 중국인들이 대거 등장하면서 이런 분위기가 확산됐고, 자단목의 값도 천정부지로 치솟고 있다. 사정이 이러하니 고가구는 호사스러운 취미 생활이자 투기의 대상이 되기도 한다.

이미 5년 전에 고가구로 떼돈을 번 사람 이야기를

들은 적이 있다. 나와 함께 일하던 동료의 친구가 오래전부터 골동품 시장을 돌아다니며 하나둘 사 모은 고가구로 가게를 열었는데, 그 사이에 값이 얼마나 뛰었는지 물건 하나 파는 게 복권 당첨된 것처럼 돈을 만들어 주더란다. 그의 집에는 아껴두느라 내놓지 않은 물건이 상당수 있었다. 그가 잠을 자는 자단목 침대는 더이상 침대가 아니라 돈 다발이었다.

　　　일부 특화된 시장들이 외국인 관광객을 상대로 돈을 벌지만 이곳 고객은 대다수가 중국인들이다. 물론 그들이 모두 50만 위안짜리 물건을 사는 건 아니다. 옆집에 사는 중국 친구는 골프장의 회원 관리부 책임자로 일하는 40대 초반의 여성인데, 집 안을 온통 고가구로 꾸며놓았다. 결혼에는 관심이 없고 재충전한다며 해마다 해외여행을 떠나는 그녀가 일제 자동차를 몰고 가오베이뎬에 가서 사 오는 것이란 오각형 모양의 서랍장, 침대 옆에 두는 장식장, 손님용 의자 같은 것들이다. 대개 2000위안 내외로 살 수 있는 장식품들이다. 세련되고 현대적인 느낌을 주는 첫인상 뒤로 은근히 중국다운 멋이 풍긴다.

중국인들은 겉으로는 서양 제품과 스타일에 관심이 많은 것 같지만 정작 집 안에 들어가 보면 옆집처럼 전통적인 가구나 장식물로 꾸며놓은 경우가 많다. 자신의 문화에 대한 애착이 그만큼 강하다는 뜻이 아닐까 생각한다. 가오베이뎬에서 재미있게 구경한 곳 중 하나가 상하이의 물품들을 파는 상점이다. 이 거리에만 3호점까지 두고 있는 라오웨이신쟈(老味馨家)에는 상하이의 전통 가구를 비롯해 1930년대에 제작된 옷이나 장신구들이 만물상처럼 빼곡하게 진열돼 있었다. 직원은 천카이거의 〈매란방〉에 필요한 소품을 자기네가 대여해주었다고 자랑한다.

가오베이뎬은 가구라는 품목으로 중국을 들여다볼 수 있는 아주 독특한 거리이다. 1990년대 초반부터 가구 가공업자들이 모여들면서 중국을 대표하는 고가구 거리가 조성됐다고 알려져 있지만 가구와의 인연은 이미 원나라 때부터 시작되었으니 역사가 800년이나 되었다. 그런데 그토록 긴 시간에 비해 이 거리에 대해 알려진 것이 별로 없다. 직접 가봐도 이제 막 조성된 것처럼 보이지 오래됐다는 느낌은 들지 않는다. 왜 그럴까. 답은 역시나 역사 속에 있다.

사람들은 쯔진청 뒤쪽에 있는 스차하이(什刹海)를 사막의 오아시스에 비유하기도 한다. 주변에 강이나 바다가 없어 무척 건조한 베이징에서 그 존재만으로도 숨통을 틔워주는 역할을 하기 때문이다. 그런데 불과 1세기 전만 해도 운하가 발달한 베이징에선 배가 주요한 교통수단이었다. 스차하이에는 성내로 들어온 배가 정박하는 나루터도 있었다. 이러한 설계가 이루어진 것이 원나라 때다. 당시 베이징에는 수나라의 양제가 건설한 경항대운하(항저우와 베이징을 잇는 1794킬로미터 물길)를 통해 전국 각지의 조공과 물자가 모여들었고,

이를 성내까지 효율적으로 운반하기 위해서 수로를 팠다. 화물이 1차로 모이는 집산지가 베이징 초입에 해당하는 가오베이뎬이었다. 궁전을 비롯해 도시를 건축하는 데 필요한 목재들도 전국 각지에서 수송되어 왔다.

상인들이 목재를 사들인 후 가구로 가공해 판매하면서 가오베이뎬은 가구 제작 기지로 성장했다. 그 후 명·청대까지 700여 년간 고전 가구의 황금기를 이끌어가며 가구를 예술의 경지로 끌어올렸지만 청나라 말기의 대혼란과 내전 그리고 문화대혁명 시기를 거치면서 가구 메카의 명맥은 거의 끊어지는 듯했다. 그러나 개혁·개방과 함께 중국 경제가 되살아나고 자신들이 짓밟은 전통과 문화에 대한 향수가 가오베이뎬을 다시 살렸다. 그러니 1990년대에 새로이 조성된 것이 아니라 부활했다는 것이 보다 정확한 표현일 것이다.

이러한 역사적인 배경을 알고 나면 전시되어 있는 명·청대의 고전 가구들이 다시 보인다. 예술 작품의 경지에 오를 정도로 섬세하고 미학적으로도 아름다운 가구를 만들며 황금기를 이끌어갔던 그 옛날의 장인들도 조금 전 공장에서 본 그들처럼 작업을 했을 것이다. 그런데 문득 궁금해진다. 10년간의 암흑기였던 문화대혁명의 광풍을 어떻게 피해서 이 자리에 놓이게 됐을까. 집 안 한쪽 구석에 숨겨두었던 종잇장까지 찾아내 불태울 만큼 전통과 예술, 인간 존엄성의 싹까지 모조리 잘라버린 혹독한 시기였다는데 말이다. 가치 있는 것을 지키려는 의지가 파괴하는 세력을 이겨온 역사의 증거를 여기에 적용해도 될지 모르겠다.

중궈쯔탄보우관

가오베이덴 인근에는 중궈쯔탄보우관(中国紫檀博物馆, 중국자단박물관)이 있다. 중국 건국 50주년에 맞춰 1999년 9월 19일에 개관한 곳으로, 자단예술작품 전시와 수집, 연구에 관한 개인 박물관으로 이만한 규모가 없다. 국가도별 네 개를 수여하면서 최고 등급의 관광지로 인정했다. 전통적인 건축 양식으로 지은 박물관은 멀리에서도 눈에 띌 만큼 고풍스럽고 우아하다. 귀족의 대저택을 연상시키는 입구 자체가 작품의 일부분이란 생각이 들 만큼 섬세하면서도 웅장하다.

총 면적 2만 5000제곱미터에 전시 면적이 1만 제곱미터가량 된다. 세 개 층에 나누어진 전시실에는 명·청대에 자단으로 제작한 가구와 목기 예술품을 비롯해 오목(烏木), 황화리(黃花梨), 금사남목(金絲楠木), 계시목(鸡翅木) 등 고급 목재로 제작한 고전 가구, 불교 문화 예술품, 쯔진청의 건축물 일부나 황제가 앉던 의자 모형 등 개인 소장품 1000여 점을 전시해놓았다. 특히 황궁에 대한 특별한 애정을 보여주는 모형이 많다.

1층에 들어서면 정면에 놓인 황금색 의자를 볼 수 있는데 건청궁(乾清宮)에 있는 옥좌를 1:1 비율로 제작한 것이다. 어화원(御花園) 동쪽과 서쪽에 각각 서 있는 만춘정(万春亭)과 천추정(千秋亭)이 옥좌를 중심으로 동쪽과 서쪽에 놓여 있다. 뒤쪽에는 각루(角楼)도 있다. 청나라 스타일의 정통 거실과 가구가 전시 돼 있는데 특히 침대 골조의 섬세한 조각이 돋보였다.

2층에는 명나라 스타일의 거실과 가구, 전통적인 신혼 방(喜房)도 있다. 자금성의 양심전(养心殿)을 재현해놓기도 했다. 3층에는 자단목으로 만든 쓰허위안 미니어처가 있는데, 어찌나 현실감 있게 만들었는지 그 속에서 사람이 튀어나올 것만 같다. 귀족들의 사합원인 왕푸는 미니어처라고 하기엔 규모가 조금 크다. 허가를 받은 일부 관람객들은 다리를 넘어 안으로 들어가서 구경을 하기도 했다. 천단공원의 기년전(祈年殿)도 1:15 비율로 서 있다. 대형 목조 조형물인 '청명상하도(清明上河图)'가 길이 32.4미터, 너비 1.77미터의 위용을 자랑하는가 하면 용천사(龙泉寺)의 패방(牌坊)도 세워져 있다.

"한 치의 자단은 한 치의 금과 같다(寸檀寸金)"는 말이 있을 정도로 자단은 소장가들이 탐내는 품목이다. 중국에서 자수성가형 여성 부호 1호로 꼽히는 천리화(陈丽华) 홍콩부화국제그룹 회장이 부동산 개발로 모은 재산 2억 위안을 투자해 건설한 박물관은 규모만 큰 게 아니라 쯔진청 고궁박물관의 자단목 유물에 비견될 만큼 가치 있는 것으로 알려져 있다.

Information

北京市朝阳区兴隆西街9号
010 8579 1443/8575 2818
www.redsandalwood.com
개관 시간   09:00~17:00
          (16:30 매표 정지, 매주 월요일 휴관)
입장료   50위안(학생 20위안)

시계 방향으로
천단공위안 치녠뎬(祈年殿, 기년전)의 모형
쓰허위안 미니어처
용천사 패방

지하철 노선도로 만나는

베이징 관광 명소

- 🔴 Line 1
- 🔵 Line 2
- ⚫ Line 4
- 🟢 Line 5
- 🟣 Line 8
- 🔴 Line 10
- 🟠 Line 13
- 🟢 L1
- 🔵 팔통선
- ⚪ 환승역

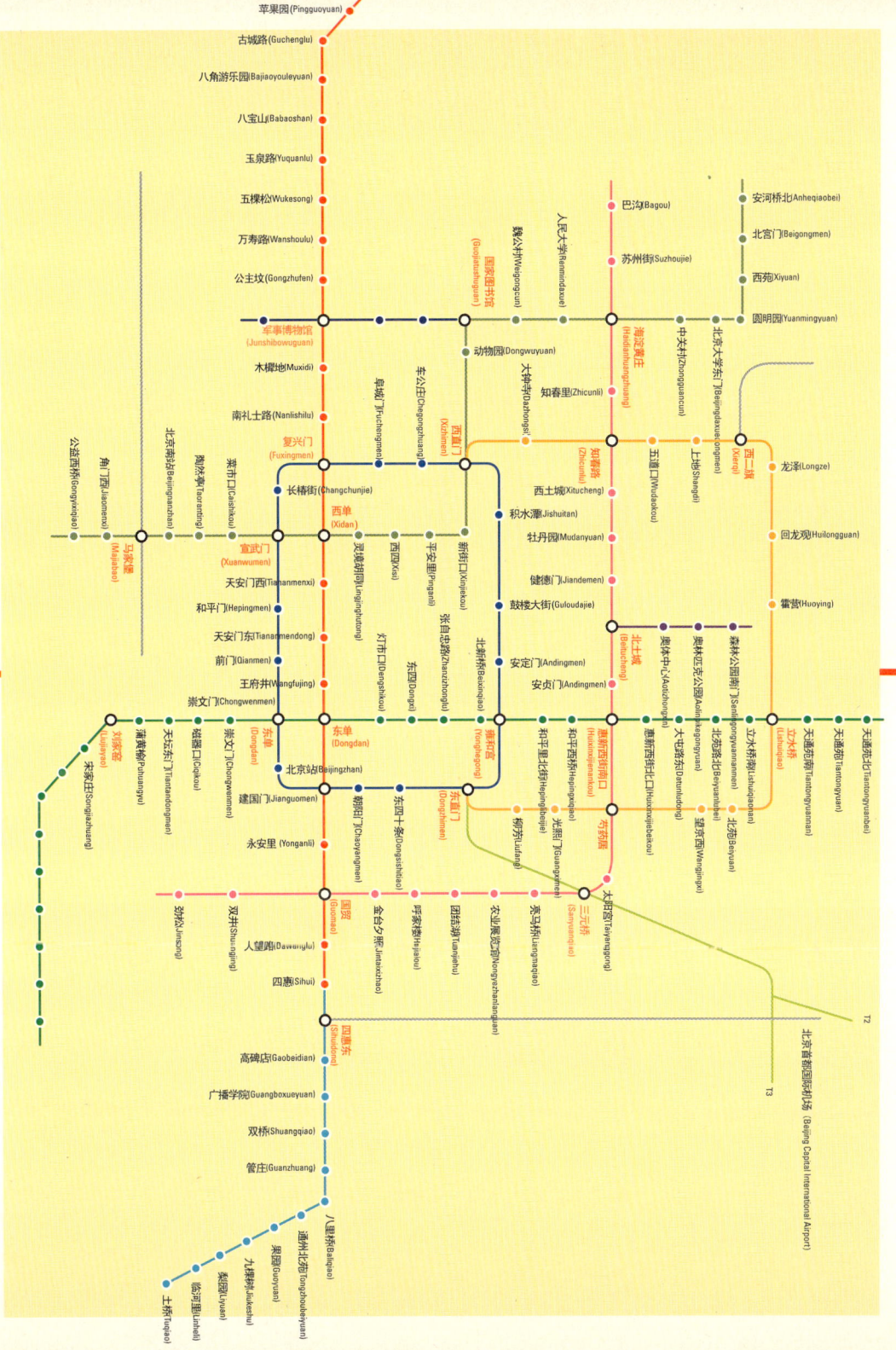

苹果园(Pingguoyuan)
古城路(Guchenglu)
八角游乐园(Bajiaoyouleyuan)
八宝山(Babaoshan)
玉泉路(Yuquanlu)
五棵松(Wukesong)
万寿路(Wanshoulu)
公主坟(Gongzhufen)

巴沟(Bagou)
苏州街(Suzhoujie)

安河桥北(Anheqiaobei)
北宫门(Beigongmen)
西苑(Xiyuan)

人民大学(Renmindaxue)
魏公村(Weigongcun)
国家图书馆(Guojiatushuguan)
动物园(Dongwuyuan)
大钟寺(Dazhongsi)
知春里(Zhicunli)
中关村(Zhongguancun)
北京大学东门(Beijingdaxuedongmen)
圆明园(Yuanmingyuan)

军事博物馆(Junshibowuguan)
木樨地(Muxidi)
南礼士路(Nanlishilu)
阜成门(Fuchengmen)
车公庄(Chegongzhuang)
海淀黄庄(Haidianhuangzhuang)

西二旗(Xierqi)
龙泽(Longze)
回龙观(Huilongguan)
霍营(Huoying)

来市口(Caishikou)
陶然亭(Taoranting)
北京南站(Beijingnanzhan)
角门西(Jiaomenxi)
公益西桥(Gongyixiqiao)
复兴门(Fuxingmen)
长椿街(Changchunjie)
西单(Xidan)
西四(Xisi)
平安里(Pinganli)
灵境胡同(Lingjinghutong)
新街口(Xinjiekou)
西土城(Xitucheng)
积水潭(Jishuitan)
牡丹园(Mudanyuan)
健德门(Jiandemen)
知春路(Zhichunlu)
五道口(Wudaokou)
上地(Shangdi)

宣武门(Xuanwumen)
天安门西(Tiananmenxi)
和平门(Hepingmen)
天安门东(Tiananmendong)
前门(Qianmen)
王府井(Wangfujing)
崇文门(Chongwenmen)
鼓楼大街(Guloudajie)
安定门(Andingmen)
安贞门(Anzhenmen)
北土城(Beitucheng)
奥体中心(Aotizhongxin)
奥林匹克公园(Aolinpikegongyuan)
森林公园南门(Senlingongyuannanmen)

马家堡(Majiabao)

东单(Dongdan)
北京站(Beijingzhan)
建国门(Jianguomen)
张自忠路(Zhangzizhonglu)
北新桥(Beixinqiao)
灯市口(Dengshikou)
东四(Dongsi)
雍和宫(Yonghegong)
东直门(Dongzhimen)
和平里北街(Hepinglibeijie)
和平西桥(Hepingxiqiao)
惠新西街南口(Huixinxijienankou)
惠新西街北口(Huixinxijiebeikou)
大屯路东(Datunludong)
北苑路北(Beiyuanlubei)
立水桥南(Lishuiqiaonan)
立水桥(Lishuiqiao)
天通苑南(Tiantongyuannan)
天通苑(Tiantongyuan)
天通苑北(Tiantongyuanbei)

双合(Shuangfeng)
宋家庄(Songjiazhuang)
蒲黄榆(Puhuangyu)
天坛东门(Tiantandongmen)
崇文门(Chongwenmen)
磁器口(Ciqikou)
朝阳门(Chaoyangmen)
东大桥(Dongdaqiao)
东四十条(Dongsishitiao)
柳芳(Liufang)
光熙门(Guangximen)
芍药居(Shaoyaoju)
三元桥(Sanyuanqiao)
太阳宫(Taiyanggong)

永安里(Yonganli)
国贸(Guomao)
大望路(Dawanglu)
双井(Shuangjing)
劲松(Jinsong)
金台夕照(Jintaixizhao)
呼家楼(Hujialou)
团结湖(Tuanjiehu)
农业展览馆(Nongyezhanlanguan)
亮马桥(Liangmaqiao)

四惠(Sihui)
四惠东(Sihuidong)

高碑店(Gaobeidian)
广播学院(Guangboxueyuan)
双桥(Shuangqiao)
管庄(Guanzhuang)
通州北苑(Tongzhoubeiyuan)
果园(Guoyuan)
九棵树(Jiukeshu)
梨园(Liyuan)
临河里(Linheli)
土桥(Tuqiao)
八里桥(Baliqiao)

北京首都国际机场
(Beijing Capital International Airport)
T2
T3

311

베이징의 심장부를 관통하는 1호선

베이징의 도시망은 완벽한 원형 구조이다. 일반인들에게 접근이 금지되었던 쯔진청을 가운데 두고 크게 원을 그리면서 2환, 3환 순차적으로 고리형 도시가 커지고 있다. 그리고 이런 베이징을 동서로 관통하는 도로가 있다. 톈안먼을 지나는 창안졔(长安街)가 바로 그 길이다. 원래 창안졔란 톈안먼 앞 4킬로미터 도로를 가리키지만 서쪽 푸싱루(复兴路)와 동쪽 졘궈루(建国路)로 이어지면서 베이징 한복판을 가르는 31킬로미터의 도로를 전부 창안졔라고 부른다. 그리고 이 길 바로 밑에 지하철 1호선이 숨어 있다.

톈안먼광창(天安门广场, 천안문광장)

베이징에 들러서 꼭 한번은 가봐야 할 곳이다. 중국의 상징이기도 한 톈안먼이 있고 그 앞의 광장에는 인민대회장, 중국박물관, 마오쩌둥기념관, 인민영웅기념비 등이 있다.

중산공위안(中山公园, 중산공원)

명 · 청시대에 황제가 토지신과 오곡신에게 제사를 지냈던 곳이다. 1911년에 일어난 신해혁명(辛亥革命)으로 중국 최초 공화정부인 중화민국이 탄생하면서 일반인에게 공원으로 개방했다. 중화민국의 대총통이었던 쑨원이 1925년에 베이징에서 사망하자 바이뎬(拜殿, 배전)에 유체를 안치하고 그의 호를 따 중산탕(中山堂, 중산당)이라 부르면서 공원 이름도 중산공위안이 되었다. 현재 바이뎬에는 쑨원의 일생을 한눈에 볼 수 있는 문물들이 전시돼 있다.

궈쟈따쥐위안(国家大剧院, 국가대극원)

2007년 12월에 공식적으로 개관한 궈쟈따쥐위안은 마치 하늘에서 UFO가 내려앉은 것처럼 생겼다. 2007년 12월에 공식적으로 개관해 베이징의 새로운 관광 명소로 떠올랐다. 프랑스의 건축가 폴 앙드뢰가 설계한 이곳은 호사의 극치라 할 만큼 화려하다. 티타늄과 유리로 장식한 외관은 초현대적인 느낌으로 주며 돔을 감싸고 출렁이는 인공호수는 물 온도를 항상 섭씨 5도로 유지하고 있어 겨울에도 얼지 않는다. 1년 내내 좋은 공연들이 가득 차 있어 음악 애호가들이라면 꼭 들러 보아야 할 필수 코스다.

苹果园(Pingguoyuan)
古城路(Guchenglu)
八角游乐园(Bajiaoyouleyuan)
八宝山(Babaoshan)
玉泉路(Yuquanlu)
五棵松(Wukesong)
万寿路(Wanshoulu)
公主坟(Gongzhufen)
军事博物馆(Junshibowuguan)
木樨地(Muxidi)
南礼士路(Nanlishilu)
复兴门(Fuxingmen)
西单(Xidan)
天安门西(Tiananmenxi)
天安门东(Tiananmendong)
王府井(Wangfujing)
东单(Dongdan)

312

쥔스보우관(军事博物馆, 군사박물관)

중국 군대의 역사가 담긴 곳이다. 1960년대부터 개방했다. 입구에는 마오쩌둥 동상과 그가 생전에 탔던 자동차 등이 전시되어 있고 마르크스, 레닌, 스탈린의 초상화와 10대 원수의 기록도 보유하고 있다. 전시장 주변에는 전투기(F-5)와 탱크, 미사일 등이 전시되어 있다.

중화스지탄(中华世纪坛, 중화세기단)

지하철역에서 나와 정북방향에 있다. 이곳은 중국 정부가 새천년을 기념하여 세운 거대한 석조 건물이다. 중화민족의 자긍심을 상징하는 제단이라고 보면 된다. 남쪽 입구에는 장쩌민 총서기가 쓴 금속 현판이 있고 들어가면 기원후 2000년간의 중국 역사를 새겨놓은 270미터의 청동판을 볼 수 있다.

서우두보우관(首都博物馆, 수도박물관)

2006년부터 전시를 시작한 수도박물관은 주로 베이징, 중국 문화를 전시하는 공간이다. 현재 건물의 기본 전시관은 '베이징역사문화편', '베이징성건축사', '베이징민속전시장' 등이 있다.

외국인들에겐 '왕푸징'이 쇼핑지로 유명하지만, 베이징 사람들은 시단에서 쇼핑을 한다. 시단(西单)은 중국 전통 상인들이 오래 전부터 중국 상업의 중심지로 만들어놓은 곳으로, 현대에 들어 베이징이 도시화되는 과정에서 가장 빨리 현대적인 건물로 모습을 바꾸며 쇼핑문화를 선도해가고 있다.

시단투슈빌딩(西单图书大厦, 시단도서빌딩)

시단에는 베이징뿐 아니라 중국에서도 손꼽히는 대형 서점인 시단도서빌딩이 있다. 이 서점은 매장 면적 5만2000제곱미터, 전시 면적 2만제곱미터에 달하는 엄청난 규모를 자랑한다.

베이징인웨팅(北京音乐厅, 베이징콘서트홀)

서점 건너편에서 톈안먼 방향으로 300미터 정도 걷다가 오른쪽 베이신화졔(北新华街)로 접어들면 베이징콘서트홀이 나온다. 최고의 음향 시설을 자랑하는 국제적인 규모의 음악당이다.

중난하이(中南海, 중남해)

베이징콘서트홀에서 다시 창안졔로 나와 건너편을 바라보면 유독 경계가 삼엄하고 담장이 높은 대문이 보인다. 바로 중국 지도자들의 주 거주지인 중난하이의 입구, 신화먼(新华门)이다. 이곳에는 변법자강운동 이후 광서제를 가두었던 잉타이(瀛台)가 있다.

동팡신톈디(东方新天地, 동방신천지)

새로운 왕푸징의 상징 중에 하나인 이곳은 거대한 규모의 건물 10채와 그 건물들의 지하를 연결한 종합 쇼핑몰이 있어 새로운 관광지이자 쇼핑 센터로 부각되고 있다.

왕푸징샤오츠제(王府井小吃街, 왕푸징 먹자골목)

왕푸징을 구경할 때 빠질 수 없는 미식거리. 왕푸징 대로를 따라 북쪽으로 올라가면 왼쪽에 먹자골목 입구가 보인다. 베이징의 전통 간식거리를 다양하게 맛볼 수 있고, 간단한 기념품을 살 수 있는 노점상이 있다.

가오베이뎬쟈쥐스창

(高碑店家具市场, 고비점 가구 시장)

1킬로미터에 이르는 거리 양쪽으로는 가구 상점 300여 개가 모여 있으며 명·청대에 제작된 고가구부터 중화민국 시절에 만든 가구, 1930년대 상하이에서 유행하던 장식장과 소품, 다양한 세라믹 제품과 현대적인 분위기의 인테리어 소품까지, 가구에 관해 생각할 수 있는 모든 것이 다 모여 있다.

중궈쯔탄보우관

(中国紫檀博物馆, 중국자단박물관)

중국 건국 50주년에 맞춰 1999년 9월 19일에 개관한 박물관으로 자단 예술 작품 전시와 수집, 연구에 관한 개인 박물관으로 최대 규모이다.

 建国门(Jianguomen)  永安里(Yonganli)  国贸(Guomao) 大望路(Dawanglu)  四惠(Sihui) 四惠东(Sihuidong)  高碑店(Gaobeidian) 广播学院(Guangboxueyuan) 双桥(Shuangqiao) 管庄(Guanzhuang) 八里桥(Baliqiao) 通州北苑(Tongzhoubeiyuan) 果园(Guoyuan) 九棵树(Jiukeshu) 梨园(Liyuan) 临河里(Linheli) 土桥(Tuqiao)

슈쉐이제스창(秀水街市场, 슈슈가시장)

일명 '짝퉁 시장'이라고 알려진 실크시장은 2005년에 신축건물로 다시 문을 열었다. 용안리 지하철과 바로 연결되어 있어 이동이 편하다. 의류, 가방, 신발, 진주, 실크 등 취급 품목이 다양하다.

CBD지역의 궈마오역은 베이징 최고의 번화가로 비즈니스와 소비가 활발하게 이루어지는 지역이다. 인근에 CCTV 신사옥을 비롯해, SOHO 시리즈, 명품관이 있는 국제무역센터 쇼핑몰, 아이스링크 등이 있으며 우리나라 코엑스몰과 분위기와 비슷하다.

궈지마오이중신산치

(国际贸易中心三期, 국제무역센터3기)

75층, 높이 330미터의 국제무역센터3기는 기존의 1,2기와 함께 10만제곱미터 규모의 건축 타운을 이룬, 세계에서 가장 큰 국제무역센터이다

메이란팡따쥐위안(梅兰芳大剧院, 매란방대극원)

경극 예술의 대가로 불리는 메이란팡을 기념하는 대극원은 중국국가경극원에 소속된 극장으로 다양한 경극 작품들을 소개한다. 부채 모양의 기본 골격에 유리로 외벽을 처리한 건축물은 간결하면서도 현대적인 이미지가 돋보인다.

西直门(Xizhimen) 车公庄(Chegongzhuang) 阜城门(Fuchengmen) 复兴门(Fuxingmen) 长椿街(Changchunjie) 宣武门(Xuanwumen) 和平门(Hepingmen) 前门(Qianmen) 崇文门(Chongwenmen)

류리창(琉璃厂, 유리창)

류리창은 명나라가 황실을 베이징으로 옮기기 위해 쑤저우(苏州) 등 먼 곳에서 귀한 돌을 운반해 구궁을 건설하면서 본격적으로 조성되었다. 이때 필요한 유리기와를 만든 곳이라 해서 '류리창'이라는 이름이 붙었다. 명말 청초에는 고서적이 주로 거래됐고 이후 건륭제 때 중국 지식사의 대기록인 《사고전서》를 만들면서 류리창은 활기를 띠며 도서와 문방구, 서화, 문방사우의 집산지가 되었다. 현재는 골동품, 서적, 그림, 가구, 공예품, 자기 등 다양한 상품이 판매되고 있다.

쳰먼따제(前门大街, 전문대가)

쳰먼에서 시작해 남쪽으로 1.6킬로미터 가량 이어진 쳰먼따제(前门大街)는 베이징을 대표해온 상업 거리이다. 원나라 때부터 전문적인 상업거리로 발전했고 1420년에는 명나라가 베이징을 수도로 정하면서 더욱 활기를 띠게 되었다. 베이징올림픽을 코앞에 두고 보전 재개발 사업을 벌여 복닥복닥하던 상가 거리는 청조(清朝) 말, 민국 시대의 상업 거리로 재탄생했다.

따자란(大栅栏, 대책란)

베이징에서 가장 오래된 시장골목으로 1644년 청나라가 건립된 뒤 번성하기 시작했다. 시장은 폭 5미터에 길이 275미터로 베이징 전통 상가들이 밀집돼 있다. 그다지 길지 않은 길에 있는 상점들은 상당수가 100년 이상의 전통을 가진 명소이다. 루이류삐쥐(六必居), 통런탕(同仁堂), 루이푸샹(瑞蚨祥), 네이롄성(内联升) 등이 있다.

구이제(簋街, 궤가)

베이징인들이 밤시간에 가장 많이 찾아가는 구이제는 거리 전체가 붉은 등으로 장식되어 중국스러운 분위기를 물씬 풍긴다. 이 거리의 명물은 바로 마라롱샤이다. 작은 민물가재를 매운 고추와 산초로 양념한 음식인데, 힘들게 까서 먹는 것은 얼마 없지만 얼얼한 매운맛이 사람을 끈다.

띠탄공위안(地坛公园, 지단공원)

전체 면적이 6000제곱미터에 달하는 이 공원은 명나라 가정 9년(1530년)에 세워졌다. 원래는 명ㆍ청대 황제들이 제사를 지내던 제단이었으나 현재는 남, 북방의 희귀한 식물, 화훼, 어류 전시를 위주로 하는 공원으로 바뀌었다.

北京站(Beijingzhan)　建国门(Jianguomen)　朝阳门(Chaoyangmen)　东四十条(Dongsishitiao)　东直门(Dongzhimen)　雍和宫(Yonghegong)　安定门(Andingmen)　鼓楼大街(Guloudajie)　和水潭(Jishuitan)

베이징짠(北京站, 베이징기차역)

베이징의 지하철역 중에서 가장 붐비는 곳일 뿐만 아니라, 전 중국에서도 유동 인구가 가장 많은 곳이다.

용허공 (雍和宫, 옹화궁)

청나라 강희제의 저택으로 지어졌다가 옹정황제 3년에 봉허로 이름이 바뀌었으며 건륭제 9년(1744)에 티베트불교인 라마교 사원으로 바뀌었다. 복을 기원하는 사람들의 발길이 끊이지 않아 사원 내부는 언제나 매캐한 향 냄새와 연기가 가득하다. 3층 건물 높이의 목각 불상이 모셔져 있다.

허우하이(后海 후해)

베이징의 명물 중에 하나인 스차하이(什剎海)에 형성된 바 스트리트(bar street)를 일컫는다. 베이징식 후통에 현대식 바를 접목시켜 고전적이면서도 모던한 분위기를 모두 갖추고 있다. 대낮보다 밤에, 겨울보다는 여름 풍경이 볼만하다.

왕징시(望京西, 왕징서)

베이징의 코리아타운이라고 불리는 왕징으로 통하는 역이다. 인근에 한국국제학교가 있으며 코리아타운의 중심지 까지는 택시를 타고 5분 정도 가야 한다. 인근 5분 거리에 지우창(酒厂)이, 15분 거리에 798예술구가 있다. 10분 거리에 이케아(IKEA)도 있다.

西直门(Xizhimen)　大 钟寺(Dazhongsi)　知春路(Zhicunlu)　**五道口(Wudaokou)**　上地(Shangdi)　西二旗(Xierqi)　龙泽(Longze)　回龙观(Huilongguan)　霍营(Huoying)　立水桥北(Lishuiqiaobei)　北苑(Beiyuan)　**望京西(Wangjingxi)**　芍药居(Shaoyaoju)　光熙门(Guangximen)　柳芳(Liufang)　东直门(Dongzhimen)

우다오커우(五道口, 오도구)

칭화대, 베이징대, 런민대 등의 대학이 밀집된 대학가로 언제나 젊은이들의 활기가 넘친다. 특히 한국 유학생이 많아 한국 음식점과 식료품점을 쉽게 볼 수 있다.

중관춘(中关村, 중관촌)

중국의 실리콘밸리로 불리는 이곳은 IT분야의 핵심 산업 기지이자 제품의 매매 중심지다. 우리나라 용산전자상가와 같은 분위기를 느낄 수 있다.

森林公园南门(Senlingongyuannanmen)

奥林匹克公园(Aolinpikegongyuan)

奥体中心(Aotizhongxin)

北土城(Beitucheng)

아오린피커선린공위안(奧林匹克森林公园, 올림픽삼림공원)

올림픽을 준비하면서 조성한 삼림공원은 올림픽공원의 후원(后园)이자 베이징에 맑은 공기를 공급하는 공기청정기 역할을 한다. '자연과 통하는 직행선(景色通道)'이라고도 불리는 공원 면적은 680제곱킬로미터로, 여의도의 100배 넓이다.

아오린피커공위안(奧林匹克公园, 올림픽공원)

냐오차오, 수이리팡이 모두 모여 있는 올림픽공원으로 통하는 지하철역이다. 역사에서는 전통 악기를 이용한 설치 작품이나 전통 가옥인 쓰허위안을 재현해놓는 등 곳곳에서 중국의 전통을 접목하려는 다양한 시도를 볼 수 있다.

자료제공_베이징 〈좋은아침〉

한눈에 보는 모던 북경

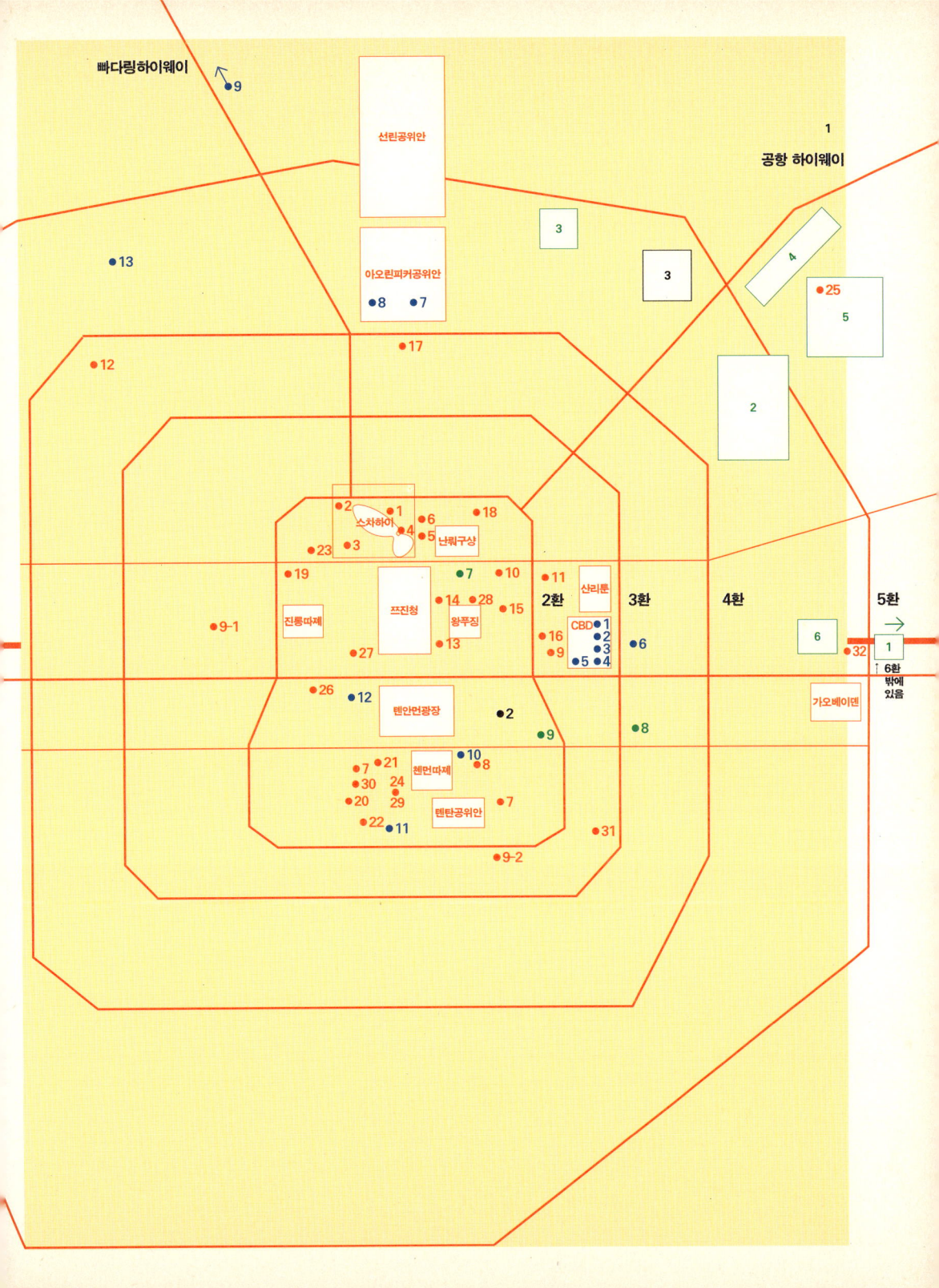

모던 북경 Modern Beijing

글 · 사진	안지위

1판1쇄	펴낸날 2010년 10월 25일

펴낸이	이영혜
펴낸곳	디자인하우스
	서울시중구 장충동2가 162-1 태광빌딩
	우편번호 100-855 중앙우체국 사서함 2532
대표전화	(02) 2275-6151
영업부직통	(02) 2263-6900
팩시밀리	(02) 2275-7884, 7885
홈페이지	www.design.co.kr
등록	1977년 8월 19일, 제2-208호

편집장	김은주
편집팀	장다운, 전은정
디자인팀	김희정, 김지혜
마케팅팀	강진수
영업부	문영학, 백규항, 이용범, 고세진

제작부	이성훈, 황수영
디자인	박우혁 www.typepage.com
교정 · 교열	이정현
출력 · 인쇄	중앙문화인쇄

ISBN	978-89-7041-550-5 03980

값 18,000원